AIプラットフォームとライブラリによる

生成AIプログラミング

掌田津耶乃 著

Rutles

本書に掲載されているソースコードは、サポートサイト（http://www.rutles.net/download/545/index.html）からダウンロードすることができます。

多数のAIモデルを統合して活用しよう！

「生成AIの活用」は、今やあらゆる分野で最優先課題となっています。AI活用の流れに乗り遅れまいと、ChatGPTについて調べている人。もう時代はそんなレベルではなくなっていますよ。

「生成AIといえばChatGPT」と言われていたのはもう過去の話。その後、猛烈な勢いで生成AIのモデル（一般に大規模言語モデル、LLMと呼ばれるもの）がリリースされています。Googleから鳴り物入りで登場したGemini、OpenAIのGPT-4を超える性能を実現したAnthropic社のClaude-3、Facebookを運営するMetaが作ったLlama-3、Amazonの開発するTitan、イーロン・マスク率いるxAIの作ったGrok、Microsoftの超小型モデルPhi-2、Alibabaのオープンソースモデル Qwen、東京大学松尾研によるElyza、東工大と産総研の共同開発モデルSwallow……。まだまだありますよ。数百、数千のLLMが、今や世界中で開発され公開されているのです。その多くはオープンソースで公開され、誰でも無料で使えるようになっているんですよ。

世界には、あなたが知らない超スグレモノのLLMが多数存在します。AIの活用を考えたとき、「ChatGPTだけ知っていればいい」と思いますか。もっと広い視野からAIを考えるべきではありませんか？

そうはいっても、どのLLMを使えばいいのかわからない。

いや、そもそもどう使えばいいのかもわからない。

そう思った人。大丈夫、そんな人のために、世の中には「多数の優れたLLMを統合し、利用できるようにするもの」が存在します。それが「AIプラットフォーム＆ライブラリ」なのです。

AIプラットフォームは、多数のLLMを提供するサービスです。APIを使い、どのLLMでも簡単にコーディングして利用できるようにしてくれます。またAIライブラリは、さまざまなLLMに簡単にアクセスする手段を提供してくれます。これらを使えばほんの数時間の学習をするだけで、膨大な数のLLMを自由に扱えるようになるのです。

本書は、数多あるAIプラットフォームとAIライブラリから安心して利用できるものを厳選してピックアップし、その使い方を説明していきます。興味あるサービスから読んで、そして試してみて下さい。LLMの世界は、こんなにも広く自由なんだ！　そのことをきっと体感できるでしょう。

2024年4月　掌田津耶乃

Contents

AIプラットフォームとライブラリによる生成AIプログラミング

COLUMN

Chapter 1

AIプラットフォームとライブラリによる汎用化

「AIプラットフォーム」という言葉はあまり耳慣れないかもしれません。
世の中には膨大な数のAIモデルがあり、
それらを共通した環境で動かせるようにするものがAIプラットフォームです。
同様に、共通の方式で実行できるようにするAIライブラリも存在します。
こうした「AIモデルの汎用化」のためのツールやライブラリについて説明しましょう。

Chapter
1

1.1. AIプラットフォームとAIライブラリ

AIは戦国時代に!

2022年にプロトタイプとして登場したChatGPTは、その後、わずか2ヶ月足らずでユーザー数が1億を突破し、史上最速で普及したWebサービスになりました。そしてわずか1年ほどの間に、AIの世界は想像がつかないほど急速に進化しています。

こうした爆発的なAIの普及は、ただ「AIチャットを使う」というユーザーだけでなく、AIを利用する技術者・開発者の間にも大きな変化をもたらしました。

それまでの機械学習で使われていたAIモデルは、それぞれが学習データを用意し、自分で訓練して独自のモデルを作って利用するのが基本でした。

そのためには、まず自分がどういうモデルを作成したいのかをきちんと定義し、そのために必要となる膨大な学習データを収集し、モデルを訓練する、といった作業を行う必要がありました。これでは、AIの専門的知識がある人間以外はとても手が出せません。

ChatGPTが使っているGPT-3.5/4といったAIモデルは、一般に「大規模言語モデル(Large Language Model、LLM)」と呼ばれます。これはその名の通り、膨大な量の学習データを使って既にモデルを訓練しており、誰でもすぐに利用できるようになっています。誰でも、学習データの用意やモデルの訓練などを一切行わず、訓練済みの完成モデルを扱えるようになったのです。

そして、このような「誰でもすぐに使えるLLM」が、この1年ほどの間に猛烈な勢いで増えているのです。

乱立するAIモデル

AIの世界では「新しいAIモデル」が次々と登場しています。これらの多くは、オープンソースとして公開されたLLMをベースに開発されています。生成AIの分野では、Metaが開発した「Llama」が有名ですが、それ以前から、さまざまなAIモデルが開発されオープンソースとして公開されていました。そうしたものをベースにして新たなAIモデルが続々と生み出されているのです。

AIについて学びたい、あるいはAIモデルの開発に挑戦したい、AIを利用した新たなサービスを開発したい、そうした思いを持っている人は多いことでしょう。その場合、ただ「ChatGPTなど有名なモデルが使えればいい」というわけにはいかないでしょう。「AIモデルを自分のプログラムの中からさまざまな形で活用する」ということができないといけません。

1年前ならば、「OpenAI APIのアカウントを取ってCPT-3.5を使ったプログラムを作れば?」で済んだかもしれません。しかし、現在のようにAIモデルが乱立している時代、そんな「有名なAIモデルを1つ使えればそれでいい」という考えは許されません。さまざまなAIモデルを活用し、それぞれのモデルの特徴をとらえ、自分のサービスにはどのモデルが適しているかを見極めて利用する必要があるでしょう。
さまざまなAIモデルを実際にコードを書いて試す。そのためには、それぞれのAIモデルの提供元の情報を調べ、どうやって利用すればいいのか確認していかなければいけません。AIモデルによっては、APIを提供しているところもあるでしょうし、ソフトウェアをダウンロードして利用するようなところもあるはずです。また、ITベンダーによっては「現時点では自由に使えないようにしている」というところも当然あるでしょう。
たとえ利用できたとしても、山のようにあるAIモデル1つ1つについて、APIの仕様を調べ、コードを書いて動作を確認し……などとやらなければいけません。これは、気の遠くなるような作業です。もっと簡単に、さまざまなAIモデルを次々と試していける環境がほしい。そう思う人は多いのではないでしょうか。
今、求められているのは「AIモデルの汎用化」なのです。ただ「1つのモデルをただ1つのAPIで利用する」というのではなく、「1つのプラットフォームにアクセスすれば膨大な数のモデルをすべて同じやり方で利用できる」ようにする、そのための仕組みが必要なのです。

AIプラットフォームの時代の到来

さまざまなモデルを利用するためには統一されたインターフェイスによるツール、あるいは統一されたAPIを利用したアクセス、こうしたものを利用してすべてのモデルが使えるような環境を整備すべきでしょう。こうした考えから登場したのが「AIプラットフォーム」です。
AIプラットフォームとは、AIを利用するための開発基盤を提供するサービスです。AI利用で必要となるさまざまな機能やツール、サービスなどを統合的に提供し、AIを利用した開発をスムーズに行えるようにします。
こうしたプラットフォームでは多数のAIモデルを用意しており、プラットフォームが提供するツールやAPIなどを通じてこれらAIモデルを自由に利用できるようになっています。各モデルごとの違いなどは、プラットフォームに用意されるツールやAPIを通すことで吸収され、どのモデルもほぼ同じような感覚で扱うことができます。
こうしたプラットフォームでは、AIモデルごとにソフトウェアをダウンロードしインストールしたり、それぞれ扱いの異なるAPIを学習したり、といったことがありません。最小限の労力で、多数のモデルを扱うことができます。

大手ITベンダーによるAIプラットフォーム

では、どのようなAIプラットフォームがあるのでしょうか。まず、誰もが思い浮かべるのは、GoogleやMicrosoft、Amazonといった大手ITベンダーでしょう。こうしたところでは、それぞれ独自のAIプラットフォームを提供しています。

●Microsoft Azure AI（https://ai.azure.com/）

Microsoftが提供するクラウドサービス「Azure」には、AIに関するサービスがいろいろと用意されています。中でもAzureからOpenAIを利用する「Azure OpenAI Studio」は有名でしょう。
このAzureには、さまざまなAIモデルを利用した開発を行うための「Azure AI Studio」というサービスも用意されています。

このサービスではAzure AIによるモデルの提供の他、Hugging FaceというAIモデルのHubサービスと提携して千以上のAIモデルが用意されており、それらを利用した開発を行うことができます。

図1-1：Azure AI Studioでは、多数のAIモデルが提供されている。

●Google Vertex AI（https://console.cloud.google.com/vertex-ai/）

Googleのクラウドサービス「Google Cloud」に用意されているAIサービスが「Vertex AI」です。このサービスではGoogle純正のAIモデル「Gemini Pro」「Gemma」を筆頭に百以上のAIモデルが用意されています。

これらはプレイグラウンドで試せるだけでなく、「Colab Enterprise」というサービスを利用し、その場でプログラムをコーディングし実行することができます。これはGoogleが提供するPythonの実行環境「Colaboratory」をベースにしています。

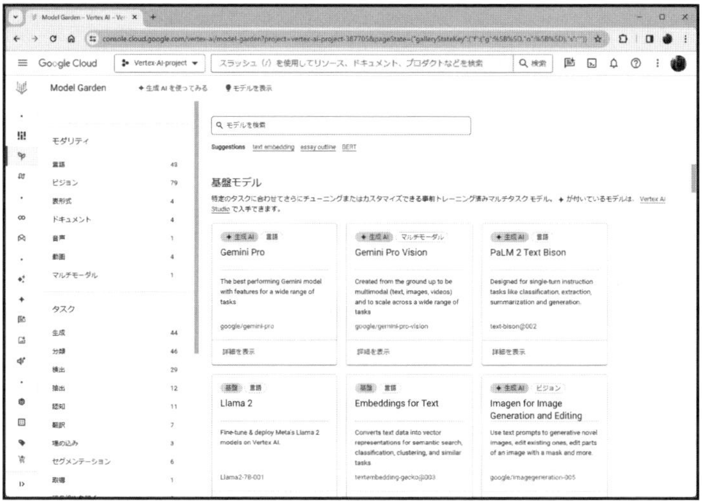

図1-2：Google Vertex AIに用意されているAIモデル。

●Amazon Bedrock（https://console.aws.amazon.com/bedrock/）

Amazonが提供するクラウドサービス「Amazon Web Services（AWS）」には、生成AIモデルを利用する「Bedrock」と、機械学習のAIモデル全般を利用する「Sage Maker」というサービスが用意されています。

Bedrockには生成AIモデルが20ほど、Sage Makerにはさらに多くのAIモデルが用意されています。

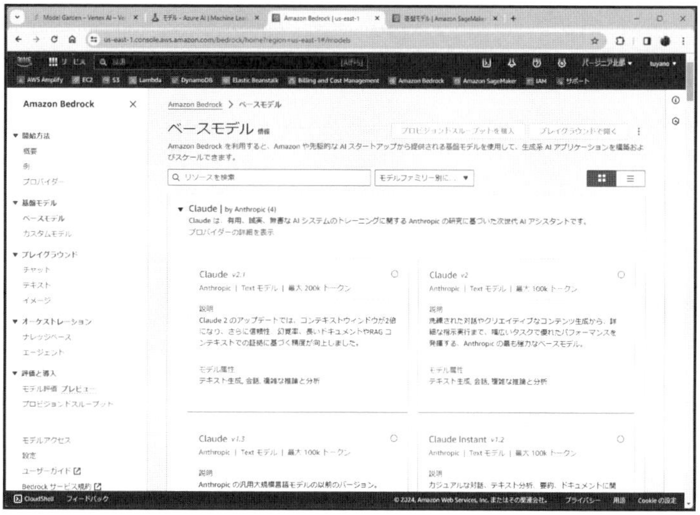

図1-3：Bedrockに用意されているAIモデル。

それぞれのプラットフォームの特徴

大手ITベンダーのAIプラットフォームはそれぞれに特徴があります。簡単に整理するとこのようになるでしょう。

Microsoft Azure AI	OpenAIの利用と、Hugging Face提供による膨大なオープンソースモデルが使える。
Google Vertex AI	Googleが誇るGemini Proが使える。またColaboratoryの技術により、その場でコーディングしAIモデルを利用できる。「検索と会話」など、ノーコードでAIチャットを作成して簡単にWebに組み込めるようなサービスなども用意してある。
Amazon Bedrock	Amazon純正だけでなく、既に広くサービスを提供しているAI企業のプロプライエタリモデルを複数提供している。こうした第一級のAIモデルをいくつも使えるプラットフォームはBedrockしかない。

Microsoftは、OpenAIやHugging FaceといったAIの世界で広く利用されている企業と提携してサービスを充実させています。Googleは「Gemini」という現時点で生成AIの最高峰ともいえる生成AIモデルを開発しており、それを中心としたサービス展開となっています。Amazonは自社でTitanというモデルを開発していますが、それを前面に出さず、AnthropicやAI21 Labsなどいくつものメジャーな生成AIモデルが使えることをアピールしています。こうした大手ITベンダーによるプラットフォームは規模も大きく、機能やサービスも充実しています。いずれも自分たちが運営するクラウドプラットフォームのサービスとして実装しているため、さまざまなクラウドサービスと連携して使えるようになっています。

ただし、このように巨大なプラットフォームですから、使いこなすにはそれぞれ本一冊ぐらいのスペースを割いて説明しないといけません。これは本書の手に余ります。これらのプラットフォームを活用したい人は、別途書籍などで学習して下さい。

※これらプラットフォームの参考書

- 「Google Vertex AIによるアプリケーション開発」（ラトルズ）
- 「Azure OpenAIプログラミング」（マイナビ）
- 「Amazon Bedrock超入門」（秀和システム）

その他のAIプラットフォーム

こうしたメジャーなIT企業によるAIプラットフォームがAIの世界でメインなのか？　というと、実は必ずしもそういうわけではありません。こうした大手以外にも、さまざまなAIモデルを提供するプラットフォームはあるのです。本書で取り上げていくのは、これらのAIプラットフォームです。

では、大手IT企業提供のもの以外にどのようなAIプラットフォームがあるのでしょうか。本書で取り上げるプラットフォームをここで簡単に紹介しましょう。

●Replicate（https://replicate.com/）

オープンソースのAIモデルにAPIでアクセスするための環境を提供するサービスです。オープンソースで公開されている数千ものモデルが用意されており、それらすべてにAPIを使ってアクセスすることができます。

特徴的なのは、テキスト生成だけでなくイメージ生成モデルにもかなり力を入れている点です。主なオープンソースのイメージ生成モデルはここで利用できるでしょう。また自分でチューニングしたモデルを公開し大勢に利用してもらうこともできます。

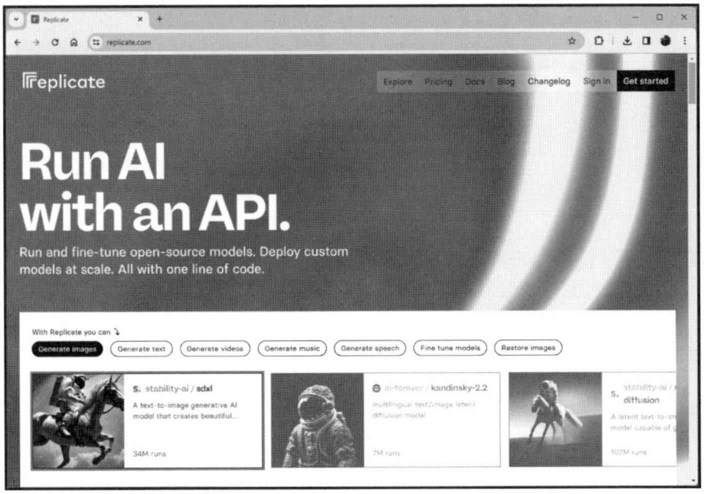

図1-4：Replicateのサイト。

●Hugging Face（https://huggingface.co/）

「Hugging Face」は、AI関連オープンソースのハブとして機能するサービスです。多くのプログラミング言語ではパッケージを管理するサービスがあり、簡単なコマンドで必要なパッケージをダウンロードし利用できるようになっています。Hugging Faceは、そのAI版をイメージするとよいでしょう。

Hugging Faceには膨大な数のモデル、データセット、機械学習によるアプリなどが公開されています。そしてコードからHugging Faceにアクセスし、必要なモデルなどをインストールし利用することができます。

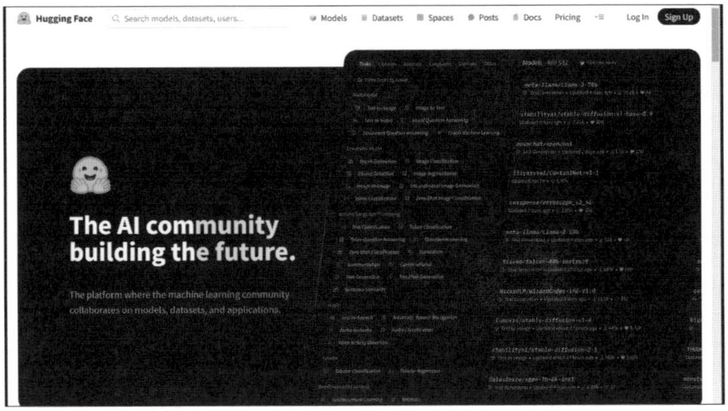

図1-5：Hugging Faceのサイト。

また、モデルによってはオンラインで公開されているものもあり、それらはエンドポイント(公開されているURL)にアクセスすることでモデルを利用することができます。

●OpenRouter (https://openrouter.ai/)

これまでのAIプラットフォームは、基本的に「オープンソースのAIモデル」を中心としたものでした。しかし、実際のAIチャットなどのサービスでは、それぞれのITベンダーが独自に開発した高度なLLMを使っています。こうした最先端のモデルは、オープンソースではリリースされていません。

しかし、そうしたものをまとめて扱えるようにしたAIプラットフォームも実は存在します。OpenRouterは、GoogleのGemini、OpenAIのGPT-4、AnthropicのClaudeといった最先端のLLMをまとめて利用することができます。また、これら以外にも、著名なオープンソースモデルを多数用意しており、「ちょっと試す」から「本格的に使う」まで対応しています。

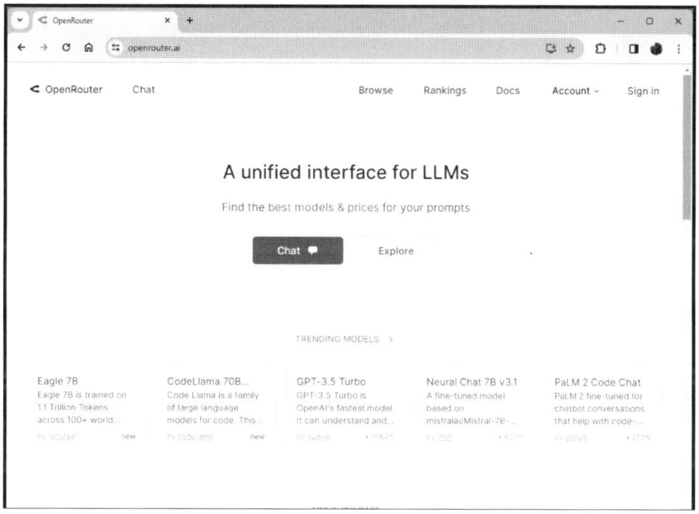

図1-6:OpenRouterのサイト。

●Together AI (https://www.together.ai/)

オープンソースのモデルを利用できるプラットフォームは多数ありますが、こうしたものを本格的に使いこなすのはそれなりに大変です。AIについてあまり知識も技術もないという人がオープンソースモデルを使いこなすのはかなり苦労するでしょう。

こうした人に向けて、「とにかく簡単にオープンソースモデルを使えるようにする」ことを考えたサービスもあります。「Together AI」はプレイグラウンドを使ってその場でモデルを試せるだけでなく、単純なコードですべてのモデルにまったく同じコードでアクセスできるようにします。

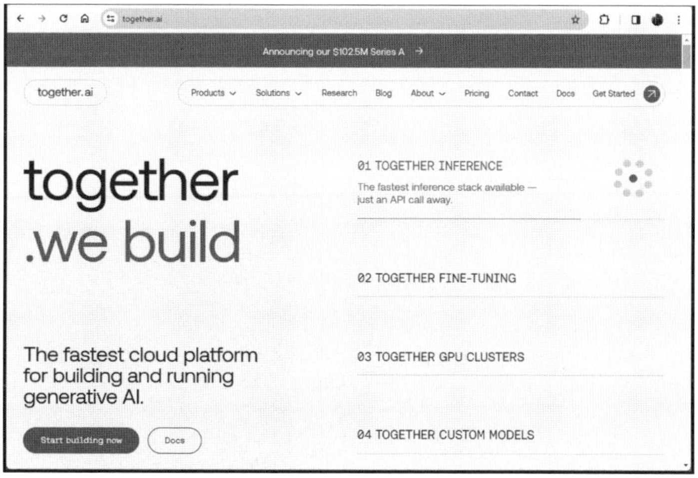

図1-7:Together AIのサイト。

AI開発を支援するライブラリ／ツール

この他にも、AI開発を支援するものはいろいろとあります。さまざまなAIモデルを統一されたインターフェイスで扱えるようにするライブラリ類。また、簡単な操作で各種モデルを実際に動かしプロンプトを送れるツール。こうしたものを活用することでAI開発はさらに便利になります。

本書で取り上げる、これらAI開発を支援するライブラリやツールについても簡単に紹介しましょう。

●LangChain (https://www.langchain.com/)

これは「AIプラットフォーム」とは微妙に違うものですが、AIプラットフォームと同様に「多数のAIモデルを統一したインターフェイスで利用する」ということを実現してくれるものです。

LangChainは、AIモデルを利用したアプリケーションを効率的に行えるようにするためのライブラリです。OpenAIやAnthropic、Google、Amazon、Microsoft、Hugging Faceなど主なAIモデル提供ベンダーが公開しているAIモデルにLangChainからアクセスできるようになっています。

この種のライブラリは多数ありますが、LangChainはそうしたものの中でも際立っています。最も多くの開発者が利用しているライブラリといってよいでしょう。

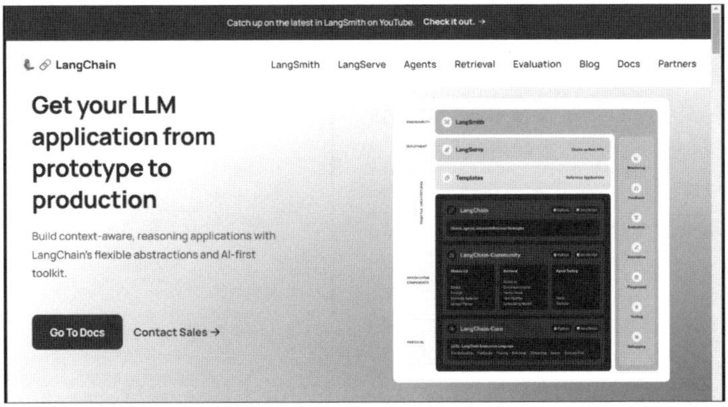

図1-8：LangChainのサイト。

●LiteLLM (https://litellm.ai/)

「さまざまなAIモデルに統一された方式でアクセスできるようにする」というライブラリは、LangChain以外にもいろいろとあります。中でも、そのシンプルさ、軽さから広く利用されているのが「LiteLLM」です。

LangChainは非常に高機能ですが、シンプルにパッとAIモデルを使いたい、という人は多いでしょう。LiteLLMは主なAIベンダーに対応しており、それらベンダーが開発するAIモデルにまったく同じインターフェイスでアクセスすることができます。「モデルにアクセスして応答を得られればそれでいい」というように割り切って考えている人には最適です。

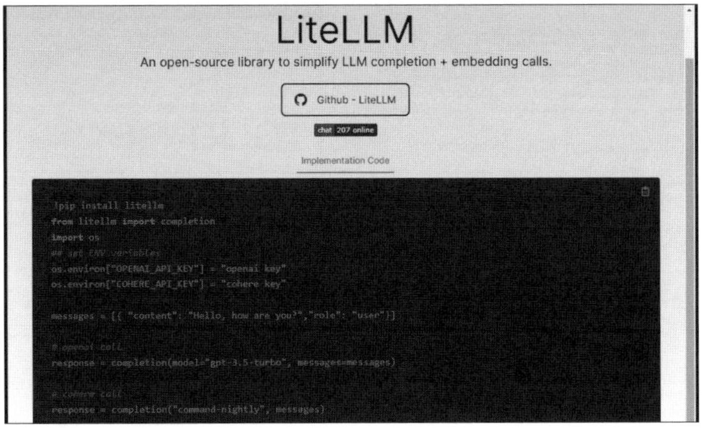

図1-9：LiteLLMのサイト。

●LM Studio (https://lmstudio.ai/)

このLM Studioは、これまでのものとは少し違うものです。これは、オープンソースなどのAIモデルをローカル環境で実行するためのツールです。

用意されているモデルをダウンロードし、専用のチャット画面で実際にチャットしたり、サーバーとして実行したりできます。サーバーで実行した場合、プログラム内からRESTアクセスを行ってモデルを利用することも可能です。

とりあえず、その場でローカル環境にあるAIモデルとチャットできるため、開発に入る前に「AIモデルを実際にいろいろ試したい」というのに役立ちます。

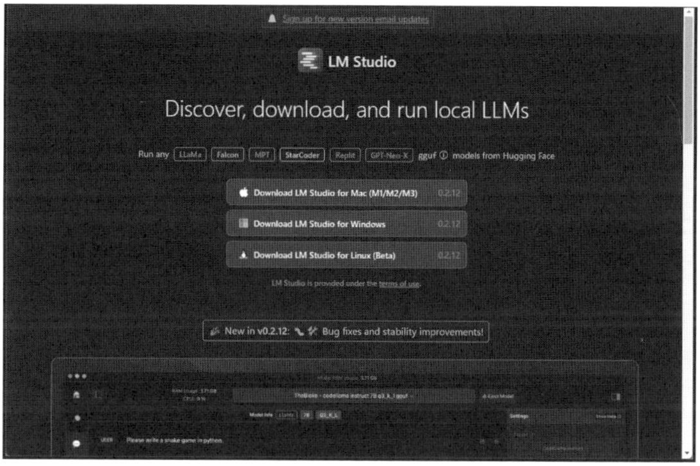

図1-10：LM Studioのサイト。

AIプラットフォームはどう利用するのか

AIプラットフォームというものが、既に広く使われていることが少しは感じられたのではないでしょうか。では、実際にこうしたものはどのように利用するのでしょうか。利用のポイントを簡単に説明しましょう。

●アカウントについて

AIプラットフォームを利用するには、アカウントの登録が必須と考えていいでしょう。LangChainやOpen InterpreterのようなライブラリやLM Studioのようなツールはアカウント登録をしなくともソフトウェアをインストールし、使うことはできます。しかし、プラットフォームを利用するには登録が必要です。

次の料金とも関連しますが、クラウド上で実行されるLLMを利用したり、オープンソースではない商業ベースで使われているLLMを利用する場合、利用に応じて料金がかかるのが一般的です。このためプラットフォームでアカウント登録し、支払いなどの設定を行っていないと自由にLLMを使えないようになっています。

●料金について

クラウドで動いているLLMにアクセスして利用するような場合、LLMが商業ベースのものかオープンソースかに関係なく、アクセスに応じた料金が発生すると考えましょう。オンラインでアクセスして使えるということは、モデルがクラウドで常に実行されており、世界中からアクセスしても対応できるだけのサーバー環境を構築しているということです。そうしたサービスを利用するのですから無料というわけにはいきません。

オープンソースのAIモデルでは、ローカル環境にインストールして実行できるものもあります。こうしたものは、無料で使うことができます。ただし、LLMは実行するのに高性能なGPUや豊富なメモリなどが必要となるでしょう。そうしたハードを揃えることを考えたなら、廉価なクラウドベースのサービスを利用したほうが遥かに安上がりかもしれません。

●利用方法とアクセスキー

コード内からこれらのサービスやライブラリを通じてAIモデルを利用する場合、多くはアクセスキーなどを必要とします。特に商業ベースで利用されているLLMは、例えAIプラットフォームから利用する場合でも、モデルを提供するベンダーからアクセスキーを別途取得しないといけないこともあります（AIプラットフォームのアクセスキーだけで利用できるという場合もあります）。

AIプラットフォームやAIライブラリは、共通の方法ですべてのモデルにアクセスできるという点は大変便利ですが、このように「アクセスに必要なアクセスキーの管理」などが必要になる、という点は理解しておきましょう。

AIプラットフォームを使わないほうがいい場合

AIの利用の仕方によっては、AIプラットフォームやAIライブラリを使わないほうがいいようなケースも当然あるでしょう。

最も多いのは、「既に利用するLLMが決まっている場合」です。最初から「このLLMを利用する」ということが決定しており、それ以外のモデルを使うことがない場合、わざわざAIプラットフォームを通して利用する必要はないでしょう。そのLLMのベンダーが提供しているAPIなどを利用すればいいだけです。

また、商業ベースで利用されているLLMを使いたい場合、AIプラットフォームでそのモデルが対応していないこともあります。このような場合も、使う理由がありません。

AIプラットフォームは、「さまざまなAIモデルをいろいろと使ってみたい」という場合に最も威力を発揮します。また、AIモデルの研究や学習を目的とするような場合にもAIプラットフォームは非常に有効です。

自分がどういう使い方をしたいのかよく考えた上で、AIプラットフォームを使うかどうか決めるとよいでしょう。

AIプラットフォーム利用の前に

次の章からさまざまなAIプラットフォームやAIライブラリについて説明をしていきますが、その前に、本書でこれらを利用する際の前提条件となるものを説明しておきましょう。

●使用言語は「Python」が基本

多くのAIプラットフォームが標準でサポートしているのは「Python」です。本書も、基本的にPythonをベースに説明をしていきます。プラットフォームによっては、JavaScriptなど多言語に対応していることもありますが、それらは本書では触れません。

●実行環境はGoogle Colaboratory

本書ではPythonのコードを多数作成し動かしていきますが、これらは基本的にGoogle Colaboratory（以後、Colabと略）を使って動作確認をしています（一部、ローカル環境で実行する必要があるものは除きます)。ColabはWebブラウザからアクセスするだけで実行できますし、誰でも共通の環境を簡単に構築できるため追試もしやすいでしょう。

Colabでは、コードをいくつものセル(コードの編集部分)に分けて次々と実行できるようになっており、また実行したコードでの生成物(変数やオブジェクトなど)はその後も保持され別のコードで利用できるため、小出しにコードを書いて動かしていけます。通常のPythonソフトウェア上でエディタでコーディングする場合、このようなやり方はできない(全コードをまとめて書いて実行しないといけない)ため、本書の記述通りでは動作しない場合があります。この点に注意して下さい。

●モデルの実行はハードウェア環境が影響する

AIモデルにはさまざまなものがあります。比較的小さいもの(数百MB程度)からかなり巨大なもの(数十GB)まで、さまざまです。本書では確実に動作することを前提に、比較的小さなモデルを使って説明をしていきます。

巨大なモデルになると、AIプラットフォームでの使い方は同じでも要求されるハードウェアが違ってきます。小さいものはCPUと8GB程度のメモリで動作しますが、巨大なものではGPUは必須、メモリも最低で32GB、場合によってはそれ以上が必要となることもあります。

こうしたものは、PCのハードウェアによっては動作しないこともありますし、Colabでも動かないことがあるでしょう(Colabの有料版でハイスペックのハードウェアを用意すれば動作するものもあります)。プラットフォームに用意してあるからといって、すべてのモデルがすべての環境で動くわけではない、という点を理解して下さい。

●クレジットカードで支払いの準備を!

AIプラットフォームの多くは無料ではありません。多くは従量課金制になっており、利用しただけ料金が発生します。支払いは基本的にクレジットカードです。利用の際は、事前にカードを準備して下さい。

以上の事柄は、利用の前にあらかじめ理解しておいて下さい。AIは発展途上の段階にあり、オープンソースなどで公開されているモデルも実行環境などはさまざまです。だからこそAIプラットフォームが多用されるのですが、AIプラットフォームを介して利用できるモデルにしてもやはりハードウェアなどの制約を完全になくすことはできません。

「自分の環境では動かせないものもある」ということを理解した上で、使える範囲内でモデルを活用していくことを考えましょう。

Chapter
1

1.2. 開発環境とGoogle Colaboratory

Google Colaboratoryについて

AIプラットフォームは、基本的に「さまざまなAIモデルを利用してスムーズに開発ができるような環境を提供するもの」と言えます。つまり、あくまで「AIによる開発を行う人」のためのものなのです。したがって、AIプラットフォームについて説明を行おうとすれば、必ず「プログラミング」の話になります。先に述べたように、本書の基本方針は「言語はPython」「環境はGoogle Colaboratory（Colab）」です。本格的なAIプラットフォームの説明に入る前に、Colabの使い方について理解しておく必要があるでしょう。

Colabは、Googleが提供するWebベースのPython実行環境です。Colabは「ノートブック」と呼ばれるファイルを作成し、その中にPythonのコードを記述します。Colabでコードを実行すると、クラウド側に用意されたランタイム環境に接続し、そこにコードを送信して実行し、その結果を受けとって表示します。つまり、「編集や結果の表示はWebブラウザだが、コードの実行はクラウドのサーバーにあるランタイム環境で行う」というようになっているのです。

このように、通常のローカル環境にインストールして使うPythonとはかなり使い勝手が違うため、Colabがどういうツールなのかをあらかじめよく頭に入れておく必要があるでしょう。

●インストール等は一切不要！

Colabの最大の特徴は「Webベースで動く」という点にあります。コードの実行はクラウド側で行いますから、利用者はインストールなどの準備はまったく必要ありません。Webブラウザ（Chromeおよび Chrome互換ブラウザ）さえあるなら、どんな環境でも使うことができます。

●Googleアカウントは必須

ColabはGoogleアカウントでログインして使います。したがって、Googleアカウントは必須です。あらかじめログインした状態でアクセスすれば、自動的にそのアカウントでColabを利用できます。

●利用は無料、ただし有料版もある

Colabは無料で使うことができます。ただし、無料版ではいくつか制限がある（しばらく使わないと接続が切れる、ランタイムのハードウェアが貧弱、など）のですが、おそらく本書で掲載するほとんどのコードは無料版で実行可能でしょう。

もっと本格的に利用したい人のために有料版もあります。どちらでも同じように使えますので、まずは無料で使ってみて、「これを動かすには無料じゃダメ！」というような状況になったところで有料版の利用を考えればいいでしょう。

Colabにアクセスする

では、実際にColabを利用してみましょう。Webブラウザを起動し、以下のURLにアクセスして下さい。Colabの画面が表示されます。

https://colab.research.google.com/

アクセスすると、画面に「ノートブックを開く」というパネルのようなものが表示されます。Colabは、ノートブックというファイルを作成して作業をしていきます。

図1-11：Colabにアクセスすると「ノートブックを開く」パネルが表示される。

このパネルには、それまで作成したノートブックのリストが表示され、そこから使いたいものを選んで開けるようになっているのです。デフォルトでは「Colaboratoryへようこそ」というColabのRead meのようなファイルが1つ用意されています。

では、パネルにある「ノートブックを新規作成」ボタンをクリックして下さい。これで新しいノートブックが作成されます。

ノートブックの基本画面

ノートブックは、いくつかのエリアに分かれています。まずは各エリアの役割をざっと頭に入れておきましょう。

まず、ノートブックの左端を見て下さい。縦にいくつかのアイコンが並んだアイコンバーが表示されていますね。これらのアイコンは、ノートブックにある各種のツールを呼び出すものです。ツール類はいくつかありますが、とりあえず頭に入れておいてほしいのは「ファイルブラウザ」です。

図1-12：新しいノートブックの画面。

ファイルブラウザについて

アイコンバーにあるフォルダのアイコンをクリックすると開かれるツールです。これは、ランタイム環境のファイルを管理するためのものです。

ColabはGoogleのクラウドにランタイムというPythonの実行環境を用意しています。これは簡略化されたPCのようなもので、CPUやメモリもあればディスクもあります。ファイルブラウザは、このランタイムのファイルを管理するものです。

Pythonのコードからファイルにアクセスするようなとき、(実際に動いているのはクラウドのランタイム上なので) パソコンのファイルに直接アクセスすることはできません。利用できるのはランタイム環境にあるファイルだけなのです。そこで、ファイルブラウザを使ってファイルをアップロードしたり、作成したファイルをダウンロードしたりしてPythonのコードからファイルを利用できるようにします。こうした「ランタイム環境のファイルの管理ツール」がファイルブラウザなのです。

アイコンバーには他にもたくさんアイコンが用意されていますが、まずはこのファイルブラウザだけ覚えておいて下さい。それ以外のものは、必要になったら覚えればいいでしょう。

図1-13：ファイルブラウザは、ランタイム環境のファイル類をブラウズするもの。

セルでコードを作成する

Colabでは、ノートブックに「セル」と呼ばれるものを作成してコーディングを行います。画面の中央にある細長いパネルのようなものが「セル」です。セルには「コード」セルと「テキスト」セルの２種類があります。

「コード」	Pythonのコードを記述するためのものです。
「テキスト」	Markdownという簡易記述言語を使ってドキュメントを記述するためのものです。これは本書では使いません。

コーディングは、基本的に「コード」セルを使って行います。ページの上部か、各セルの上下にある「コード」ボタンをクリックすると新しい「コード」セルが作成されます。これを使って、必要に応じて新しいセルを次々と作成しながらコーディングをしていきます。

では、デフォルトで用意されている「コード」セルをクリックし、実際にコードを書いてみて下さい。

▼リスト1-1
```
print("Welcome to Colaboratory!")
```

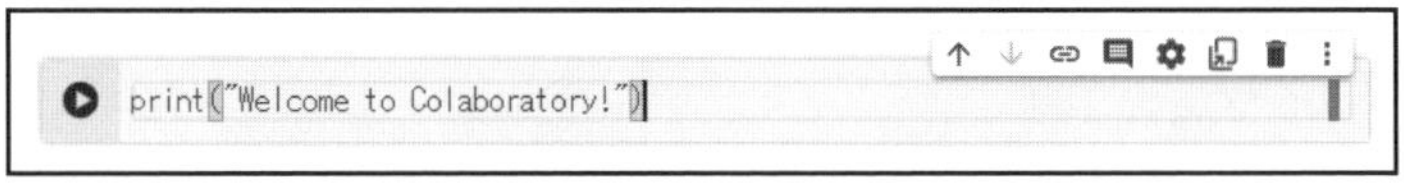

図1-14：セルにPythonのコードを記述する。

セルは簡易エディタになっており、入力したPythonのコードをリアルタイムで解析してキーワードや変数、リテラルごとに色分けやスタイルを適用して表示します。また入力途中で止めておくと、その単語で始まる関数などがプルダウンして現れます。こうした入力支援機能のお陰で、意外と快適に入力が行えます。

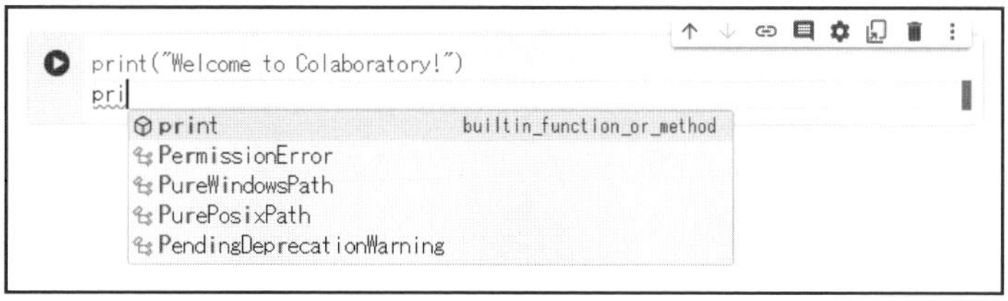

図1-15：入力途中で候補となるものがリアルタイムに表示される。

コードを記述したら、左端にある「セルを実行」アイコン（「▶」アイコン）をクリックして下さい。コードがランタイムで実行され、セルの下に結果が表示されます。「Welcome to Colaboratry!」とテキストが表示されましたか？　この実行結果はノートブックのファイルに記録され、次にノートブックを開いたときもそのまま前回の実行結果が表示されます。Colabでは、「このコードを実行するとこうなる」という結果まで含めて保存できるのです。

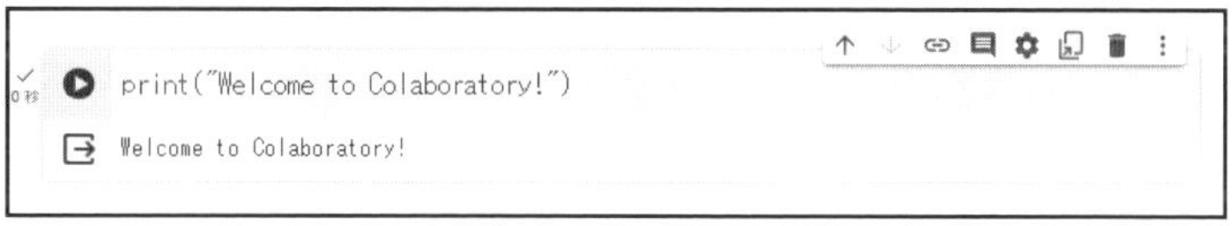

図1-16：セルにコードを書いて実行する。

ランタイムの接続について

初めてセルを実行したときは、結果が出るまでちょっと待たされたかもしれません。これはクラウドにランタイムを起動し、これに接続する作業を行っていたためです。ランタイムの起動には若干の時間がかかるため、少し待たされたのです。ランタイムとの接続が完了して以後は、もっと快適にコードの実行が行えるようになります。

Colabの最大のネックは、この「ランタイムとの接続」にあります。Colabはユーザーがあまり Colabを利用していないと勝手にランタイムとの接続を切ってしまいます。このようなときは、再度ランタイムと接続してやらないといけません。この「ランタイムとの接続」は、Colabを使う上で唯一の面倒な部分です。何が面倒なのか、どういう問題があるのかざっとまとめておきましょう。

●記憶された環境が初期化される

Colabでは、必要に応じてライブラリをインストールしたりして利用することがあります。こうしたライブラリはランタイムに追加されますから、ランタイム環境が消えてしまい、再接続した場合は、再度インストールし直さないといけません。

●記憶された変数も消える

Colabの大きな特徴に「作成された変数や関数、クラスなどが記憶される」というものがあります。セルにコードを書いて実行すると、その中で作成された変数や関数、クラスなどはすべてランタイム環境のメモリに保持されます。そして次のセルでコードを記述するときは、それらの変数や関数、クラスなどが用意されている前提でコーディングできるのです。この「作ったものをすべて記憶している」という機能のおかげで、Colabでは少しずつ分割してコードを作っていけます。

ところが、この記憶された変数なども、ランタイムが消えてしまうとすべて消滅します。新たにランタイムに接続したときは、また最初からコードを実行し直さないといけません。

●ランタイムごとにハードウェア環境は異なる

ランタイムは、各ランタイムごとにCPUやメモリなどが割り当てられます。これはランタイムごとに設定できます。Colabの「ランタイム」メニューから「ランタイムを変更」を選ぶと、使用するランタイムのハードウェアや実行言語（PythonとRのいずれか）を設定できます。

ただし、ここでランタイムの構成を変更すると、新しいランタイムが作成され、それまでのランタイムは破棄されます。ですから、最初にノートブックを開いたときに、まずランタイムのハードウェア構成を設定してから作業を行うとよいでしょう。

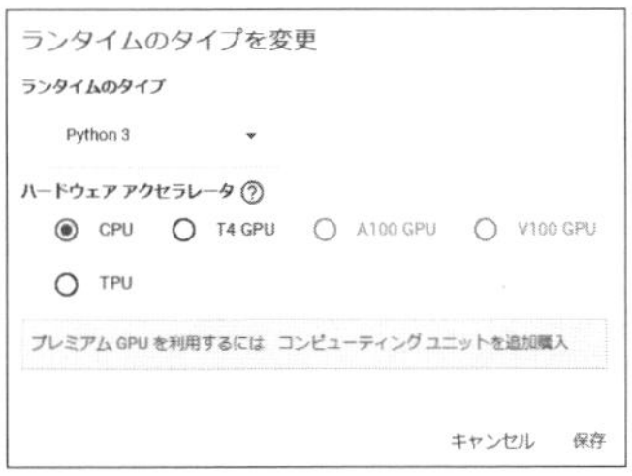

図1-17：「ランタイムを変更」メニューでハードウェア構成を変更できる。

Colab AIについて

後は、セルにコードを書いて実行していくだけです。Colabには他にもいろいろ機能がありますが、それらは使いながら覚えていけばいいでしょう。今すぐ覚えないといけないわけではありません。

ただ、「今すぐ覚えたほうが絶対にいい便利機能」というのもあります。それは「Colab AI」です。これはColabに組み込まれているAI機能です。Colab AIは、元々は有料版Colabに用意されていた機能で、無料版では「期間限定」として利用できるようになっており、いずれ使えなくなるかもしれません。この点を理解した上で使って下さい。

ノートブックの右上に「Colab AI」というボタンがあるでしょう。これをクリックして下さい。画面の右側にサイドパネルが開かれ、Colab AIが表示されます。

これは、プログラミング専用のAIチャットです。ここでプログラミング（Python）に関する質問をすると、その答えが返ってきます。一応日本語も対応していますが、英語で返事が返ってくることもよくあります。基本は英語と考えておきましょう。

図1-18：「Colab AI」をクリックするとAIチャットが現れる。

AIチャットを利用する

では、実際にAIチャットを使ってみましょう。例えば、入力フィールドに以下のように記述し送信してみて下さい。

```
Pythonで100までの偶数の合計を計算したい。
```

これで、100までの偶数の合計を計算するコードが生成されます。その前後にコードの説明も表示されるかもしれません。ただし、こうした説明は英語で出力されることが多いでしょう。

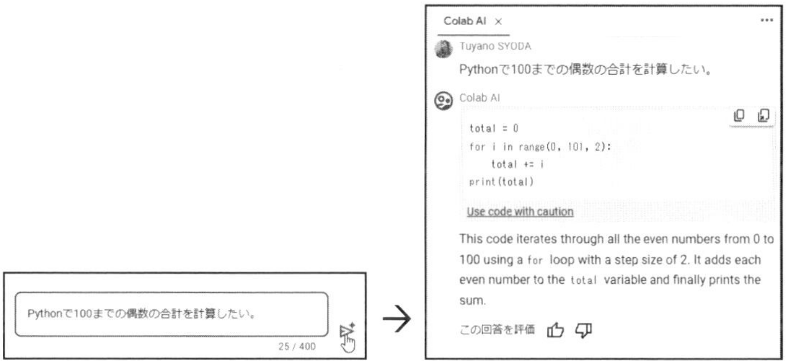

図1-19：質問するとその答えが表示される。英語で返ってくることも多い。

このような場合は、応答をコピーして翻訳ツールなどで日本語にしてもいいのですが、AIチャットに「日本語で説明して」と送れば日本語で改めて説明をしてくれます。使い方がわかれば、非常に便利なツールですね。

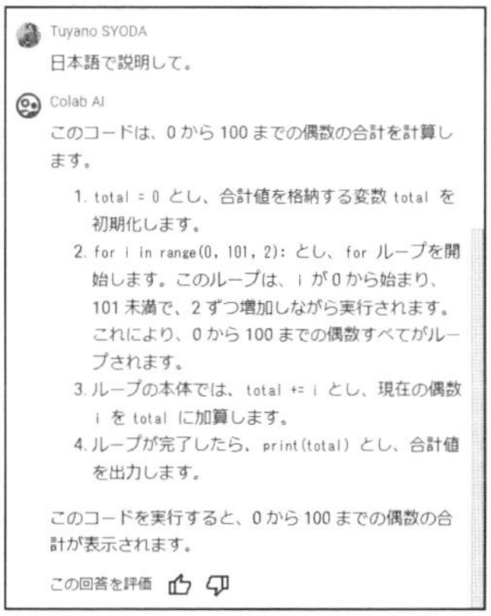

図1-20：日本語にしてもらうこともできる。

セルでAIを使う

このColab AIはAIチャットだけでなく、セルの中で使うこともできます。何も書いていないセルにはうっすらと「コーディングを開始するか、AIで生成します」というテキストが見えるでしょう。この「生成」のリンクをクリックすると、セルにプロンプトを記述するUIが追加されます。

図1-21：「AI」リンクをクリックするとプロンプトの入力フィールドが追加される。

このままフィールドに作りたいコードの内容を記述して送信すれば、そのコードをAIが自動生成してくれます。例えば、以下のように記述してみましょう。

```
100以下の素数を全て表示する
```

これを実行すると、ずらっとコードがセルに出力されました。非常に簡単にコードが作成されるのに驚くでしょう。

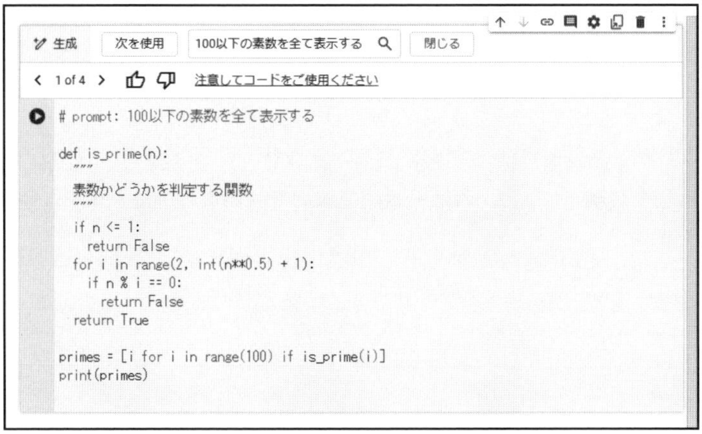

図1-22：プロンプトを実行するとコードが自動生成された。

作られたコードがちゃんと動くか確認しましょう。セルを実行して、100以下の素数が出力されるか確認しましょう。筆者の環境では、ちゃんと表示がされました。素数以外の値は含まれておらず、正しくコードが動いていることが確認できました。

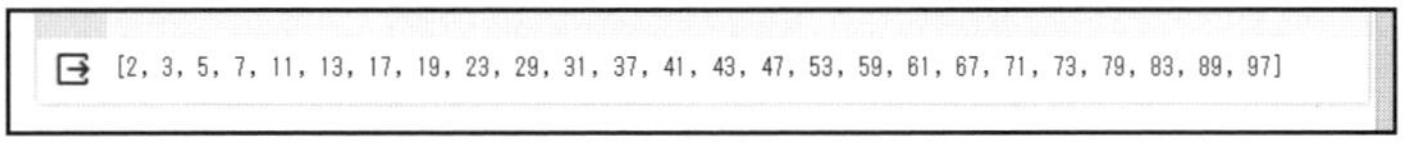

図1-23：実行すると素数が表示された。

生成されたコードをチェックする

では、どのようなコードが生成されたのか見てみましょう。筆者の環境では、以下のようなコードが生成されています。

▼リスト1-2

```
# prompt: 100以下の素数を全て表示する

def is_prime(n):
  """
  素数かどうかを判定する関数
  """
  if n <= 1:
    return False
  for i in range(2, int(n**0.5) + 1):
    if n % i == 0:
      return False
  return True

primes = [i for i in range(100) if is_prime(i)]
print(primes)
```

コメントまでつけられていて非常にわかりやすいコードですね。is_primeという素数チェックの関数を定義し、これを100までのRangeで呼び出して結果を表示しています。コンパクトにまとまっていて、ある程度Pythonがわかっていないと書けないコードでしょう。

このように、Colab AIを活用することで、コーディングがかなり快適に行えるようになります。Colabを利用するなら、Colab AIも使いこなせるようになりましょう。

C O L U M N

「Colab AI」が表示されない！

皆さんの中にはColabに「Colab AI」ボタンが表示されない、という人もいたかもしれません。これは、使用しているアカウントがGoogle Workspaceのものだからでしょう。Colab AIは2024年3月現在、「@gmail.com」のメールアドレスのアカウントにのみ表示されるようになっています。表示されない人は、使用するアカウントをこうしたメールアドレスのものに変更してみて下さい。

C O L U M N

Visual Studio Codeでコード生成AIを使う

AI機能が利用できる開発ツールは、Colabだけではありません。Pythonの開発で広く利用されているVisual Studio Codeでは、各種のAI拡張機能が提供されています。GitHubが提供するGitHub Copilotなどは有名ですが、有料なので二の足を踏んでいる人も多いことでしょう。しかしAI拡張機能は、それ以外にもたくさんのものがあります。

「Cody AI」はClaude-3を利用し、コードの生成や編集、ドキュメントの生成など開発に関するさまざまな処理が行える拡張機能です。Free版が用意されており、チャットや提案などの利用回数が制限はされていますが、無料で利用できます。試してみて気に入ったら、有料版に変更すればいいでしょう。

既にコーディングの世界は、「AIと協働でコーディングする」というスタイルに移行しつつあります。ColabやVSCodeを利用している人は、一度AI併用のコーディングを体験してみましょう。

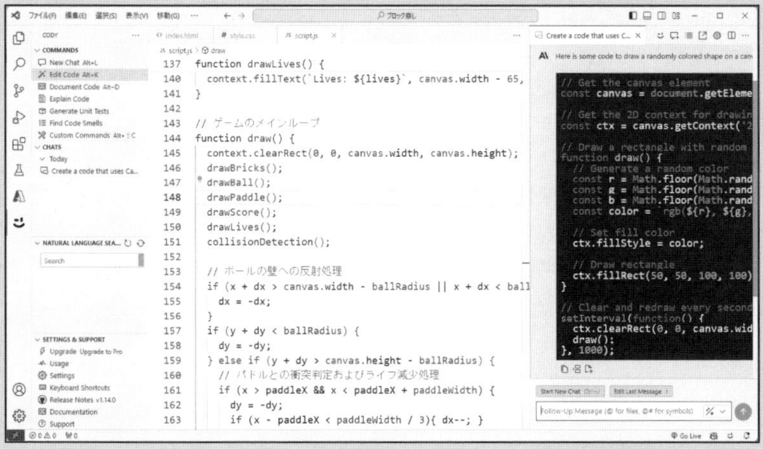

図1-24：VSCodeのCody AIは、チャットでコードを生成したりドキュメントを自動生成したりできる。

Chapter 2

LM Studio

LM StudioはさまざまなオープンソースのLLMをローカル環境にインストールし、
その場でチャットを使ったりサーバーとして実行し、クライアントの開発を行えるツールです。
LM Studioの基本的な使い方を覚え、
モデルを利用するさまざまなプログラムを作成してみましょう。

Chapter 2

2.1. LM Studioの使い方をマスターする

LM Studioとは?

大規模言語モデル(LLM)を使った開発を考えたとき、まず必要となるのが「さまざまな操作を実験的に行える環境」でしょう。オープンソースのモデルなら無料で使えますが、自分でモデルをダウンロードして環境を構築して……というのはちょっと無理、と思う人も多いはずです。また、いきなり料金を払ってAIプラットフォームを利用するのも躊躇してしまいますね。「利用する前に、ちょっとLLMを試してみたい」という人は多いのではないでしょうか。こうした「いろいろなモデルを試してみたい」という用途に最適なのが「LM Studio」です。

LM Studioは、ローカル環境でLLMを利用するための環境を提供するアプリケーションです。LM Studioでは、Hugging Face(AIモデルなどのハブとなるAIプラットフォーム、4章で説明)から任意のAIモデルをダウンロードし、ローカル環境で実行できます。モデルの設定(パラメータ)などはシンプルなUIとして用意されており、簡単な操作でモデルを使えるようにします。また、可能な場合はGPUを利用して高速に動作するようになっており、ローカル環境でもかなりのモデルを動かせます。

LM Studioは、個人利用の場合は無料で利用できます。また、LM Studioはデータを収集しません。ユーザーのデータはマシン上にローカルに保存されるため、学習データの漏洩の心配もありません。

LM Studioは、Mac、Windows、Linux用が用意されています。LM Studioを利用するにはAVX2(Intel開発のCPUの拡張命令セット)をサポートするプロセッサと、16GB以上のRAMが必要です。PCの場合は、6GB以上のVRAMが推奨されています。まずはLM StudioのWebサイトにアクセスし、ソフトウェアをダウンロードしましょう。配布されているソフトウェアは専用のインストーラになっており、ダウンロード後、起動して簡単にインストールすることができます。

https://lmstudio.ai/

図2-1：Webページにあるダウンロードボタンからインストーラをダウンロードする。

利用可能なフォーマットは「GGUF」

LM Studioは、Hugging Faceからモデルをダウンロードして利用できます。Hugging Faceで公開されているのは、すべてオープンソースのモデルです。商業ベースで開発されているものは含まれません。実際の開発に利用するものではなく、学習や研究目的でモデルを利用することを前提にしていると考えるとよいでしょう。

LM Studioでは、すべてのモデルを利用可能なわけではありません。LM Studioで使えるのは「GGUF」というフォーマットのモデルだけです。

「GGUF」(GPT-Generated Unified Format) はLLMを保存するためのフォーマットです。これは、それより前に使われていたGGMLというフォーマットの代替として開発されたものです。

おそらく多くの人は「AIモデルにいくつかのフォーマットがあった」ということに驚いたことでしょう。AIモデルと一口に言っても、それぞれの開発者が勝手にフォーマットを決めて作っているわけではありません。多くのモデル(特にオープンソースのモデル)は、主な機械学習ライブラリで対応できるように決まったフォーマットで作成されています。GGUFはそうしたものの1つです。このフォーマットでないと、LM Studioでは使えません。「LM Studioでは使えないモデルがある」ということも頭に入れておいて下さい。

LM Studioの基本操作

では、LM Studioについて説明しましょう。LM Studioをインストールし、アプリケーションを起動すると、メインウインドウが開かれます。このウィンドウでは、左側にいくつかのアイコンが並んだバーが用意されており、ここから項目を選択して表示を切り替えます。初期状態では、一番上にある「Home」アイコンが選択されています。ウィンドウに表示されているのは、このHomeの画面になります(図2-2)。

「Home」画面では、モデルの検索を行うためのフィールドがあります(図2-3)。ここにモデル名を記入すると、そのテキストをモデル名に含むものが検索されます。

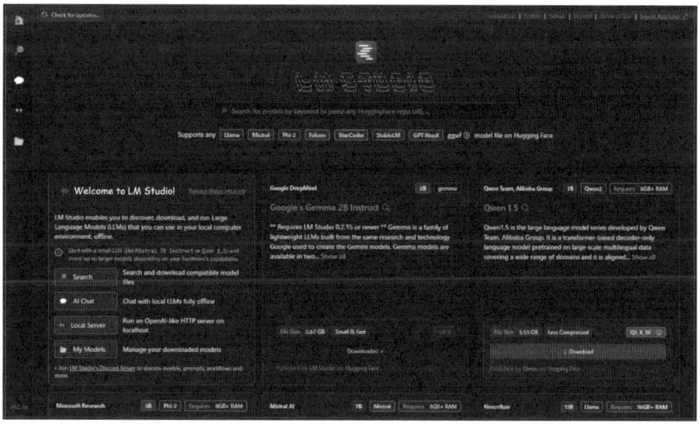

図2-2:LM Studioの画面。これはHomeの表示。

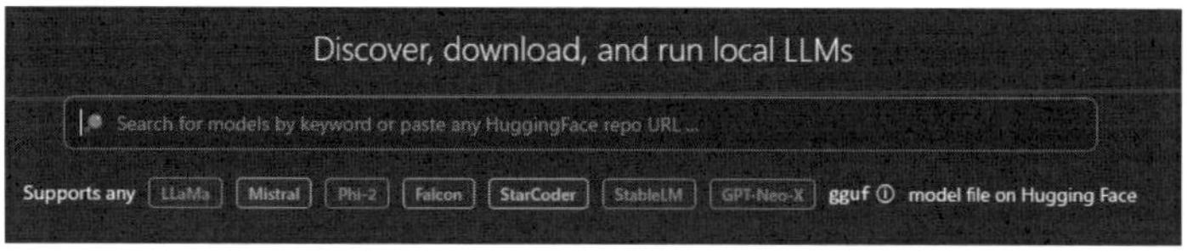

図2-3:Home画面にある検索フィールド。

その下には主なモデルの内容をコンパクトにまとめたものが並んで表示されています。よく利用されるモデルなどは、ここでの説明を読めばだいたいどのようなものかわかるでしょう（ただし、LM Studioは基本的にすべて英語で表示されます）。

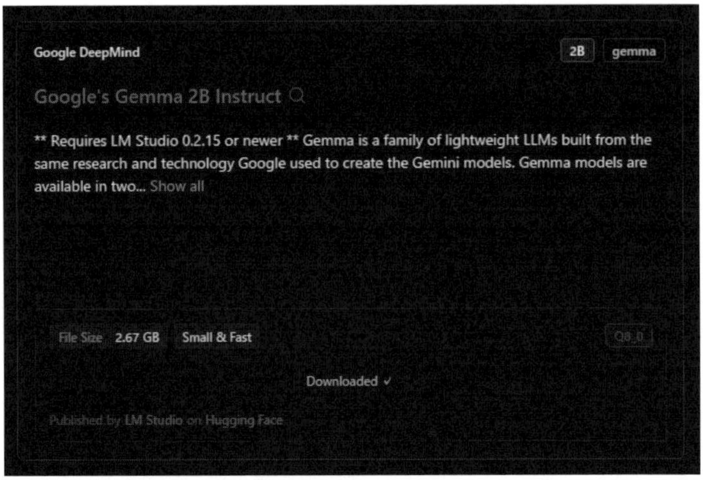

図2-4：主なAIモデルの内容がコンパクトにまとめて表示される。

モデル利用の流れ

では、実際にLM Studioを使ってみましょう。LM Studioの使い方は、非常に簡単です。基本的な流れを以下にまとめておきましょう。

1. モデルの検索

最初に行うのは、モデルを検索することです。LM Studioでは、Hugging Faceに用意されている膨大な数のモデルが利用できます。まずは、自分が使いたいモデルを検索します。

2. モデルのダウンロード

検索されたモデルの中から実際に利用するものを決め、それをダウンロードします。これはほぼ自動で行えます。ただし、ダウンロードにはある程度の時間がかかります。

3. チャットでモデルを実行

LM Studioに用意されている「AI Chat」を使い、ダウンロードしたモデルでチャットを行い、その動作を確認します。

4. サーバーで起動

モデルの挙動を確認し、実際にコードから利用してみようと思ったなら、そのモデルをローカル環境でサーバーで起動させます。

5. クライアントのコードを作成

Pythonなどを使ってコードを記述し、サーバーのモデルにアクセスして動作を確認します。

単純に「いろいろなモデルを使ってみたい」というだけなら、1～3だけで十分いろいろなことを試せるでしょう。4と5は、実際にモデルを使ったコーディングを行うときに利用する機能といえます。

モデルの検索

実際にモデルを使ってみましょう。まずはモデルを検索します。これはHome画面に表示されている検索フィールドを使ってもいいですし、左側にあるアイコンバーから「Search」アイコンをクリックして検索画面に切り替えてもいいでしょう。検索画面は上部に検索フィールドがあり、ここに検索したいテキストを記入します。

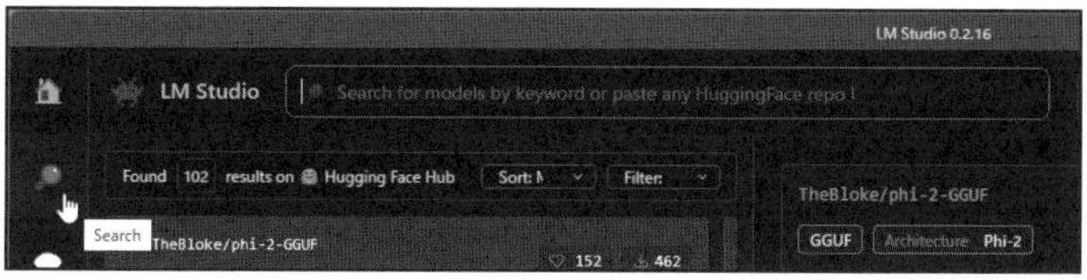

図2-5：「Search」画面の上部には検索フィールドがある。

では、検索フィールドに「japanese」と入力し、検索してみて下さい。「Search」画面の左側にずらっと検索されたモデルがリスト表示されます。その中の項目を選択すると、右側にそのモデルのファイルがリスト表示されます。

モデルというのは、「1つのモデルに1つのファイル」しかないわけではありません。公開されて以後もアップデートして何度もモデルを更新しているものです。こうしたものでは当初のものから少しずつサイズも大きくなり、学習内容も充実していきます。

またモデルによっては、規模の異なる「エディション」を複数提供していることもあります。このような場合も、1つのモデルに複数のファイルが提供されることになります。

つまり、検索結果のリストから使いたいモデルを選択し、そのモデルのファイルのリストから利用するものを選んでダウンロードする、というわけです。

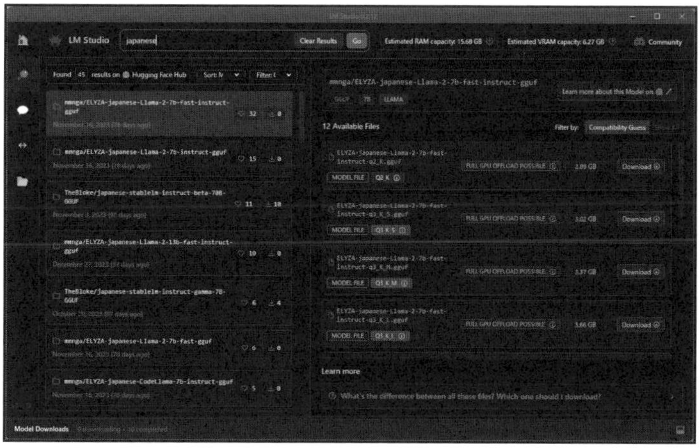

図2-6：検索されたモデルのリストが表示される。右側には選択したモデルのファイルがリスト表示される。

C O L U M N

「7B」「13B」「70B」の違いは？

モデルを検索していると、1つのモデルの中に「○○-7B」「○○-13B」「○○-70B」といった複数のファイルが提供されていることがあります。この「数字B」というのは、モデルのパラメータ数を表します。Bはビリオン（Billion = 10億）を表しており、7Bは70億、13Bは130億、70Bは700億を表します。モデルの性能は、一般にパラメータ数が多くなるほど向上する傾向にあります。ただし、大きくなるほどファイルサイズや使用するメモリサイズも増えていきます。そこでパラメータ数の異なるものを複数用意して、それぞれのハードウェア環境に合わせて適したものを使えるようにしているのです。
なぜ、7B、13B、70Bという値が使われることが多いのか。これは、実はベースとなるモデルに依存しているためです。多くの研究や開発では、Metaが開発するLlama 2というモデルをベースに独自の訓練をしていることが多いのです。Llama 2は、オープンソースでコードが公開されているAIモデルとしては最も高性能なものです。このため、多くのAIモデル開発にはLlama 2が使われています。このLlama 2で7B、13B、70Bのモデルが公開されているため、これをベースとして開発されるモデルも、自然とこの3つのパラメータ数のモデルが作られることになります。

Japanese StableML Instruct Gamma 7Bを使う

では、実際にモデルを利用してみましょう。「japanese」で検索された一覧から以下の名前のモデルを探して下さい。

TheBloke/japanese-stablelm-instruct-gamma-7B-GGUF

これは、Stable Diffusionの開発元（Stability AI）が開発した日本語対応LLMです。Mistral-7Bというモデルをベースに、日本語の学習データで訓練を行い、日本語の応答を行えるようにしています。「7B」というのは、パラメータ数を示します。これよりさらにパラメータ数を拡大した「70B」というものもありますが、これを利用するにはかなり多くのメモリが必要となるでしょう。7Bならば、16GB程度のメモリを搭載したPCならば動作するはずです。

この7Bにはファイルが多数用意されています。最も小さいもので3.08GB、もっとも大きなものでは7.70GBとなります。大きなものほどディスクスペースと実行時のメモリを消費します。それぞれのPCのハードウェアを考慮し、自分の環境に適したものを選びましょう。

モデルファイルのダウンロードは、ファイル名の項目に表示されている「Download」ボタンをクリックするだけです。後は、待っていればダウンロードが完了します。

図2-7：検索されたモデル。japanese-stablelm-instruct-gamma-7Bを選択し、ファイルをダウンロードする。

ダウンロードの状況は、ウィンドウ下部にある「Model Downloads」と表示されたバー部分をクリックすると、状況を表示するエリアがウィンドウの下部に開かれます。ここで、既にダウンロードしたモデルや現在ダウンロード中のものなどが一覧表示されます。ダウンロードのキャンセル等も行えます。

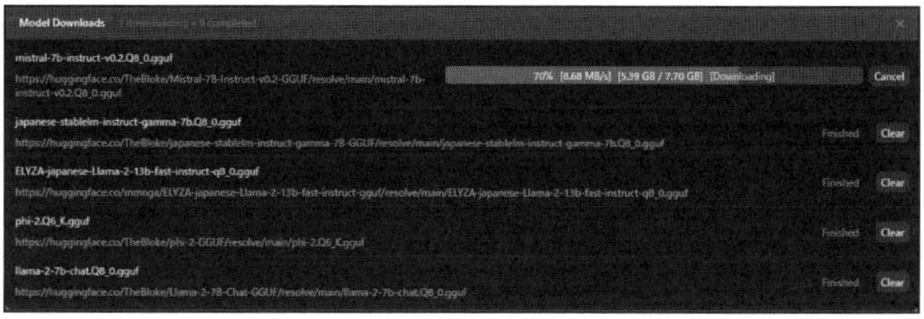

図2-8：「Model Downloads」でダウンロードを管理できる。

C　O　L　U　M　N

instructについて

モデルの中には、通常のモデルとは別に「モデル-instruct」というものが用意されていることがあります。これは特定のタスクにおいて、ユーザーからの指示に従って動作するように設計されたモデルです。通常のモデルは汎用性が高く、さまざまなタスクに適用できますが、instructモデルは特定のタスク（翻訳、質疑、要約、校正など）に特化し、ユーザーからの命令に従って動作します。このため、特定のタスクにおいては通常のモデルよりも精度の高い結果を得られるようになっています。
LLM全般の動作などを確認するには通常のモデルを使ったほうがいいのですが、実務的な用途でモデルを利用するならinstructモデルのほうが精度の高い応答が得られるでしょう。

モデルの管理

ダウンロードされたモデルは、左側のサイドバーに見える「My Models」というところで管理できます。これをクリックすると、モデルの管理画面に切り替わります。ここでは、ダウンロードしたモデルがリスト表示されます。

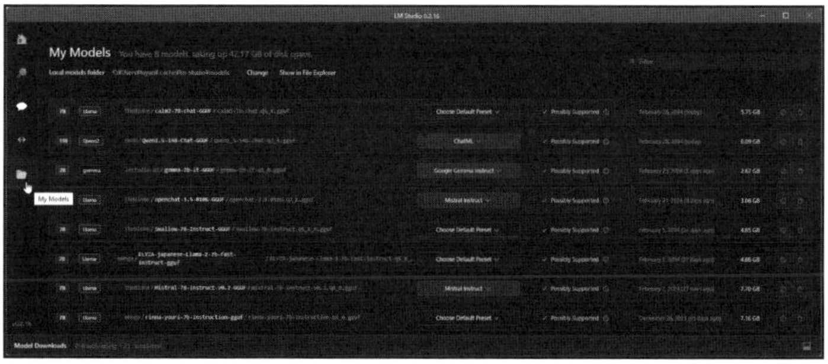

図2-9：「My Models」の画面。

モデルの項目には、ベースとなっているモデル、名前、サポート状況、更新日といった情報が表示されています。右端には「i」というアイコンがあり、これをクリックするとそのモデルに関する情報がJSONフォーマットにまとめられて表示されます。また、この表示にある「Model Card」というボタンをクリックすると、Hugging Faceのこのモデルのページが開かれ、そこで詳細を確認できます。

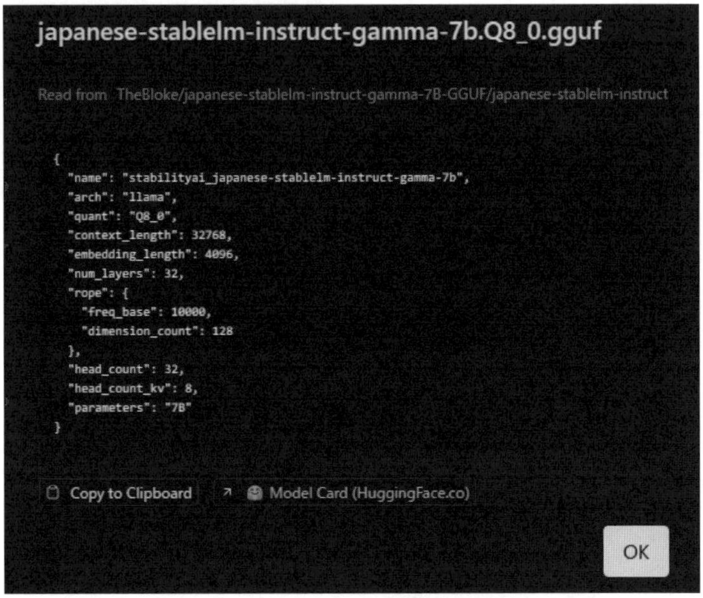

図2-10：「i」アイコンをクリックすると、モデルの情報が表示される。

プリセットについて

モデルの一覧リストには、「Choose Default Preset」というボタンが用意されています。これをクリックすると、メニューがプルダウンして現れます。

これは「プリセット」と呼ばれるものを設定するものです。プリセットは、モデルとの入出力などに関する設定情報をまとめたものです。このボタンをクリックすると利用可能なプリセットがプルダウンで現れ、そこから使いたいものを選択するようになっています。

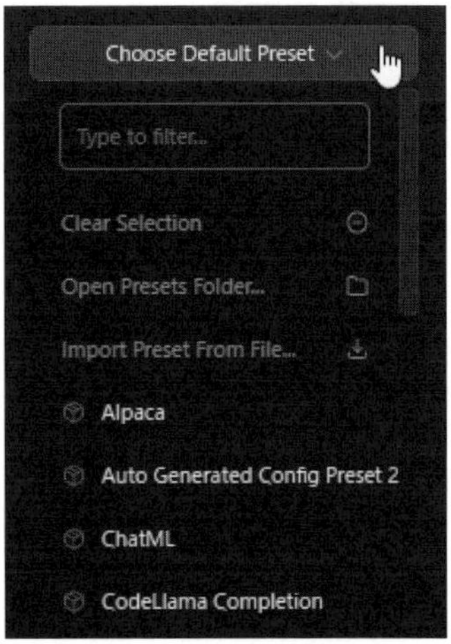

図2-11：「Choose Default Preset」をクリックすると、プリセットがプルダウンで現れる。

では、このプリセットというのはいったいどういうものでしょうか。「Choose Default Preset」をクリックして現れるプルダウンメニューには「Open preset folder...」という項目もあります。これをクリックすると、プリセットのファイルが保管されているフォルダーが開かれます。

見ればわかりますが、プリセットはJSONファイルとして用意されています。この中にあるファイルを開いてみましょう。例として、「chatml.preset.json」を開いてみましょう。すると、以下のようなコードが記述されているのがわかります。

▼リスト2-1

```
{
  "name": "ChatML",
  "inference_params": {
    "input_prefix": "<|im_end|>\n<|im_start|>user\n",
    "input_suffix": "<|im_end|>\n<|im_start|>assistant\n",
    "antiprompt": [
      "<|im_start|>",
      "<|im_end|>"
    ],
    "pre_prompt_prefix": "<|im_start|>system\n",
    "pre_prompt_suffix": "",
    "pre_prompt": "Perform the task to the best of your ability."
  }
}
```

nameにモデル名が設定されており、inference_paramsというところに入出力のプレフィックスとサフィックスが用意されています(input_prefixとinput_suffix)。これらは、プロンプトの前と後に付けるテキストです。

また、「antiprompt」ではアンチプロンプト(生成内容から除外するもの)の指定があり、「pre_prompt」ではプロンプト送信前に実行されるプロンプトが記述できるようになっています。

これらの内容を確認し、自分でプリセットの設定を書くこともできます。書いた設定には適当に名前を付け、他のプリセットと同じ場所に保管しておけば、LM Studioのモデルの「Choose Default Preset」から利用できるようになります。

「自分でプリセットを書かないとモデルは使えないのか」と思った人。いいえ、そんなことはありません。モデルによっては、このプリセットファイルをセットで持っているものもあります。こうしたものはモデルをダウンロードすると、自動的にそのプリセットが設定されます。また、多くのモデルはカスタマイズしたプリセットを必要としません。ですから、自分でプリセットを書くことはほとんどないでしょう。

「プリセットというのはこういうもので、こういう働きをするのだ」ということを理解するために説明をしました。今すぐにマスターしないといけないものではまったくありません。「こういうものがあるんだ」という程度に頭に入れておけばそれで十分です。

「AI Chat」でチャットしよう

モデルが用意できたら、そのモデルをチャットで使ってみましょう。左側のサイドバーから「AI Chat」という項目を選択して下さい。チャットの画面に切り替わります。

ここには、ChatGPTなどのチャットとほとんど変わらない画面が現れるでしょう。表示の下部にプロンプトを入力するフィールドがあり、ここに質問などを入力して Enter すればそれがAIモデルに送られ、応答がチャットのエリアに表示されます。

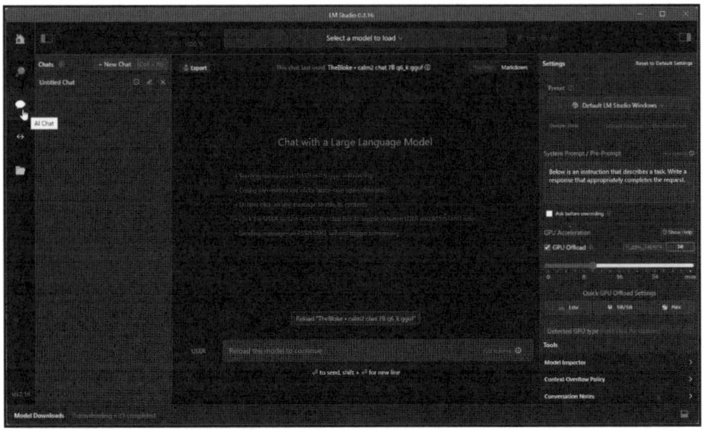

図2-12：「AI Chat」ではチャット画面が現れる。

モデルを選択する

ただし、まだ今の時点ではフィールドにはテキストが入力できません。まだ、AIチャットでは何のモデルも選択されていないのです。LM Studioでは多数のモデルをダウンロードし利用できますから、チャットを使うためには「どのモデルでチャットするか」を指定しないといけません。

画面の上部にある「Select a model to load」という部分をクリックしましょう。するとメニューがプルダウンして現れ、そこに利用可能なモデルが表示されます。ここから使いたいモデルを選択すれば、そのモデルがロードされます。モデルのロードには若干の時間がかかります。

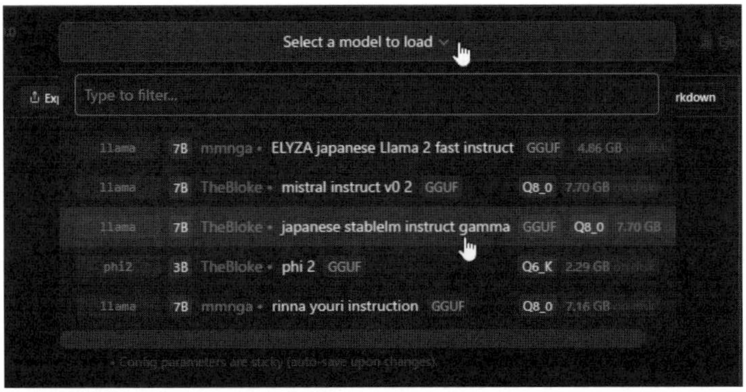

図2-13：「Select a model to load」をクリックすると、利用可能なモデルのリストが現れる。これは複数のモデルをダウンロードした状態の表示。

チャットを利用する

モデルがロードされたら、チャットが使えるようになります。実際に簡単なメッセージを書いて送ってみましょう。下部に見えるプロンプトの入力フィールドにメッセージを書き Enter すれば、それがモデルに送信されます。

モデルの実行にかかる時間は、PCのハードウェア環境によってかなり変化します。PC次第では、応答が表示されるのにかなり待たされることもあります。いろいろと会話して、モデルがどの程度の応答ができるか確かめましょう。

図2-14：チャットを行う。japanese-stablelm-instruct-gamma-7Bでは日本語で会話できる。

チャットの履歴管理

実行したチャットは、履歴として記録されます。チャットを行っているエリアの左側に、チャットの履歴を管理する表示が用意されています。おそらく、最初に送信したメッセージのテキストで設定された項目が作成されているはずです。現在のチャットの内容はここに保存されていきます。

新しくチャットを開始するときは、上部に見える「New Chat」ボタンをクリックすると、新しいチャットがスタートします（これは、新たな項目として履歴に追加されます）。こうして新しくチャットを開始するごとに、そのチャットの履歴が保存されていくのです。

チャットは、履歴のリストから項目をクリックすることで、前に実行したチャットの履歴を開き、そのまま続きを行うことができます。また、履歴の項目にある「×」アイコンをクリックすることで削除することができます。

図2-15：実行したチャットの履歴。「×」アイコンで削除できる。

Chapter 2

2.2. LM Studioサーバーを利用する

モデルサーバーを起動しよう

ここまでの説明を読んだ限りは、LM Studioを「モデルをローカル環境にダウンロードしてチャットして使えるツール」というようにとらえていたのではないでしょうか。確かに間違いではありませんが、しかしLM Studioにはもう1つ別の顔があります。それは「モデルサーバー」としての顔です。

モデルを外部から利用する場合、基本的には専用のサーバーを用意して、そこにネットワーク経由でアクセスする形になるでしょう。商業ベースのLLMをAPIで公開しているところも、基本的なアプローチは同じです。APIを通じてサーバーにアクセスし、そこからLLMを呼び出して動いているのですね。

LM Studioには、ダウンロードしたLLMにアクセスするサーバープログラムとしての機能があります。これを利用することで、他のプログラムからネットワーク経由でLLMにアクセスできるようになるのです。

こうしたサーバーの場合、サーバーにどういう形でアクセスするかが重要になります。LM Studioでは、この点で非常にユニークなアプローチを取っています。ChatGPTを開発するOpenAIのライブラリをそのまま利用できるようにしているのです。

OpenAIでは、自社の開発するGPT-3.5/4などのLLMを外部から利用するためのAPIを提供しており、このAPIを利用するためのライブラリを配布しています。LM Studioでは、このライブラリを利用してそのままLM Studioのサーバーにアクセスして LLMを利用する、という方法を取っています。

C O L U M N

Python は事前にインストールしておくこと！

ここではColabではなく、ローカル環境にインストールしたPythonを利用します。まだPythonを準備してない人は、Pythonの公式Webサイト(https://www.python.org/)にアクセスし、Pythonをインストールしておいて下さい。

モデルサーバーの設定

では、左側のサイドバーから「Local Server」を選択して下さい。ローカル環境でサーバーを実行するための画面に切り替わります。

サイドバーのすぐ右側には「Local Interface Server」というパネルが表示されます。これは、ローカルで実行するサーバーの設定を行うためのものです。ここには以下のような項目が用意されています。

Server Port	実行するサーバーの使用するポート番号。
Cross-Origin-Resource-Sharing(CORS)	Webブラウザで異なるオリジン（ドメインやポートなど）のリソースへのアクセスを許可する機能（CORS）をON/OFF。
Request Queuing	リクエストのキュー（アクセスをキューに保管し管理するもの）をON/OFF。
Verbose Server Logs	詳細なサーバーログの記録のON/OFF。
Apply Prompt Formatting	モデルごとにプロンプトを最適な形に自動フォーマットする機能のON/OFF。

これらは、基本的にすべてONにしておいて問題ないでしょう。ただ、個人でローカルのサーバー内だけで使うならば、Apply Prompt Formatting以外はOFFでも問題ありません。またサーバーのポート番号は、デフォルトでは「1234」となっており、これもこのままでいいでしょう。

そのまま「Start Server」ボタンをクリックすればサーバーが起動し、使えるようになります。「Stop Server」ボタンをクリックすればサーバーは停止します。サーバーの起動と終了は、このようにとても簡単です。

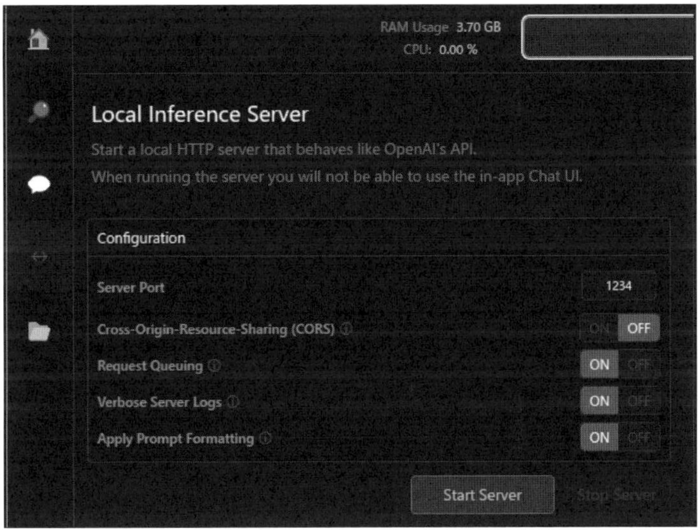

図2-16：Local Serverの設定。

「Start Server」ボタンでサーバーを起動すると、ウィンドウ下部にある「Server logs」というところに実行状況が出力されていきます。サーバーにアクセスをすると、ここに情報が逐次書き出されていきます。サーバーの実行状況を確認するのにこのログの出力は非常に重要です。何か問題が発生すれば、必ずここに出力されるようになっているのです。

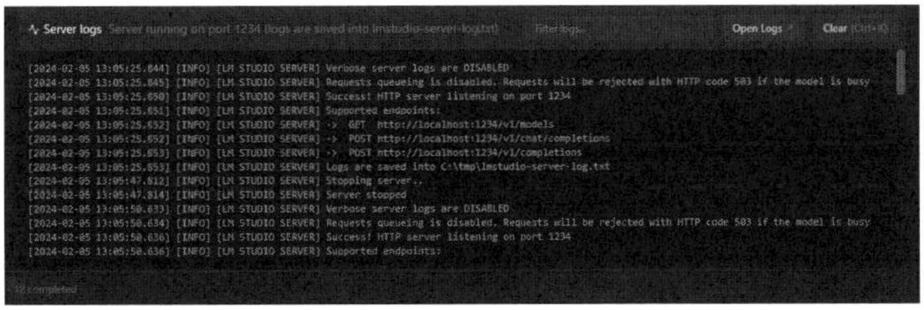

図2-17：Server logsに実行状況が出力される。

サーバーの実行を確認する

では、実際にサーバーを起動してみて下さい。サーバーが起動し、アクセスできることを確認しておきましょう。Webブラウザから以下のURLにアクセスをしてみて下さい。

http://localhost:1234/v1/models

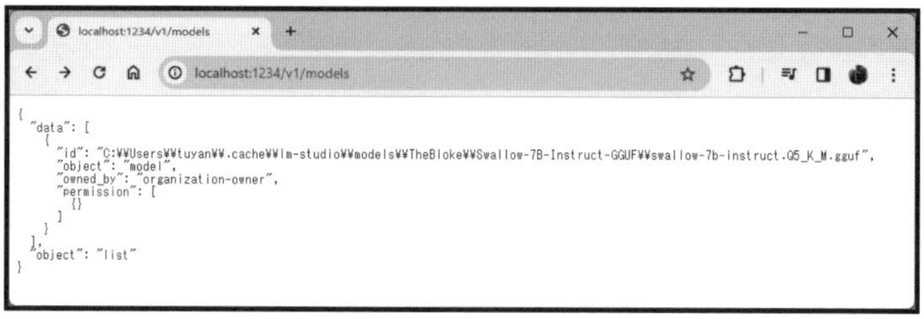

図2-18:アクセスすると、サーバーに設定されているモデルの情報が表示される。

サーバーは、http://localhost:1234/というドメインで公開されます。/v1/はバージョンで、2024年3月現在、/v1を指定するのが基本です。その後にある/modelsが実際にアクセスできるサービスのパスになります。

この/modelsは、サーバーに設定されているAIモデルに関する情報を出力するものです。アクセスすると、以下のようなコンテンツが表示されるでしょう。

```
{
  "data": [
    {
      "id": "C:\\Users\\ユーザー名\\.cache\\lm-studio\\models\\ベンダー\\モデルのファイル名",
      "object": "model",
      "owned_by": "organization-owner",
      "permission": [
        {}
      ]
    }
  ],
  "object": "list"
}
```

「id」には、使用しているモデルのファイルパスが指定されます。これでどのモデルが設定されているのかがわかるでしょう。

クライアント側のコードを作成しよう

では、これにアクセスするサンプルコードを書いて動かしてみましょう。

「Local Server」の画面には、右上あたりに「Client Code Examples」という表示があります。これは、サーバーにアクセスするクライアントのサンプルコードです。デフォルトでは、curlでアクセスするコードが表示されていることでしょう。

このエリアの上部には「hello world(curl)」「chat(python)」「ai assistant(python)」「vision(python)」といった切り替えボタンがあります。これらは、サンプルコードを切り替え表示するためのものです。ourlのコードの他、3種類のPythonのコードが用意されているのです。

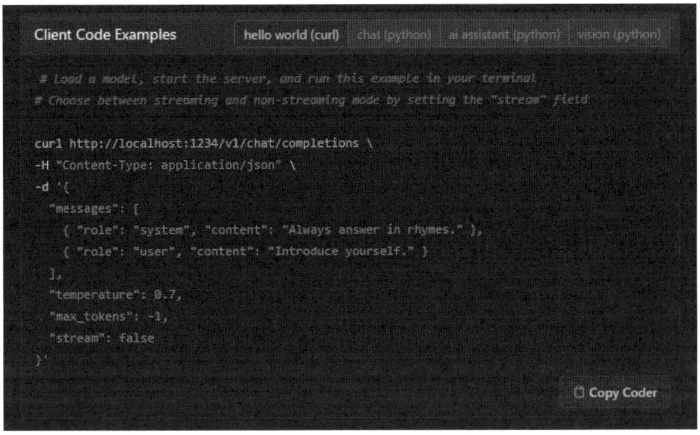

図2-19：Client Code Examplesにはサンプルコードが用意されている。

では、「chat(python)」をクリックして下さい。チャットにアクセスするサンプルコードが表示されます。これをコピー＆ペーストして利用すればいいのです。

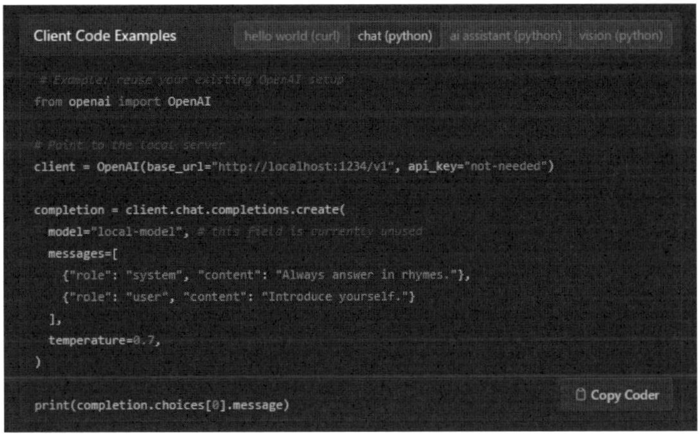

図2-20：「chat(python)」をクリックすると、Pythonのサンプルコードが表示される。

Pythonのコードを作成する

では、Pythonのコードを作成しましょう。LM Studioのサーバーでは、既に触れたようにOpenAIのライブラリを利用します。ターミナルなどを起動し、事前に以下のコマンドを実行してライブラリをインストールしておいて下さい。

```
pip install openai
```

では、テキストエディタなど普段Pythonのコーディングに利用しているツールを起動し、先ほどコピーしたサンプルコードをベースに修正したコードを掲載しましょう。以下を記述し、Pythonのソースコードファイルとして保存して下さい。

▼リスト2-2

```
from openai import OpenAI

client = OpenAI(
  base_url="http://localhost:1234/v1",
  api_key="not-needed")

prompt = input("prompt:")

completion = client.chat.completions.create(
  model="local-model",
  messages=[
    {"role": "user", "content": prompt}
  ],
)

print(f"Result: {completion.choices[0].message.content}")
```

これがサーバーにアクセスしてプロンプトを送信し、応答を受けとって表示するサンプルコードです。

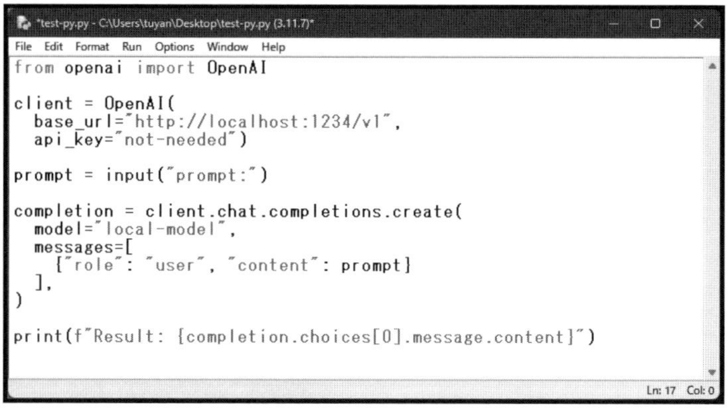

図2-21：エディタでPythonのコードを記述する。

コードの説明はこの後で行うとして、記述したコードを実際に実行してみて下さい（ターミナルなどのコマンド実行できるツールから「python ファイルパス」と実行します）。「prompt:」と表示されて入力待ちの状態になるので、プロンプトのテキストを記入し[Enter]して下さい。しばらく待っていると、OpenAIライブラリを使ってサーバーにアクセスし、応答のメッセージが出力されます。

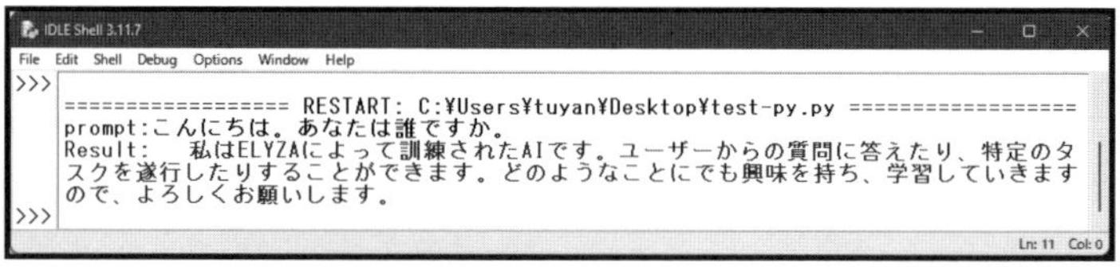

図2-22：プロンプトを書いて送ると応答が出力される。

実際にコードを実行したら、LM Studioに戻り、ウィンドウ下部に表示される「Server logs」というところを見て下さい。ここにアクセス時の状況が出力されます。クライアント（実行したコード）からどのような情報がサーバーに送られてきたかがわかります。

図2-23：クライアントから送られた情報がサーバーログに出力される。

AIのモデル側で応答の生成が完了すると、クライアントに送信されると同時に、その内容がサーバーログに出力されます。ここでの出力（アクセス受信時と返信時）を確認すれば、どのようにデータがやり取りされるかがわかるでしょう。また正常なときのやり取りの内容がわかっていれば、問題が発生したときにどの部分に原因があるのかも見つけやすくなるでしょう。

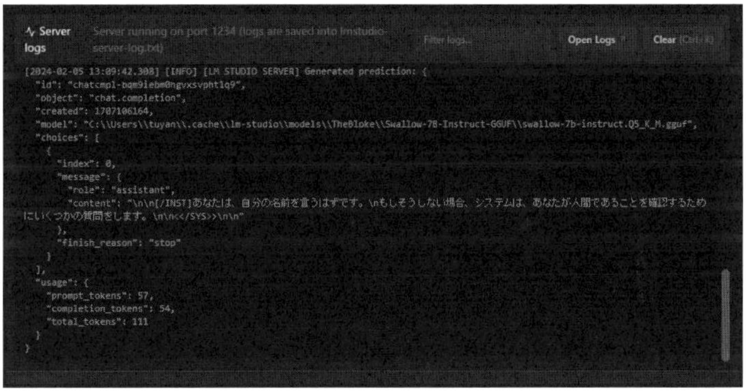

図2-24：生成された応答の内容が出力されている。

OpenAIインスタンスの作成

では、簡単に説明をしておきましょう。コードではOpenAIライブラリを使います。冒頭にそのためのimport文を用意しておきます。

```
from openai import OpenAI
```

サーバーへのアクセスは、openaiライブラリにあるOpenAIクラスを利用します。これは以下のようにしてインスタンスを作成します。

```
client = OpenAI(base_url=アクセス先, api_key=キー)
```

引数には、base_urlとapi_keyという値を用意します。base_urlには、アクセスするサーバーのベースURLを指定します。ここでは以下のように指定をすればいいでしょう。

```
http://localhost:1234/v1
```

もう1つのapi_keyは、OpenAIのAPIにアクセスするときには自分が取得したAPIキーを指定するのですが、ローカルサーバーの場合は必要ありません。空でも適当な文字列でも何でもいいので指定して下さい。ただし、省略はできません(api_keyの引数がないと実行時にエラーになります)。

チャットを実行する

OpenAIインスタンスが作成できたら、その中のチャット機能を呼び出します。これは、OpenAIインスタンスのchat.completionsに用意されている「create」メソッドを使います。これは、以下のように利用します。

```
completion = client.chat.completions.create(
  model=モデル名,
  messages=メッセージ
)
```

このchat.completionsにあるcreateは、最低でも2つの引数を用意します。「model」は、使用モデル名を指定するものですが、LM Studioのサーバーの場合、モデルは常に1つなので特に値を記述する必要はありません。どんな値でもいいので、適当に指定しておきましょう。

2つ目の「messages」は、やり取りするメッセージをまとめたものです。これは、サンプルでは以下のように記述されていました。

```
messages=[
  {"role": "user", "content": prompt}
],
```

メッセージは、"role"と"content"という2つの値を持つ辞書として用意されます。送信するプロンプトは、"content"に値として用意します。

"role"には、それぞれのメッセージが誰のものかを示す値が指定されます。これは、以下のような値が利用できます。

"system"	システムの設定。最初にモデルの基本的な方針を決定するのに用意する。
"user"	ユーザーがAIに送るプロンプト。通常のユーザーが入力したプロンプトはこれを指定する。
"assistant"	AIモデルからの応答としてユーザーに返されるメッセージ。

通常、ユーザーのプロンプトをAIモデルに送るだけなら、"user"というロールのメッセージを1つ用意しておくだけで十分でしょう。それ以外のロールは、もう少し凝ったプロンプトを送るときに利用されます。

戻り値について

createメソッドは、サーバーにアクセスしてプロンプトを送り、その結果をサーバーから受け取り戻り値として返します。戻り値の値はオブジェクトになっており、非常に多くの値が構造的にまとめられて返されます。戻り値の構造を簡単に整理すると以下のようになります。

```
{
  "id": "割り当てられたID",,
  "object": "chat.completion",
  "created":タイムスタンプ,
  "choices": [{
    "index": インデックス,
    "message": {
      "role": ロール,
      "content": コンテンツのテキスト,
    },
    "finish_reason": 停止理由
  }],
  "usage": {
    "prompt_tokens": 入力トークン数,
    "completion_tokens": 応答トークン数,
    "total_tokens": 合計トークン数
  }
}
```

多くの値がありますが、AIから返される応答は、「choices」というところにまとめられています。これはリストになっており、保管されているオブジェクトの「message」というというところにロールとコンテンツがまとめられています。

サンプルコードを見ると、AIからの応答は以下のように表示していますね。

```
print(f"Result: {completion.choices[0].message.content}"
```

戻り値（completion）のchoicesから、最初の値のmessageからcontentを取り出して表示しているのがわかります。OpenAIライブラリの使い方そのものは決して難しいものではありませんが、このようにやり取りするデータの構造が非常にわかりにくいため、的確に値を取り出すには、その構造をしっかりと理解しておく必要があります。

curlからのアクセス

サンプルコードでは、Python以外にもコードが用意されています。curlを利用したコードです。これも使ってみましょう。

curlは、ネットワーク経由でコンテンツをダウンロードすることのできるコマンドプログラムです。これを利用してサーバーにアクセスするのも試してみましょう。

ターミナルなどのコマンドが実行できるツールを起動して下さい。そして、次のようにコマンドを実行してみましょう。

▼リスト2-3

```
curl http://localhost:1234/v1/chat/completions -H "Content-Type: application/
json" -d '{ "messages": [{"role":"user","content":"こんにちは。"}]}'
```

いくつもの値が組み合わせられているため、非常にわかりにくくなっていますね。改行して見やすくすると、以下のようになります。

```
curl http://localhost:1234/v1/chat/completions ;
  -H "Content-Type: application/json" ;
  -d '{ ;
    "messages": [;
      {"role":"user","content":"こんにちは。"} ;
    ];
  }'
```

curlの後にアクセスするURLを指定し、hHにヘッダー情報を、-dにボディコンテンツをテキストにまとめたものを指定しています。これでURLにアクセスし、サーバーから結果を受け取ることができます。

実行後、長くわかりにくいコンテンツが出力されるでしょう。これがcurlでサーバーにアクセスし、受けとった結果になります。

図2-25：curlコマンドを実行すると結果の情報が出力される。

curlで受け取るデータ

このcurlコマンドを実行すると、さまざまな情報が組み込まれた結果が出力されます。その内容をよく見ると、先ほどPythonでcreateメソッドを実行して得られた戻り値とほぼ同じ内容になっていることがわかるでしょう。Pythonでもcurlでも、送信する情報や受け取る結果は同じです。ただ、どういう形でやり取りするかが違うだけなのです。

モデルに送れるパラメータについて

単純なアクセスは、もうこれでできるようになりました。ただし、それでAIアクセスは完璧か？　というとそういうわけでもありません。

AIのモデルには、モデルの利用に関するさまざまなパラメータが用意されています。このパラメータを使うことで、生成する応答の内容に影響を与えることができます。では、どのようなパラメータが用意されているのでしょうか。順に説明をしていきましょう。

▼最大トークン数

```
max_tokens=整数
```

LLMでは、プロンプトや応答のコンテンツは「トークン」の集合として扱われます。トークンとは、単語や句読点、記号など「文を構成する最小単位となるもの」のことです。英語などでは単語が最小単位となりますが、日本語の場合は「1文字」が最小単位となります。

プロンプトはトークンに分解されて解析され、応答もトークンの集合として生成されていきます。このとき、「生成されるコンテンツの最大トークン数」を指定することができます。これが、「max_tokens」です。例えば、max_tokens=100とすれば、最大100トークンの範囲で応答が生成されます（足りない場合は途中で文章が切れたまま出力されることもあります）。

LLMでは、モデルごとに生成可能な最大トークン数が決まっています。このため、max_tokensの最大値はモデルによって異なります。多くのLLMは数千以上のトークン数に対応しているので、その範囲内であれば問題なく最大トークン数を設定できるでしょう。

▼温度

```
temperature=実数
```

生成される応答の内容に影響を与える最も基本的なパラメータが温度です。温度は、生成される応答のランダム性や多様性に関するパラメータです。これはほぼすべてのLLMで実装されており、ゼロから1～2の範囲の実数で指定されます。

AIのモデルでは、応答の候補となるトークンはそれぞれにどの程度の確かさか（トークンの確率）が決まっています。これらの値は正規分布のように分布しています。temperatureは、この確率分布に影響を与えます。

temperatureの値が低くなるほど、確率分布はよりピークに集中する形になります。temperatureの値が高くなるにつれて確率分布は平滑になり、幅広い範囲が候補となります。これにより、temperatureの値が低いほどより正確な応答が生成され、値が高くなるに連れランダム性の高い多様な表現が生成されるようになります。

▼上位P

```
top_p=実数
```

これは、候補となるトークンの範囲を調整するものです。上位Pは候補全体のトークンのうち、指定された範囲内からトークンを生成するように調整します。値は通常、0～1の範囲の実数で指定されます。

例えばtop_p=0.1とすると、全体の中から上位10%のものだけに絞ってトークンを生成します。top_p=0.9なら全体の90%からトークンを生成します。値が小さいほど、最も高い確率のトークンだけから候補を選ぶようになり、値が大きくなるにつれて、より低い確率のものまで候補に含むようになります。

この上位Pと似たようなものに、「上位K（top_k）」というものもあります。こちらはパーセンテージではなく、個数を使って候補を絞るものです。これを利用しているモデルはけっこうあるのですが、OpenAIライブラリではこのパラメータは用意されていないため使えません。

▼出現のペナルティ

```
presence_penalty= 実数
```

生成内容に影響を与えるパラメータの中には、特定のトークンにペナルティを課すことで生成される確率を下げるものがあります。presence_penaltyは、既に使用したトークンが再び使われないようにペナルティを課すものです。値はゼロ以上の実数で設定されます（上限がいくつかはモデルによって異なります）。

値がゼロに近いとペナルティは課されず、トークンの生成に何ら影響は与えません。値が大きくなるにつれ、既に使ったトークンが再び出現しないようにペナルティが課されていきます。これにより、特定のトークンが過剰に繰り返されないようになります。

これと似たようなものに、「count_penalty（回数のペナルティ）」「frequency_penalty（頻度のペナルティ）」といったものもありますが、OpenAIライブラリではサポートされていません。

▼応答数

```
n= 整数
```

これは、生成される応答の個数を指定するものです。通常、応答は1つだけ返されますが、モデルによっては複数の応答を生成できるものもあります。このnに値を設定することで、生成される応答の数を変更できます。n=5をすれば、同時に5つの応答が生成されます。

先ほどサンプルコードで試したとき、生成される応答はchoicesというところにリストとして保管されていました。このnを増やすことで、choicesに複数の応答が保管されるようになります。

▼停止ワード

```
stop= 文字列またはリスト
```

これは、応答の生成を強制的に終了するテキストを指定するものです。値は文字列の値または複数の文字列をリストにまとめたものになります。例えばstop="。"とすれば、生成された応答のテキストに「。」が出てきたら、そこで応答は終了します。

▼ストリーム

```
stream= 真偽値
```

ストリームを使いリアルタイムに応答を出力するかどうかを示すものです。デフォルトではstream=Falseになっており、すべての応答が生成されたところで送られます。stream=Trueにすると、生成された応答を少しずつ出力するようになります。

パラメータを利用する

これらのパラメータの利用例を挙げておきましょう。以下のようにコードを書き換えて実行してみて下さい。

▼リスト2-4

```
from openai import OpenAI

client = OpenAI(
  base_url="http://localhost:1234/v1",
  api_key="not-needed")

prompt = input("prompt:")

completion = client.chat.completions.create(
  model="local-model",
  messages=[
    {"role": "user", "content": prompt}
  ],
  temperature=0.7,
  max_tokens=100,
  top_p=0.1,
  presence_penalty=1.0,
  n=1,
  stop=["！","？"],
  stream=False
)
l = len(completion.choices)
for n in range(l):
  print(f"Result: {completion.choices[n].message.content}")
```

プログラムの挙動は先ほどとまったく同じですが、パラメータにより生成されるコンテンツの内容が変化します。コードを見ると、createの引数にパラメータの値が用意されているのがわかるでしょう。

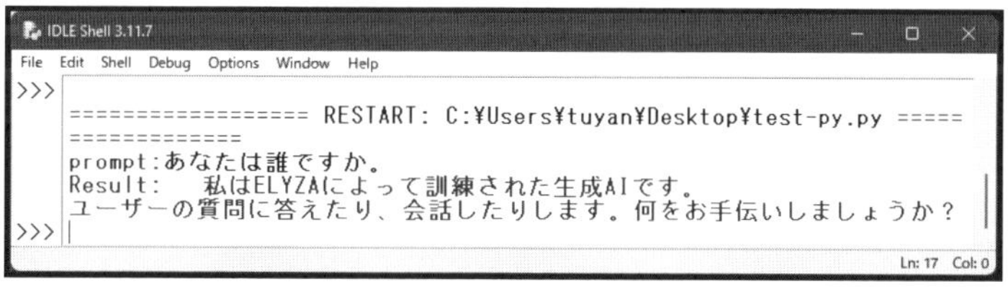

図2-26：パラメータを指定して実行する。

パラメータの使い方がわかったら、値をいろいろと調整して挙動を確かめましょう。例えば、temperatureの値が0.1のときと0.9のときで生成される応答はどう変化するか、試してみましょう。

連続して会話する

生成AIによるやりとりは、「チャット」方式が基本となっています。単にメッセージを送ったら応答が返るというだけでなく、お互いに会話をしながら質疑などを進めていくのですね。

OpenAIのchat.completions.createでも、チャット方式で会話することは可能です。ただし、OpenAIのライブラリには会話の内容を保持するような仕組みはありませんし、LM Studioのモデルにもそうした機能はありません。ではどうするのか？　それは「会話の内容を保管しておき、それをまとめてモデルに送信する」のです。

OpenAIのchat.completions.createでは、messagesという値にメッセージの内容を設定して送ります。この値はリストになっていて、複数のメッセージを保管できるようになっています。これを利用し、それまでの会話の内容をリストに追加しながらchat.completions.createを実行すれば、チャットを行うことが可能です。では、実際に簡単なサンプルを作ってみましょう。

▼リスト2-5

```
from openai import OpenAI

client = OpenAI(
  base_url="http://localhost:1234/v1",
  api_key="not-needed")

messages = []

while True:
  prompt = input("prompt: ")

  if prompt:
    messages.append({
      "role": "user",
      "content": prompt
    })
    completion = client.chat.completions.create(
      model="local-model",
      messages=messages,
      temperature=0.7,
      max_tokens=100
    )
    message = completion.choices[0].message
    print(f"Result: {message.content.strip()}")
    messages.append({
      "role":"assistant",
      "content":message.content
    })
  else:
    print("これで終わりです。さようなら！")
    break
```

実行すると「prompt:」が表示され、プロンプトを入力するようになります。なにか書いてEnterするとAIから応答が生成されて表示され、再びプロンプトの入力画面になります。「プロンプトを書いて送信すると応答が返る」ということを繰り返し会話を続けていけます。何も入力せずにEnterすると、チャットを終了します。

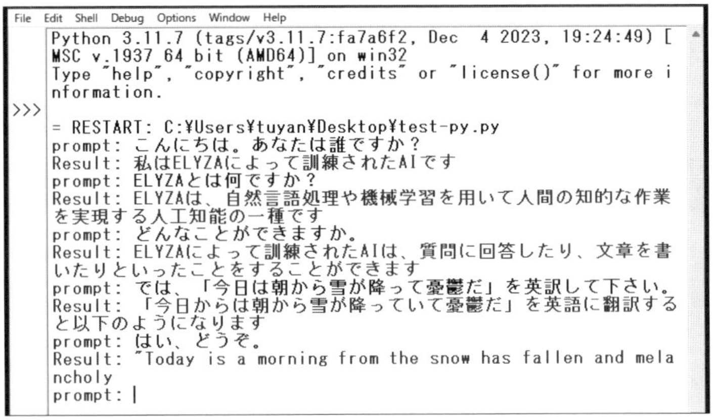

図2-27：AIと会話する。何も入力しないと終了する。

ここでは、while True:で繰り返し処理を行うようにしていますね。その中で、inputでプロンプトを入力したら、以下のようにしてmessagesにメッセージを追加しています。

```
if prompt:
  messages.append({
    "role": "user",
    "content": prompt
  })
```

リストを保管しているmessagesにappendでメッセージのデータを追加しています。ユーザーのメッセージは、"role": "user"を指定して作成しておきます。

そしてcreateで応答を作成したら、そこから応答のメッセージを取り出して表示し、messagesにAIからのメッセージとして追加をします。

```
message = completion.choices[0].message
print(f"Result: {message.content.strip()}")
messages.append({
  "role":"assistant",
  "content":message.content
})
```

AIのメッセージは、"role":"assistant"と指定して追加します。こうしてユーザーとAIのやりとりをリストにappendしながらcreateすれば、連続した会話を行うことができます。

ストリームによる応答の出力

ここまでのAIはプロンプトを送ると応答のメッセージを生成し、完成したら返送する、というものでした。つまり、すべての応答が完成したところで送り返され表示されるようになっていたのですね。

しかし、ChatGPTなどのAIチャットでは、プロンプトを送るとリアルタイムに応答が出力されていきます。こうしたやり方はできないのでしょうか。

実は、可能です。パラメータの説明のところで「stream」という項目があったのを思い出して下さい。このパラメータをTrueに設定すると、アクセス先のモデルからの応答をストリームでリアルタイムに受け取るようになります。

stream=Trueにすると、chat.completions.createの戻り値は通常のオブジェクトではなく、ジェネレータのオブジェクトに変わります。ここから随時オブジェクトを取り出して処理することで、少しずつ応答を取り出し処理できるようになります。

では、簡単な例を挙げておきましょう。

▼リスト2-6

```
from openai import OpenAI

client = OpenAI(
  base_url="http://localhost:1234/v1",
  api_key="not-needed")
```

```
prompt = input("prompt: ")

completion = client.chat.completions.create(
  model="local-model",
  messages=[
    {
      "role": "user",
      "content": prompt
    }
  ],
  temperature=0.7,
  max_tokens=300,
  stream=True
)
print("Result:")
for chunk in completion:
  if chunk.choices[0].delta.content:
    print(chunk.choices[0].delta.content, end="")
```

プロンプトを入力すると、応答のメッセージが少しずつ出力されていきます。受け取った応答の処理部分を見てみると、このようになっているのがわかりますね。

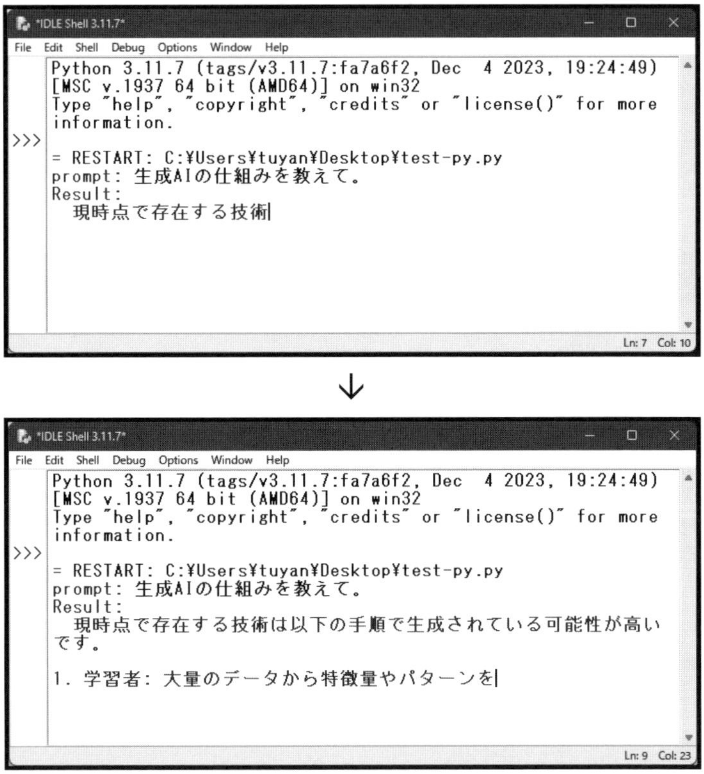

図2-28：プロンプトを送ると応答がリアルタイムに出力されていく。

```
for chunk in completion:
```

応答のcompletionから順にオブジェクトを取り出して処理しています。stream=Trueにすると、このように応答が繰り返し送られてくるのでforで処理できるようになります。

送られてくる値を見ると、chunk.choices[0].delta.contentの値を取り出していますね。choicesに保管されているオブジェクトには、messageではなく「delta」という値が渡されます。この中に、細切れになった応答のコンテンツが保管されています。これを取り出し、順に書き出していけばいいのです。

LM Studioは「LLMに慣れるため」のもの

以上、LM Studioの基本的な使い方とモデルサーバーを利用した基本的なコーディングについて説明をしました。

LM Studioは「LLMをローカル環境で簡単に試せるツール」です。ローカルにLLMのファイルをインストールし、ローカル環境でチャットをしたり、サーバーを起動してクライアントのプログラムを作ってアクセスしたり、LLMの基本的な利用はだいたい行うことができます。

ただし、実際に使ってみるとわかりますが、これは「ChatGPTなどの商業ベースのAI」に置き換わるものではありません。LM Studioで使えるLLMは、基本的にすべてオープンソースのものであり、品質的にChatGPTなどの製品と同等のものではありません。

またローカルのハードウェアで動くため、挙動は非常に遅く、実用的ではありません。ある程度快適に動かすためには、高性能のGPUと豊富なメモリ（最低16GB、できれば32GB以上）が必要でしょう。

LM Studioを「オープンソースのさまざまなモデルをダウンロードしてチャットできる」ということに求めるなら、その利用価値は決して高いものとは言えません。では、LM Studioはあまり使う意味がないのか？

いいえ、真の利用価値はチャットなどではなく、「サーバー」機能にあります。サーバーを利用することで、OpenAIライブラリを使って自由にLLMにアクセスできるようになります。ローカル環境ですから、どんな使い方をしても問題ありません。LLMに対し、さまざまな実験的な操作を行うことができるのです。

LM Studioのサーバー機能で、そのまま実用レベルのプログラムを作れるわけではありません。これは、あくまで「実験用サーバー」です。実用に耐えるものではありませんが、しかしローカル環境で心ゆくまで実験できる、それこそがLM Studioの最大の魅力なのです。

LLMを使った開発を考えているなら、まずはLM Studioでさまざまなモデルについてありとあらゆる操作を行ってみましょう。そうすることで、LLMの扱いに慣れていき、LLMの使い方がわかってくるはずです。

C O L U M N

もう1つのローカルLLM実行環境「Jan」

LM Studioのように、ローカル環境にLLMをインストールして動かすことのできるツールは他にもあります。最近、注目されているのが「Jan」でしょう。これは、LM Studioと同様にLLMをローカルストレージにダウンロードし、アプリに用意されているプレイグラウンドを使ってプロンプトをモデルに送り動作を試すことができます。また、LM Studioと同様にローカルサーバを起動し、モデルにアクセスすることも可能です。このサーバはOpenAIとコンパチブルになっており、OpenAIのライブラリでアクセスできます。この点もLM Studioとまったく同じです。
機能的にはほとんど違いはありませんが、唯一、大きく違っているのが対応モデルです。LM StudioはHugging Faceのオープンソースモデルを多数利用できるようにしているのに対し、Janは対応モデルは少ないのですが、商業ベースで提供されているOpenAIのモデル（GPT-3.5/4など）にも対応している点です。といっても、もちろんこれらはローカルにインストールするわけではなく、APIキーを入力することでJanからOpenAI APIのモデルにアクセスできるようになっているのです。
機能的にLM Studioと重なる部分が非常に多いため、どちらか1つあれば十分でしょう。より多くのオープンソースモデルを試したければLM Studioを、メジャーなオープンソースとOpenAIのモデルを使ってみたければJanを利用するのがよいでしょう。

https://jan.ai/

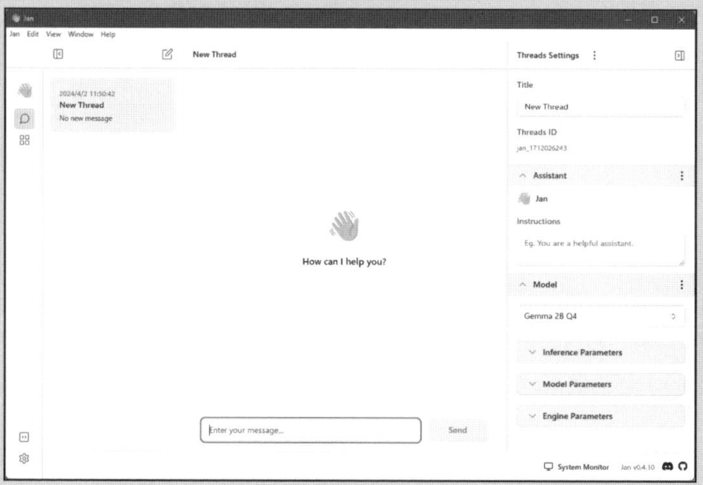

図1-29：Janの画面。ダウンロードしたモデルをその場で動かせる。

Chapter 3

Replicate

Replicateは膨大な数のモデルに自由にアクセスできるプラットフォームです。
ここではReplicateに用意されているツールの使い方を覚え、
Pythonからコードにアクセスする基本を学びます。
また、カスタムモデルを作成して利用する方法についても説明をします。

Chapter 3

3.1. Replicateの使い方をマスターする

Replicateとは?

AIというと、現在では「生成AI」のことを示しているといっていいでしょう。これはLLM（大規模言語モデル）と呼ばれるものを使ってさまざまな応答を生成します。

こうしたLLMは、事前学習済みモデルと呼ばれ、既に膨大な学習データによって訓練されたモデルです。モデルは、学習した内容を元に応答を生成します。したがって、例えばまったく学習していない未知のことについては、AIは答えられない（か、あるいは完全なデタラメや妄想を答える）のです。

では、もしあなたが自分や自社だけしか保有していないデータを使ってさまざまな質問に答えるAIを作りたいと思ったらどうすればいいのでしょうか？　それは、用意したデータを使ってカスタムモデルを作るか、あるいは既にあるモデルをベースに新たなデータを追加学習させる必要があるでしょう。

「AIを利用した開発」というとき、多くの人は「既にある、完成されたAIモデルを利用したプログラムを作る」ということを考えがちです。けれど、AIによる開発はそれだけではありません。「自分で必要なデータを準備し、それを学習させたモデルを作成して利用する」ということも含まれるのです。

LM Studioのようなものは、既にあるモデルを利用するには便利ですが、自分でモデルを作成することはできません。しかしAIのためのプラットフォームの多くは、単にAPIで既存のモデルにアクセスするだけでなく、自分でモデルを作成し公開したり、APIから自分のモデルにアクセスするプログラムを作成したりすることまで考えて設計されています。

こうしたLLMの利用やモデルの公開・共有などの作業を簡単に行えるようにすることを目的とするAIプラットフォームはいくつか存在します。その中でも、おそらく現時点で最も広く利用されているのが「Replicate」でしょう。

Replicateの特徴

Replicateは、AIモデルを簡単にデプロイ、実行、共有できるプラットフォームです。用意されているモデルは基本的にオープンソースのものです。非常に特徴的なのが、テキスト生成だけでなく、イメージ生成のモデルも充実しているという点でしょう。また、音声の生成や動画の生成なども（数は少ないですが）モデルが用意されています。

これらのモデルは既に学習済みであり、そのまま利用できます。のみならず、その多くはファインチューニング（学習データを元にモデルを訓練しカスタマイズする手法）により独自のデータを使ってカスタマイズすることができます。こうした作業は専門的な知識が必要ですが、Replicateでは簡単な操作で独自モデルを作成し共有や公開ができます。

Replicateは以下のURLで公開されています。

https://replicate.com/

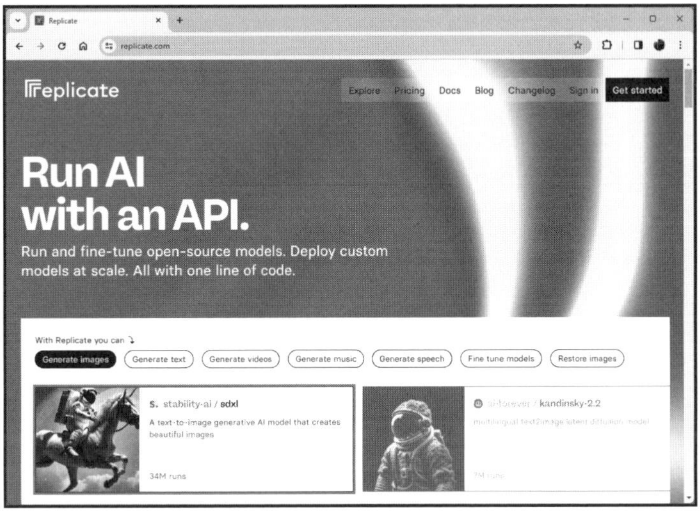

図3-1：Replicateのサイト。

Replicateはアカウント登録してすぐに利用し始めることができます。使い方も決して難しいものではありません。ただし、事前にいくつか頭に入れておくことがあります。

1 Replicateのアカウント登録は、GitHub（https://github.com/）のソーシャルログイン機能を利用しています。したがって、GitHubのアカウントが必要です。まだアカウントを持っていない人は、事前にGitHubサイトにアクセスし、アカウント登録を行っておきましょう。

2 Replicateは、開始当初は無料で利用することができますが、しばらくすると支払いの登録を求められます。これはクレジットカードのみ対応しています。利用の際は、あらかじめクレジットカードを用意しておきましょう。

3 ReplicateのAPI対応言語は、基本的にJavaScript（Node.js）とPythonの2つと考えて下さい。この他にもcurlやElixirなどが対応言語としてサンプルなどが用意されていますが、メジャーな言語としてはNode.jsとPythonのどちらかと考えましょう（ただし、本書ではPythonのみ説明します）。

Replicateを準備する

では、実際にReplicateを利用しましょう。まず最初に行うのはアカウント登録です。Replicateのサイトにアクセスしたら、上部右側に「Sign in」というボタンがあります。これをクリックして下さい。

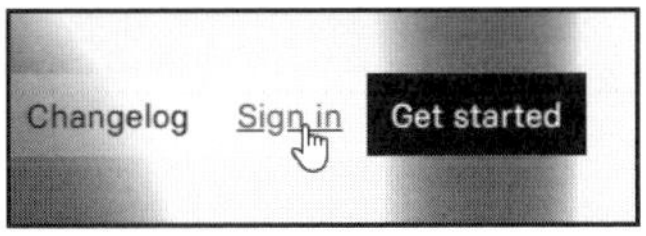

図3-2：右上の「Sign in」をクリックする。

「Welcome to Replicate」という表示が現れます。ここに「Sign in with GitHub」というボタンがあるので、これをクリックしましょう。

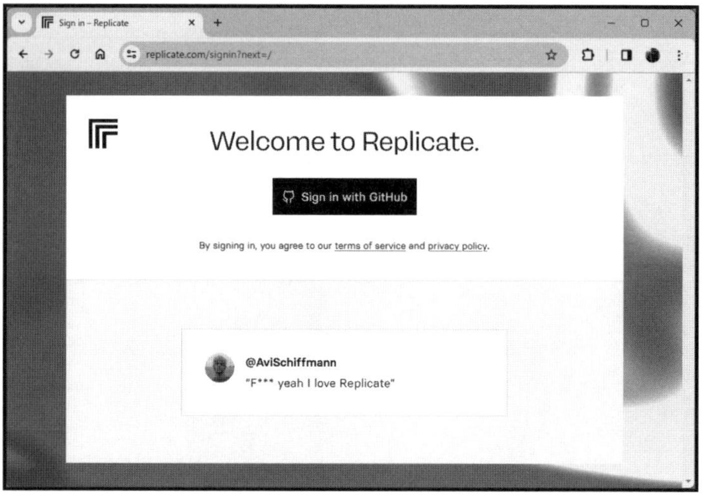

図3-3:「Sign in with GitHub」ボタンをクリックする。

まだGitHubにログインしていない状態だと、「Sign in to GitHub to connect to Replicate」と表示された画面が現れます。これは、GitHubのログイン画面ですね。ここでログインをすると、そのままGitHubにログインします。

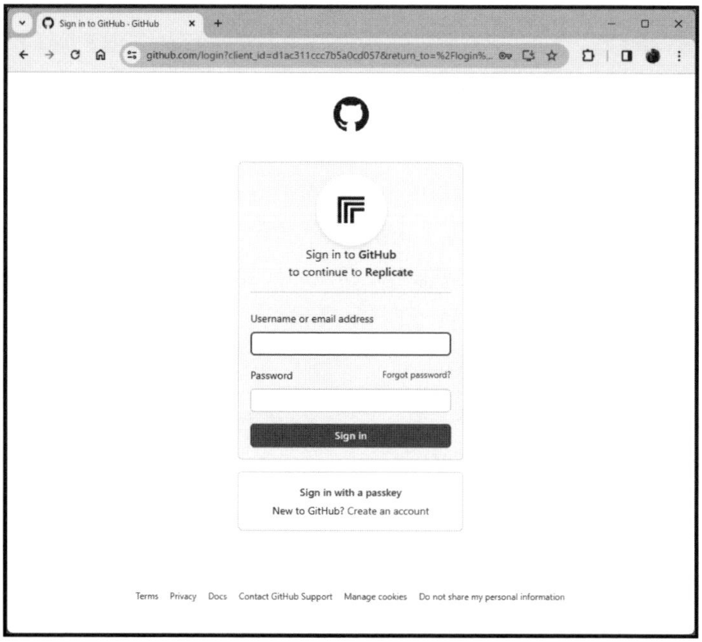

図3-4:GitHubにログインするためのフォームが現れる。

ログインすると、「Authorize Replicate」という表示が現れます。ここで、Replicateからの利用を許可します。「Authorize replicate」というボタンをクリックすると、ReplicateからのGitHubアカウント利用が許可され、Replicateにログインされます。

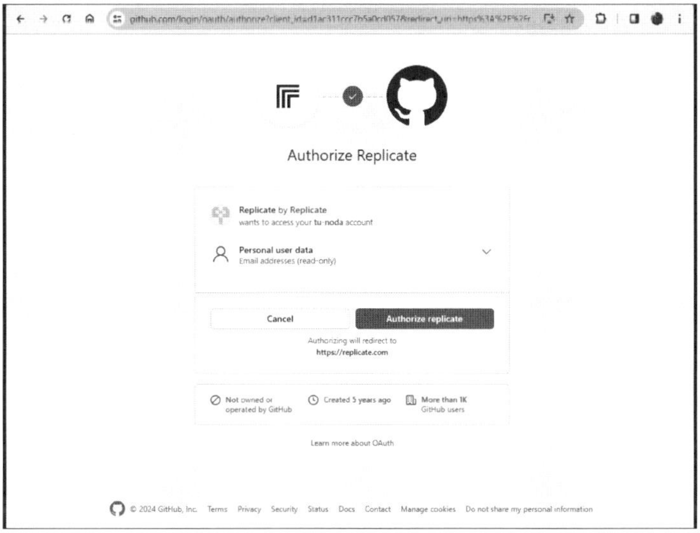

図3-5：「Authorize replicate」ボタンをクリックして利用を許可する。

ダッシュボード画面について

これでReplicateにログインできました。ログインして最初に表示されるのは「ダッシュボード」という画面です。Replicateには、ダッシュボードの他にもいくつかの画面があり、これらは上部に表示されているリンクを使って切り替えることができます。

ダッシュボードは、Replicateの基本的な管理などを行うところです。ログインしたばかりのときは、ここに以下のような項目が表示されているでしょう。

Add a payment method	支払いの登録を行うためのものです。
Run models with an API	APIからモデルを利用するためのものです。

これらは実際に利用されると、チェックマークが表示されます。この下には、「Recent predictions」という表示があります。これは、モデルによるプレディクト（推論、モデルにプロンプトを送って応答を得る作業のこと）の実行履歴が表示されます。といっても、まだ何もしていませんから、ここには何も表示されていないでしょう。

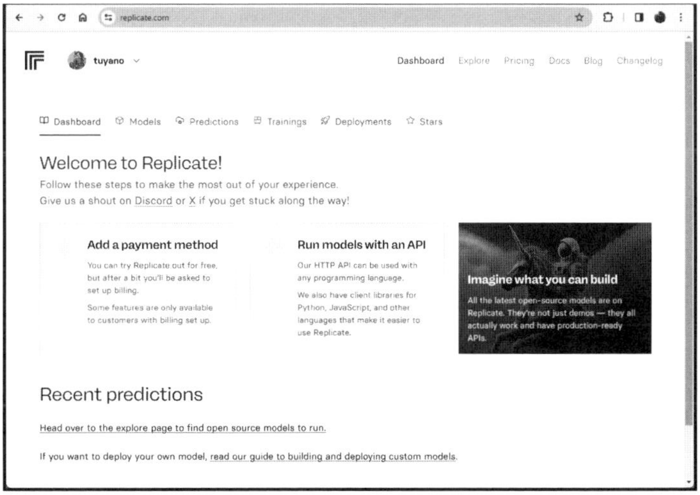

図3-6：ダッシュボードの表示。

その他の画面について

「Welcome to Replicate!」のタイトル表示の上には、「Dashboard」「Models」といったリンクがいくつか並んでいます。これらはダッシュボードの表示の切り替えリンクです。

ダッシュボードには、デフォルトのダッシュボード画面以外にもいくつかの表示が用意されていて、このリンクで切り替えられるようになっています。

図3-7：ダッシュボードの上部に見える表示の切り替えリンク。

「Models」画面について

では、簡単に各表示の説明をしていきましょう。まずは「Models」の画面です。これは、自分が作成したモデルを管理するところです。モデルを作成すると、ここにそのリストが表示されます。もちろん、現時点ではまだ何も表示されません。

モデルの作成は、「Create a model」ボタンを使って簡単に行えます。

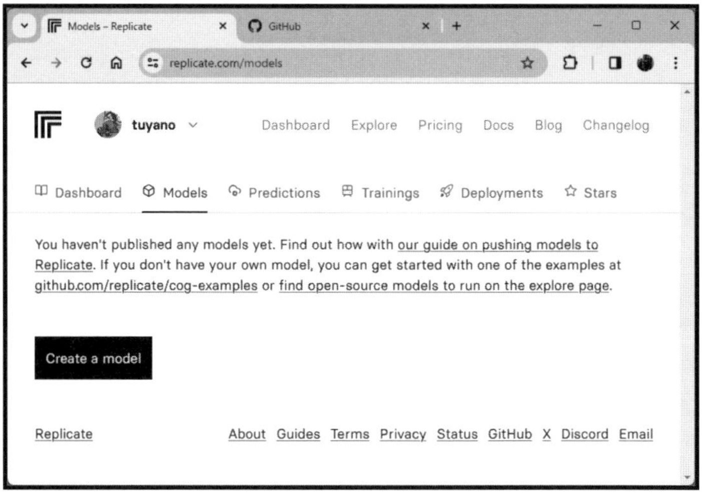

図3-8：「Models」の画面。

「Predictions」画面について

これは、実行したプレディクション（推論）の管理を行うところです。デフォルトでは何も表示されませんが、Replicateに用意されているフォームを利用したり、あるいはコードからAPIを利用したりすると、その実行した内容がここにリスト表示されます。

このPredictionsに表示される実行済み推論のリストは、それぞれの項目がリンクになっています。このリンクをクリックすると、その推論の詳細情報が表示されます。

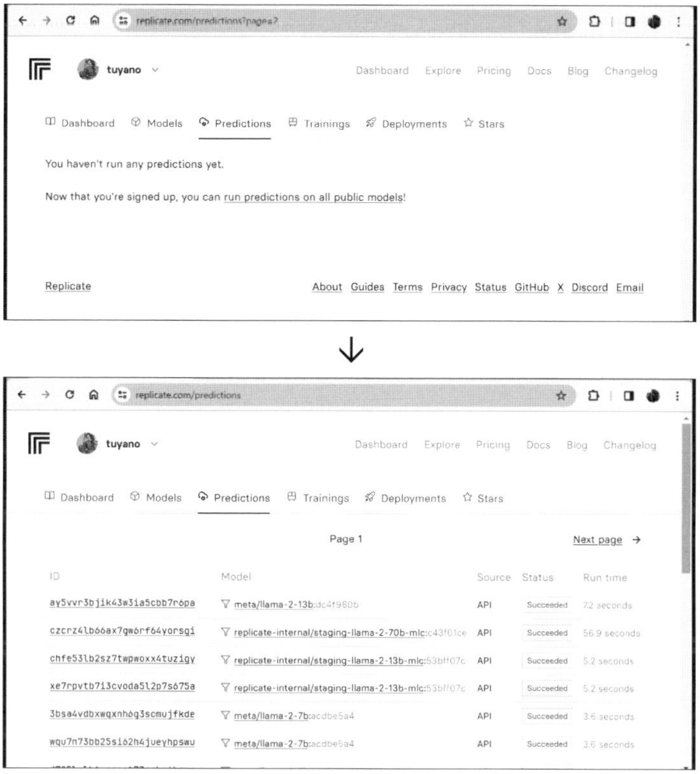

図3-9:「Predictions」の画面。APIなどを利用すると、実行した推論のリストが表示されるようになる。

ここで、実行時のパラメータや応答のコンテンツ、実行時のログ出力などがすべて表示されます。LLMではプロンプトだけでなく、使用したパラメータによっても結果が変化します。こうした実行時の設定と結果を後から確認したいとき、「Predictions」は非常に役に立ちます。

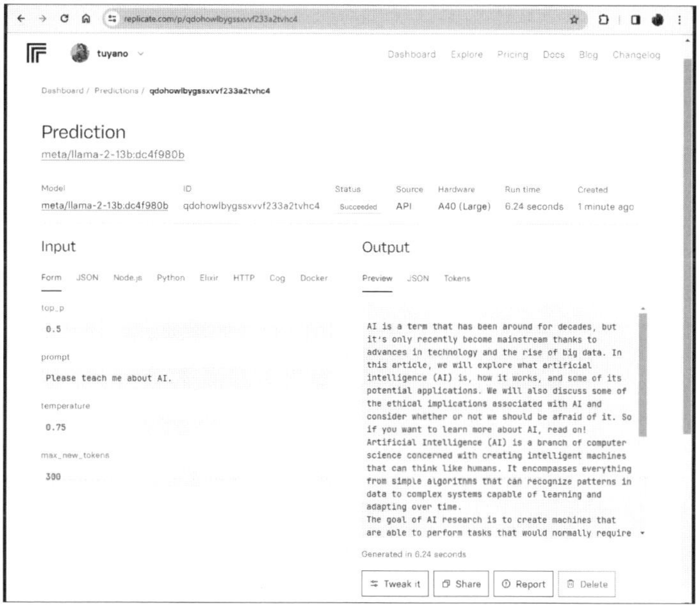

図3-10:推論の詳細ページ。実行時のパラメータや結果の応答などがすべて表示される。

「Trainings」画面について

「Trainings」で表示されるのは、モデルの訓練に関する情報です。Replicateでは、作成したモデルに学習データを使って訓練を行い、チューニングすることができます。この画面は、実行した訓練の情報を管理するものです。

現時点ではここには何も表示されません。モデルの訓練を行うようになるのはかなりReplicateに精通してからなので、当面は使うことはないでしょう。

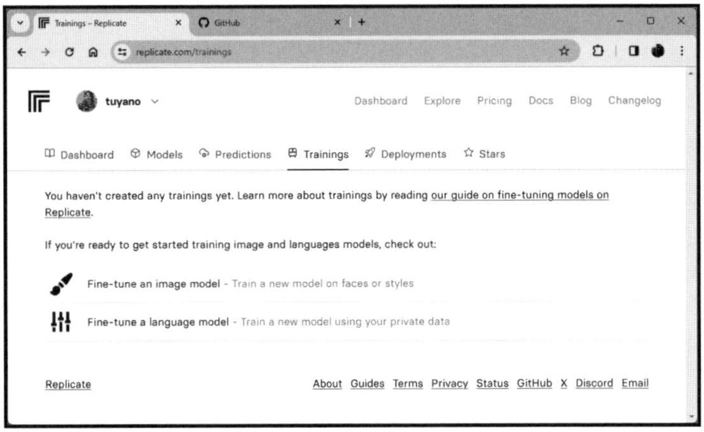

図3-11:「Trainings」の画面。何も表示されない。

「Deployment」画面について

これは新しいモデルを作成した場合に使われるところです。自分で新しいモデルを作成すると、ここにそのモデルが表示されます。これも現時点では何も表示されません。自分で新しいモデルを作成するようになったら利用するところと考えて下さい。

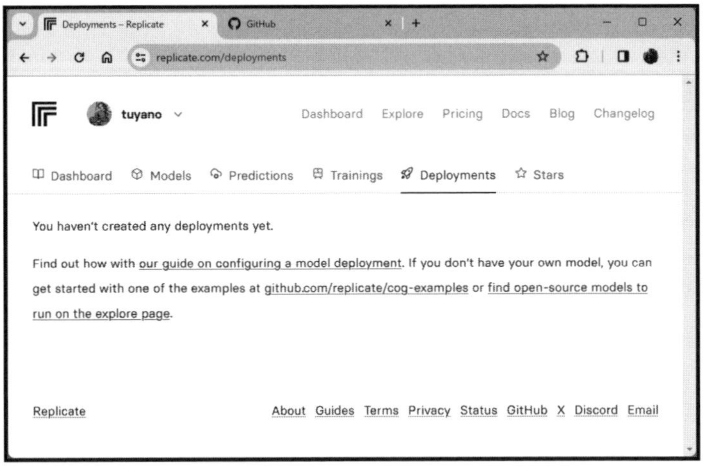

図3-12:「Deployment」の画面。

「Stars」画面について

Replicateでは膨大な数のモデルがアップロードされています。これらの中から、「これは便利！」と思ったものにはスター（☆マーク）を付けることができます。この「Stars」は、スターを付けたモデルを管理するところです。スターを付けたモデルはここに一覧表示され、クリックしてそのモデルのページに移動できるようになります。

この後でモデルの検索などの説明を行います。モデルを探し出せるようになったら、さっそくこの「Stars」が役に立つでしょう。

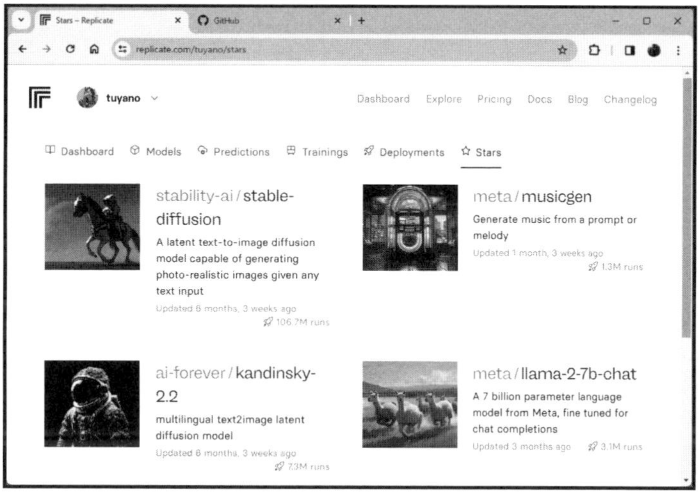

図3-13：「Stars」の画面。これは、いくつかのモデルにスターを付けた状態。

Exploreでモデルを探索する

Replicateを利用するには、まず「どんなモデルがあるか」を知らなければいけません。たくさんあるモデルの中から自分の用途にあったものを探し出して利用します。この「モデルの探索」を行うために用意されているのが「Explore（エクスプローラ）」画面です。画面の上部にある「Explore」リンクをクリックすれば、その画面に切り替わります。

この画面には最上部には検索フィールドがあり、そこでモデルの検索が行えます。その下には、よく使われるモデルがずらっと並んでいます。それぞれがカードのようになっており、モデルのイメージとモデルに割り振られたID、そして簡単なモデルの説明コンテンツなどがまとめられています。ここに並んでいるモデルのカードを眺めるだけでも、どんなモデルが用意されているのか漠然とイメージできるでしょう。

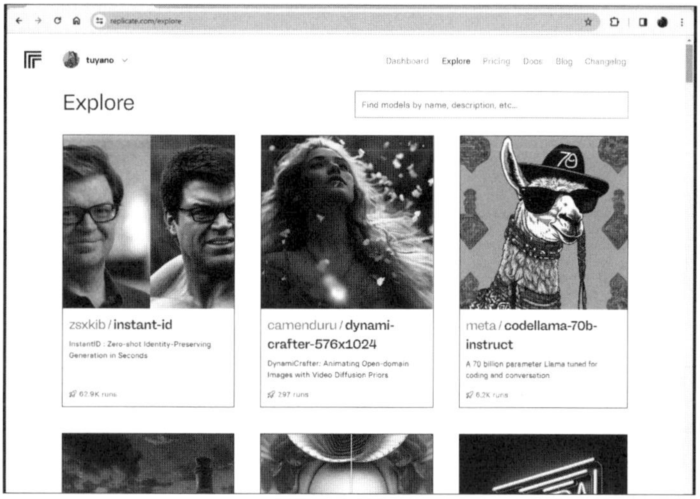

図3-14：Exploreの画面。主なモデルがずらっと並んでいる。

Collectionsについて

画面を下の方にスクロールしていくと、「Collections（コレクション）」という表示が現れます。これは、モデルの内容ごとにまとめてあるリンクです。ここから利用したいジャンルのコレクションをクリックすると、そのジャンルのモデルが一覧表示されるようになっています。

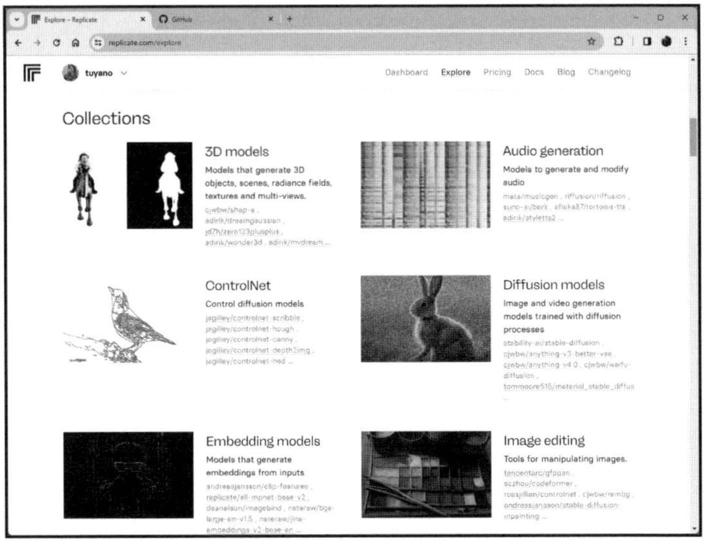

図3-15：「Collections」ではモデルのジャンルが一覧表示される。

試しに、「Language models」というコレクションを探してクリックしてみましょう。これは、言語モデルのコレクションです。AIチャットのようにテキストでやり取りするモデルがここにまとめられています。

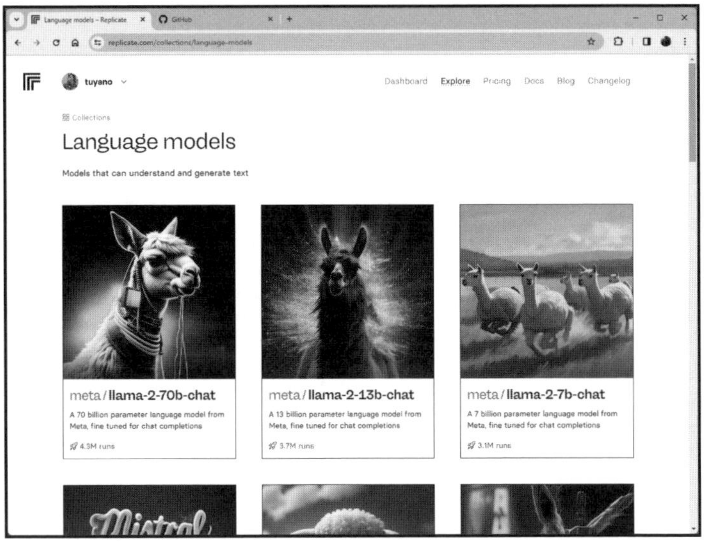

図3-16：Language modelsのモデル。その種類のモデルだけがまとめてある。

検索について

エクスプローラには検索機能もあります。画面の最上部にあるフィールドがそれです。ここに検索したいテキストを入力すると、そのテキストを含むモデルがプルダウンして現れます。ここから使いたいモデルをクリックすれば、そのモデルの画面に移動します。

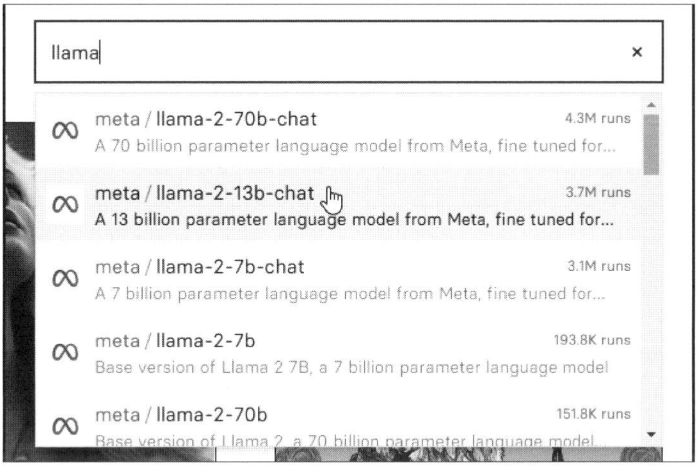

図3-17：検索フィールドにテキストを書くと、それを含むモデルをリアルタイムに表示する。

モデルを利用する

Replicateは利用したいモデルを探し出し、そのモデルを実際に利用して動作などを確認できます。例として、Metaが開発する「Llama-2」というLLMを利用してみましょう。Llama-2は、オープンソースとして公開されているモデルの中では最も本格的なものです。多くのオープンソースモデルが、このLlama-2をベースにして開発されています（なお、現在はさらに新しいモデルLlama-3が出ています）。

エクスプローラの検索フィールドに「llama」と入力して検索をして下さい。Llama-2にはたくさんのモデルが用意されています。ここでは「meta/llama-2-7b」というモデルをクリックして開いてみましょう。これは、Llama-2の最も軽くて小さいモデルです。

モデルのページは上部にモデル名と公開・非公開の区別、実行回数などの基本情報がまとめられており、その下には「Playground」「API」「Examples」といった表示切替のリンクが用意されます。デフォルトでは「Playground」が選択された状態になっています。

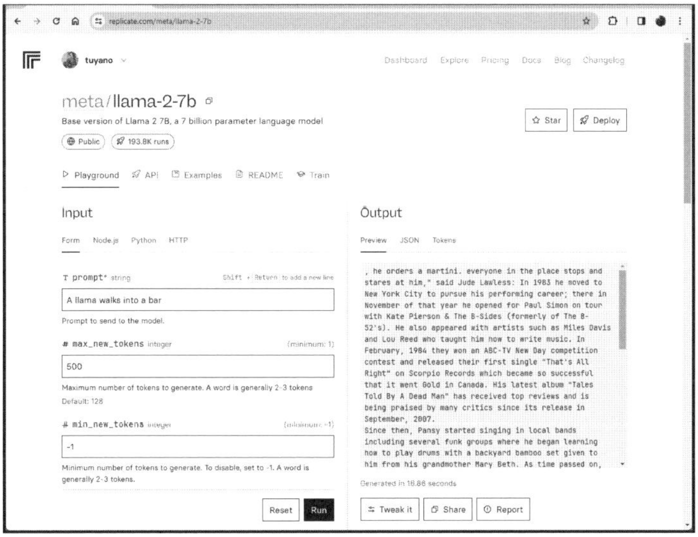

図3-18：モデルの詳細ページ。

プレイグラウンドについて

デフォルトで選択されている「Playground」では、「プレイグラウンド」と呼ばれるものが表示されています。

プレイグラウンドは、実際にモデルをその場で利用することのできるツールです。これはReplicateだけでなく、AI利用環境で用意されてるところはいろいろあります。例えば、Google Vertex AI、Microsoft Azure AI、Amazon Bedrockなどのメジャーな AI サービスには、すべてプレイグラウンドが用意されています。

ただし、大手ITベンダーではないAIプラットフォームでプレイグラウンドまで用意されているところはそう多くありません。Replicateのように膨大な数のモデルを用意しているところで、どんなモデルもすべてプレイグラウンドで試せるというのはかなり珍しいでしょう。

「Playground」のリンクの下は左右に分割されており、それぞれに「Input」と「Output」と表示されています。

「Input」エリア	そのモデルに入力する情報を設定するフォームが用意されています。プロンプトや、モデルに送る各種のパラメータなどが設定されます。
「Output」エリア	「Input」エリアの情報がモデルに送信されたとき、モデルから出力される応答などのコンテンツが表示されます。

ここでは、「Input」のエリアにあるフォームを操作して、モデルに送る情報を設定します。そして一通りの設定ができたところでフォームを送信し、モデルに実行させます。モデルはその情報を受け取り、結果を生成して「Output」のエリアに表示します。

このプレイグラウンドの中で、モデルに実際にさまざまなデータを送信してどのような結果が得られるかを実際に試してみることができるのです。

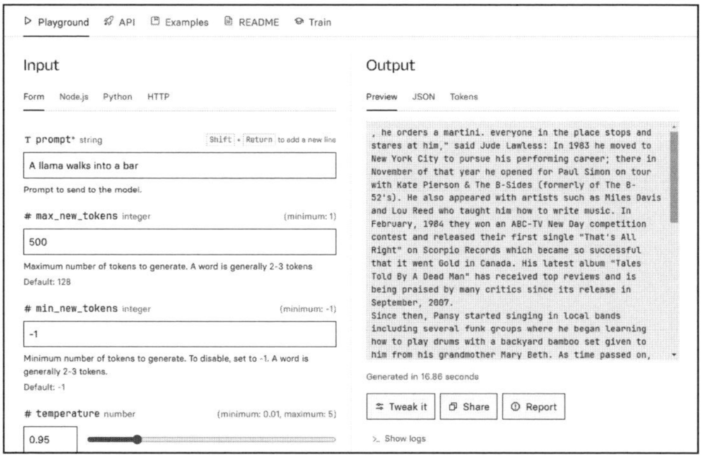

図3-19：プレイグラウンドは「Input」と「Output」に表示が分かれている。

「Input」エリアについて

プレイグラウンドの操作は、「Input」エリアにあるフォームをいかに設定するかにかかっています。ここに用意されている項目の役割について説明しましょう。

●prompt

プロンプトを入力するフィールドです。ここに、AIモデルに送信するテキストを記述します。なおLlama-2は、現時点で日本語に対応していません。英文で記述して下さい。

●max_new_tokens

生成される応答の最大トークン数を整数で指定します。Llama-2の場合、最大2048となっています（デフォルトは128です）。設定可能な最大数はモデルによって変わります。

●min_new_tokens

生成される応答の最小トークン数を整数で指定します。デフォルトは「-1」となっており、これは未設定（パラメータとして設定しない）ことを示します。

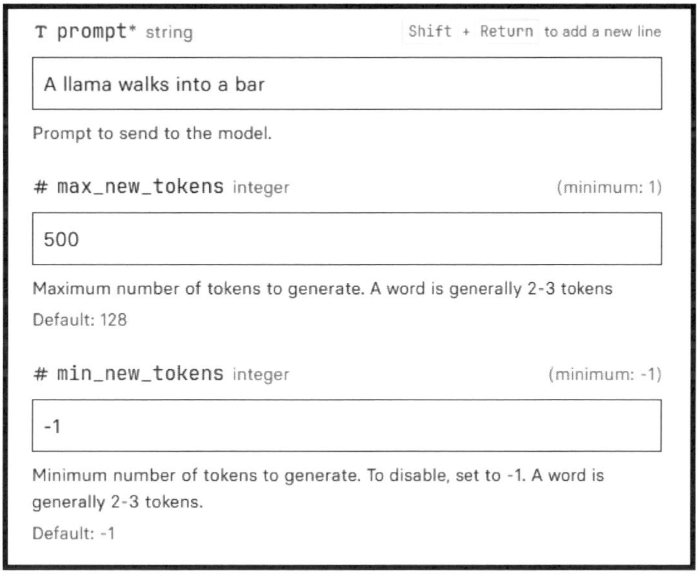

図3-20：「Input」にあるPrompt、max_new_tokens、min_new_tokensの設定。

●temperature

「温度」の設定です。温度は、先にLM Studioのところで説明しましたが、生成するトークンのランダム性に関する設定です。値が小さいほどランダム性が低くなり、値が高くなるほどランダム性が高くなります。Llama-2の場合、設定範囲は0.01 ～ 5.0になります。デフォルトでは0.7に設定されます。

●top_p

「上位P」の設定です。既に説明をしていますが、上位Pは生成するトークンの候補を絞り込むためのものです。値は0 ～ 1の実数で指定されます。例えば0.1とすると、候補となるトークンの中から上位10%の範囲で次のトークンが選ばれます。

●repetition_penalty

「繰り返しのペナルティ」と呼ばれるものです。同じトークンが何度も繰り返し使われないようにペナルティを課します。値は0 ~ 1の範囲で設定され、値が低いほど繰り返しが多くなり、値が高くなるにつれ繰り返しが少なくなります。1.0に指定すると無効になります。

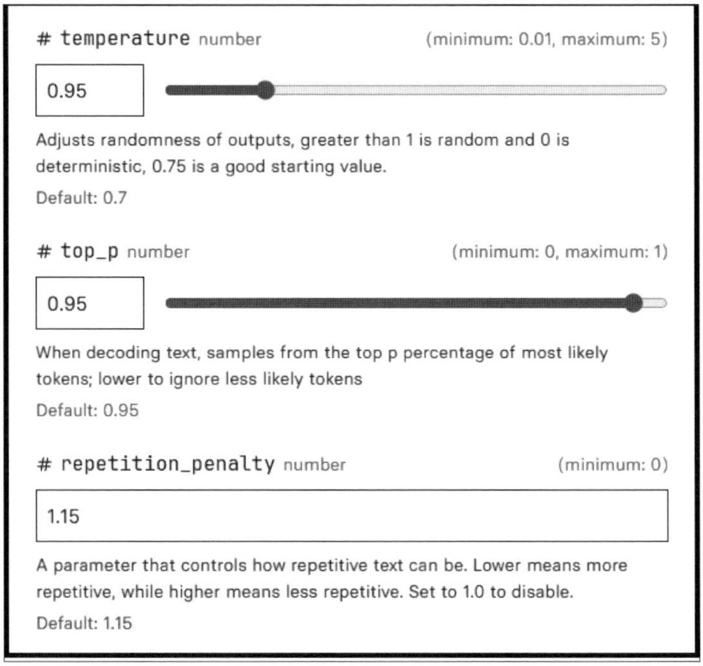

図3-21：「Input」のtemperature、top_p、repetition_penaltyの設定。

●stop_sequences

停止シーケンスの設定です。停止させるテキストをコンマで区切って記述します。これにより、指定したテキストが生成されたら、その時点で応答の生成を停止します。

●seed

シードの設定です。応答を生成する際の初期値として使われる値で、整数で指定されます。値を設定せず空のままにしておくとランダムに設定されます。

●debug

実行状況を出力するログにデバッグ用の出力を行うためのものです。チェックをONにするとデバッグ出力がされます。

●return_logits

トークンのスコア（ログ確率）の情報を返すためのものです。ONにすると最初のトークンのログのみが返されます。これはテストなどにのみ利用される機能です。

●「Reset」「Run」ボタン

フォームのリセットと実行を行うものです。「Reset」はフォームを初期状態に戻します。「Run」ボタンをクリックすると、フォームの内容をモデルに送信し推論を実行します。

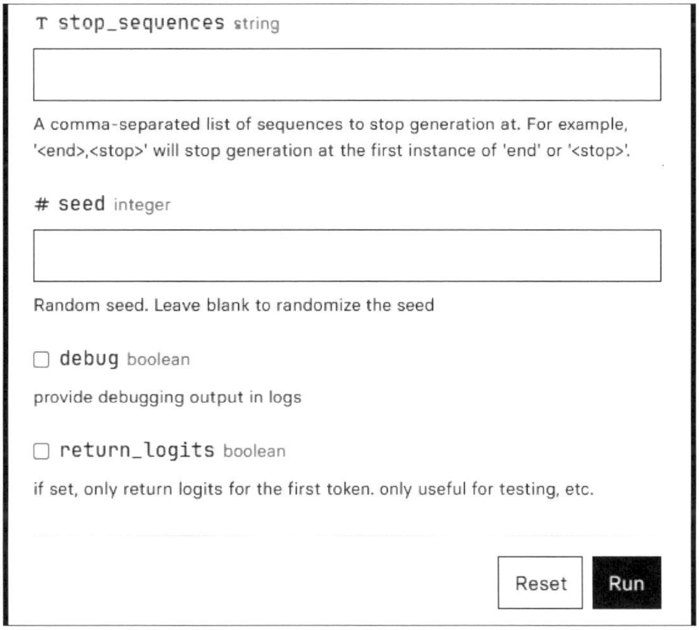

図3-22：「Input」のstop_sequences、seed、debug、return_logits、「Reset」「Run」ボタン。

「Output」エリアについて

フォームを実行すると、モデルからの応答が右側の「Output」エリアに表示されます。デフォルトで「Preview」が表示されています。これは「Output」のタイトルの下にある「Preview」リンクで表示されます。

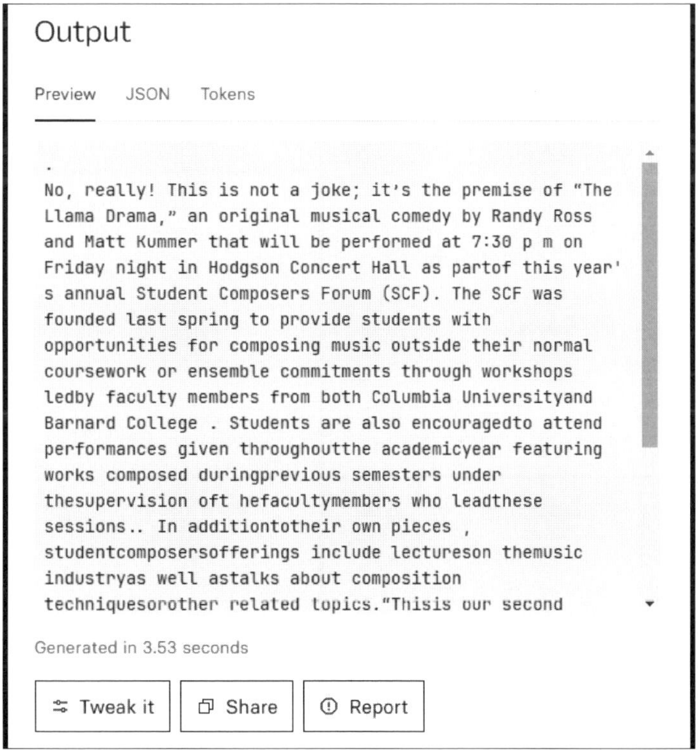

図3-23：「Output」エリアの「Preview」では生成された応答が表示される。

Llama-2はテキスト生成AIなので応答のテキストが個に表示されますが、モデルによっては生成されたイメージやオーディオデータなどが表示されることもあります。このあたりは、何を生成するモデルかによって変わります。

図3-24:イメージ生成モデルの「Output」の例。生成されたイメージがPreviewに表示される。

●「JSON」について

「Preview」のリンクがあるところには他にもリンクが用意されており、クリックして表示を切り替えられます。「JSON」のリンクは、モデルからの応答をJSONフォーマットのコンテンツとして表示します。モデルからの応答は元来、JSONデータとして送られてきます。これをAPIによってPythonの辞書オブジェクトなどに変換して利用しているわけで、この「JSON」の表示こそがモデルから送られてきた生のデータといえます。

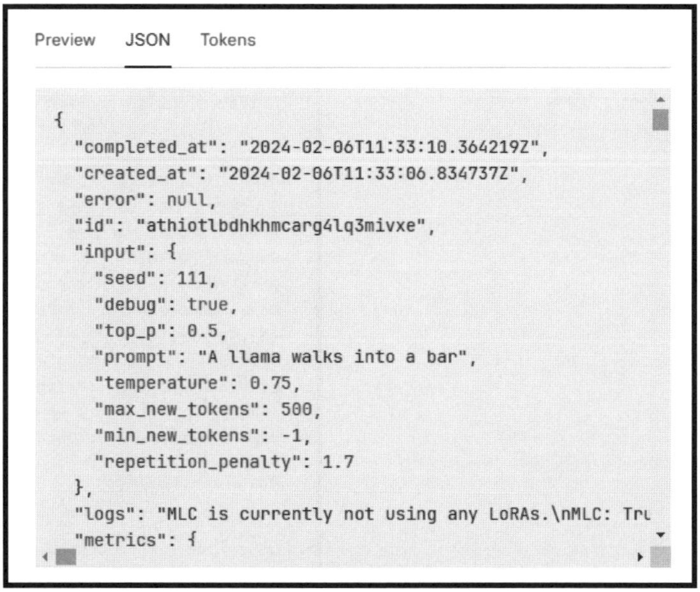


```
{
  "completed_at": "2024-02-06T11:33:10.364219Z",
  "created_at": "2024-02-06T11:33:06.834737Z",
  "error": null,
  "id": "athiotlbdhkhmcarg4lq3mivxe",
  "input": {
    "seed": 111,
    "debug": true,
    "top_p": 0.5,
    "prompt": "A llama walks into a bar",
    "temperature": 0.75,
    "max_new_tokens": 500,
    "min_new_tokens": -1,
    "repetition_penalty": 1.7
  },
  "logs": "MLC is currently not using any LoRAs.\nMLC: Tru
  "metrics": {
```


図3-25:「JSON」ではモデルから送られたJSONデータを表示する。

●「Tokens」について

「Tokens」は、テキスト生成モデルにのみ用意されています。これは、やや特殊な用途のための表示です。「Tokens」では、「Preview」と同じ応答のテキストが表示されます。ただし、こちらはテキストがトークンごとに色分け表示されるのです。

トークンというのは、AIのテキスト生成で用いられる「テキストを構成する最小単位」のことです。英単語だとシンプルなものは「1単語＝1トークン」ですが、複雑なものになると1つの単語で2～3トークンになるものもあります。こうしたトークンの状態を確認するのに「Tokens」は役立ちます。

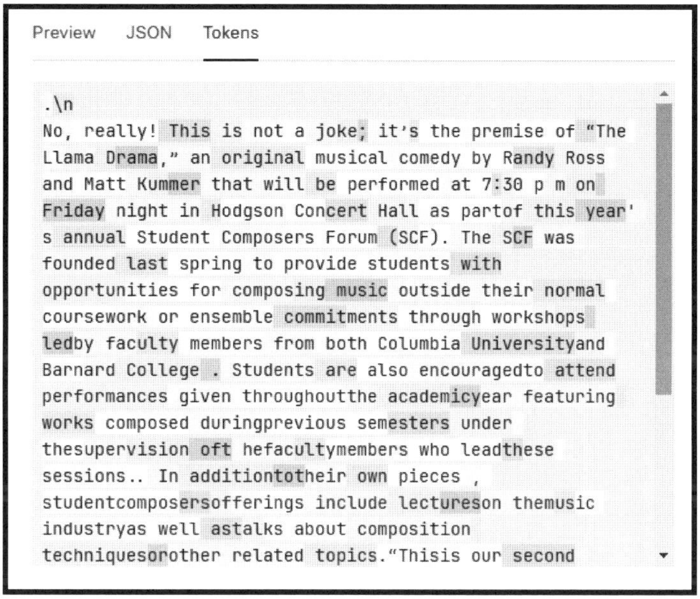

図3-26：「Tokens」は応答テキストをトークンごとに色分け表示する。

ログ出力について

応答のテキスト表示の下には、「Show logs」というリンクがあります。これをクリックすると、その下にモデル実行時のログ出力が表示されます。ここでの内容により、実行時の状況（パラメータの内容や発生したエラーなど）が確認できます。

「Hide logs」リンクをクリックすれば、ログの表示は消えます。

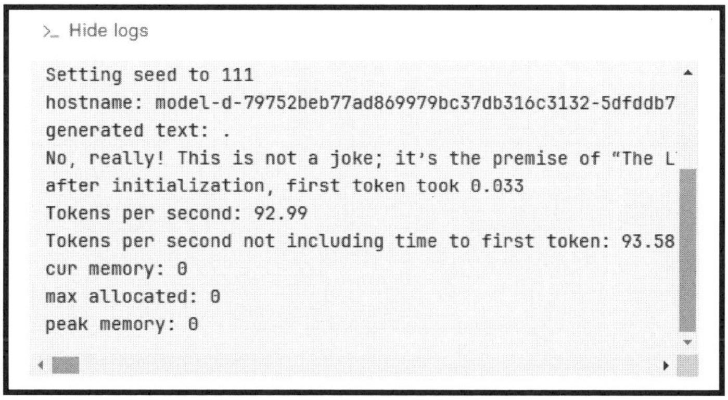

図3-27：「Show logs」をクリックするとログ出力が表示される。

モデルの費用について

「Input」「Output」のエリアは、実際にモデルを利用する際に使う最も重要な部分ですが、その下にも実は重要な表示があります。「Pricing」です。

これは、そのモデルを利用する際に発生する費用を表示するものです。例えばLlama-2-7bの場合、以下のように値が表示されているでしょう。

Input	$0.05 / 1M tokens
Output	$0.25 / 1M tokens

これらはプロンプトをモデルに送信するときと、モデルから応答が返されるときにかかる費用です。テキスト生成モデルの場合、かかる費用はモデルがテキストを受け取って返す際に発生します。

費用は1M tokens(100万トークン)当たりのドル換算の金額で表示されます。テキスト生成モデルの場合、費用は微々たるものであることがわかるでしょう。

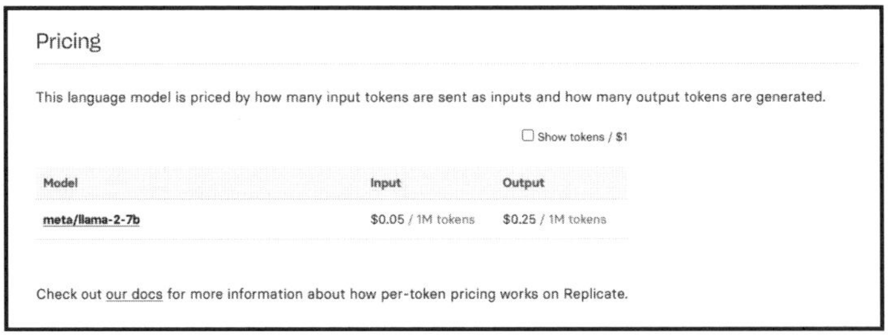

図3-28：Pricingにあるモデルの費用。

「Pricing」画面で確認する

Llama-2の場合、このようにはっきりとした費用がわかりますが、例えばイメージ生成モデルなどではそうもいきません。こうしたものは、実行に利用したハードウェアによって料金が算定されます。

Replicateのモデルは、クラウド上に用意されている実行環境（CPU、GPU、メモリなどが割り当てられているハードウェア）で実行されます。Llama-2以外のものは、使用モデルがどのハードウェアで何秒実行されたかにより費用が算出されます。

これは、Replicateの最上部にある「Pricing」リンクをクリックすると詳細が表示されます。モデルが実行されるハードウェアと費用は以下のようになっています。

Hardware	Price	GPU	CPU	GPU RAM	RAM
CPU	$0.000100/sec	-	4x	-	8GB
NVIDIA T4 GPU	$0.000225/sec	1x	4x	16GB	8GB
NVIDIA A40 GPU	$0.000575/sec	1x	4x	48GB	16GB
NVIDIA A40 (Large) GPU	$0.000725/sec	1x	10x	48GB	72GB
NVIDIA A100 (40GB) GPU	$0.001150/sec	1x	10x	40GB	72GB
NVIDIA A100 (80GB) GPU	$0.001400/sec	1x	10x	80GB	144GB
8x NVIDIA A40 (Large) GPU	$0.005800/sec	8x	48x	8x 48GB	680GB

ハードウェアは、一般的なCPU（GPUなし）のものから、より高性能なGPUを搭載しているものまでさまざまあります。それぞれのハードウェアごとに、1秒あたりのコストが決まっています。モデルを利用するときは、そのモデルがどのハードウェアを利用しているかを確認し、それでリクエストの送信から結果の受信までどれぐらい時間がかかったかを調べればいいでしょう。

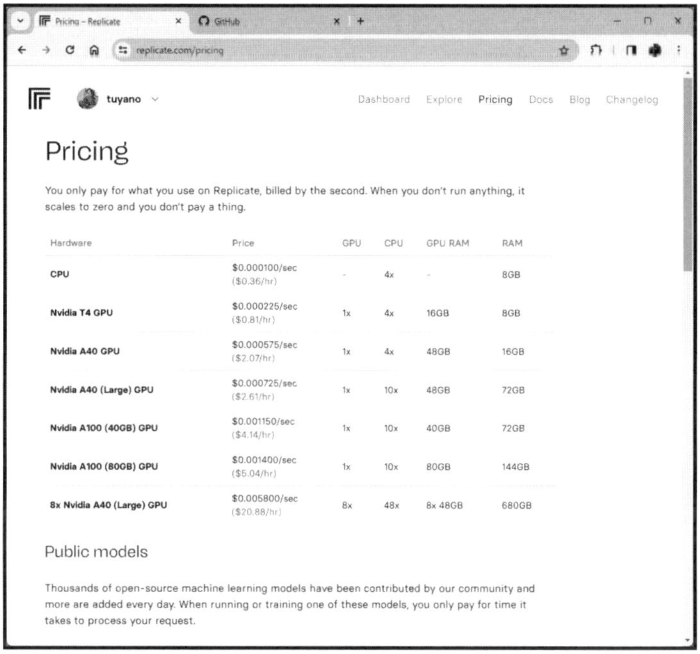

Hardware	Price	GPU	CPU	GPU RAM	RAM
CPU	$0.000100/sec ($0.36/hr)	-	4x	-	8GB
Nvidia T4 GPU	$0.000225/sec ($0.81/hr)	1x	4x	16GB	8GB
Nvidia A40 GPU	$0.000575/sec ($2.07/hr)	1x	4x	48GB	16GB
Nvidia A40 (Large) GPU	$0.000725/sec ($2.61/hr)	1x	10x	48GB	72GB
Nvidia A100 (40GB) GPU	$0.001150/sec ($4.14/hr)	1x	10x	40GB	72GB
Nvidia A100 (80GB) GPU	$0.001400/sec ($5.04/hr)	1x	10x	80GB	144GB
8x Nvidia A40 (Large) GPU	$0.005800/sec ($20.88/hr)	8x	48x	8x 48GB	680GB

図3-29：ハードウェアごとにかかる費用が表示される。

例えば、Stable Diffusion XLというオープンソースのイメージ生成モデルは、NVIDIA A40 (Large) GPUという構成のハードウェアで動いています。これにより、1秒当たり0.000725の費用がかかることがわかります。

イメージの生成に平均して10秒程度かかるとすると、アクセスしてイメージを生成するコストは約0.007ドル程度であることがわかります。ざっと100枚イメージを作って0.7ドル（約100円）程度ですね。テキスト生成モデルに比べると割高に感じるでしょうが、生成されるデータはテキストとイメージでは遥かに違います。それを考えたなら、まぁ妥当な金額と言えるでしょう。

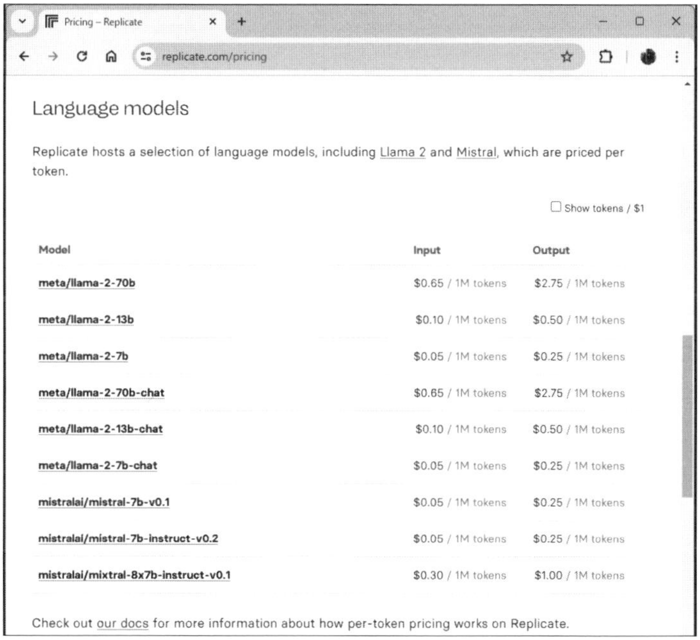

Model	Input	Output
meta/llama-2-70b	$0.65 / 1M tokens	$2.75 / 1M tokens
meta/llama-2-13b	$0.10 / 1M tokens	$0.50 / 1M tokens
meta/llama-2-7b	$0.05 / 1M tokens	$0.25 / 1M tokens
meta/llama-2-70b-chat	$0.65 / 1M tokens	$2.75 / 1M tokens
meta/llama-2-13b-chat	$0.10 / 1M tokens	$0.50 / 1M tokens
meta/llama-2-7b-chat	$0.05 / 1M tokens	$0.25 / 1M tokens
mistralai/mistral-7b-v0.1	$0.05 / 1M tokens	$0.25 / 1M tokens
mistralai/mistral-7b-instruct-v0.2	$0.05 / 1M tokens	$0.25 / 1M tokens
mistralai/mixtral-8x7b-instruct-v0.1	$0.30 / 1M tokens	$1.00 / 1M tokens

図3-30：言語モデルのトークン単位の費用もまとめてある。

プレイグラウンドを利用しよう

これでプレイグラウンドの入出力、そしてかかる費用に関する基本的なことがわかりました。では、実際に使ってみましょう。

prompt	Please tell me about AI.
max_new_tokens	500
min_new_tokens	-1
temperature	0.95
top_p	0.95
repetition_penalty	1.15

「Input」のフォームに値を記入していきます。なお、記載していない項目は空のままにしておきます。

「Input」フォームに入力をしたら、下部にある「Run」ボタンをクリックして下さい。フォームが送信され、モデルから応答が生成され「Output」エリアに表示されます。

実際試してみるとわかりますが、Llama 2の応答はけっこうフリーダムで、メチャクチャなこともあります。試してみてあまりにひどい結果のときは、temperatureとtop_pの値をもう少し低く調整するとよいでしょう。

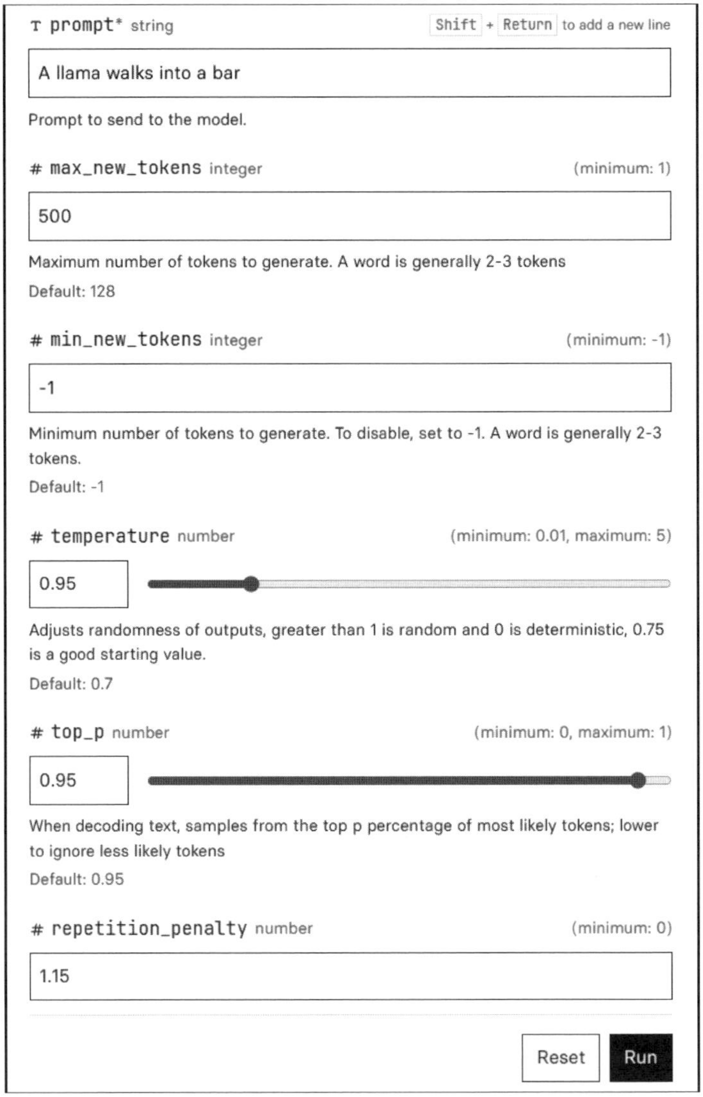

図3-31：「Input」フォームに値を記入する。

ここでは「Please tell me about AI.（AIについて教えて）」とプロンプトを実行しましたが、どのような応答が現れたでしょうか。筆者のところでは以下のような返事が返ってきました。

```
Artificial Intelligence (AI) is a branch of computer science that deals with the
simulation of human intelligence processes by machines, especially computer
systems. These processes include learning (the acquisition of information and
rules for using the information), reasoning (using the rules to reach
approximate or definite conclusions), and self-correction.……
```

▼日本語訳

```
人工知能 (AI) は、機械、特にコンピューター システムによる人間の知能プロセスのシミュレーションを扱うコンピューター サイエ
ンスの一分野です。 これらのプロセスには、学習 ( 情報とその情報を使用するためのルールの取得 )、推論 ( ルールを使用しておおよ
その結論または明確な結論に達する )、および自己修正が含まれます。……
```

これは、何度か実行して比較的マシな応答が現れたときのものです。まともな応答ができたとき、Llama-2はそれなりに使えるLLMのように感じます（ただし、ダメな応答のときは本当にダメなものですが）。

temperatureとtop_pをいろいろと調整することで、返される応答がかなり変わることがわかるでしょう。プレイグラウンドでは、こうしたモデル利用の調整が非常に簡単に行えます。

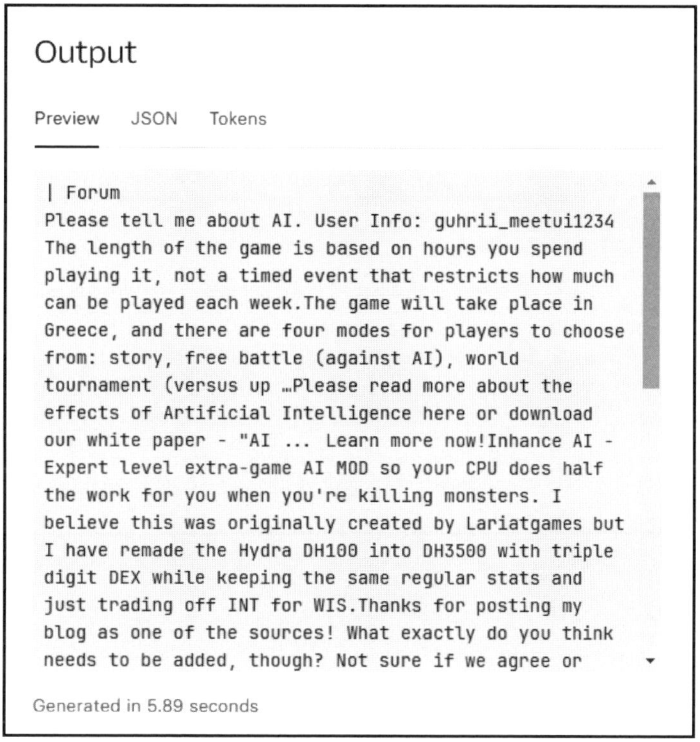

図3-32：返ってきた応答。かなり長いコンテンツが得られた。

Chapter 3

3.2. モデルをコードから利用する

APIトークンについて

プレイグラウンドを使ってモデルにプロンプトを送信し、動作を確認するところまでできるようになりました。だいたいの挙動が掴めてきたら、いよいよコードからReplicateを利用することを考えましょう。

そのためには、いくつか準備が必要です。まず最初に行うのは「APIトークン」の確認です。

APIトークンというのは、APIを利用する際に利用するアクセスキーのことです。ReplicateはこのAPIトークンにより、誰がAPIにアクセスしたかわかるようになっています。APIトークンを正しく設定していないと、APIは利用できません。

APIトークンを調べる

APIトークンは、各アカウントにデフォルトで1つ割り当てられます。必要であれば、いくつでも追加することができます。

では、APIトークンの管理ページに移動しましょう。画面左上にアカウント名が表示されていますが、これをクリックして下さい。メニューがポップアップして現れます。ここから「API tokens」という項目を選んで下さい。

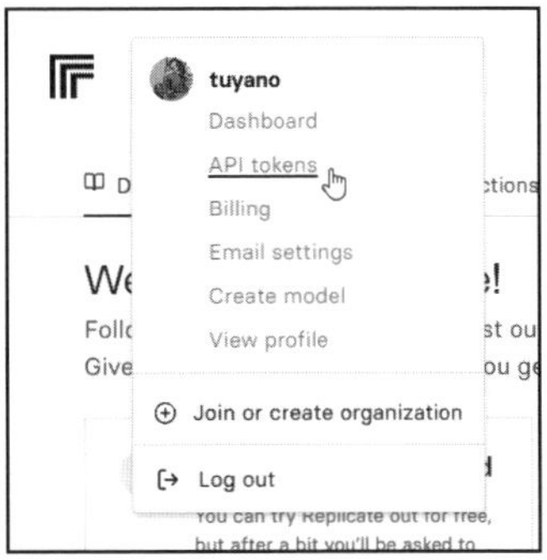

図3-33：アカウント名のメニューから「API tokens」を選ぶ。

「Account settings」というページに移動し、そこにある「API tokens」というページが開かれます。ここではAPIトークンを新たに作成したり、既にあるAPIトークンを一覧表示し、値の更新や削除などを行えるようになっています。

「API tokens」という表示の下にはフィールドと「Create token」というボタンが用意されています。これは新たにAPIトークンを作成するためのものです。フィールドにトークン名を記入してボタンをクリックすれば新しいAPIトークンが作成されます。APIトークンの作成は無料です。いくつ作っても費用はかかりません。

その下には「Default」と表示されたAPIトークンが表示されているでしょう。これが、デフォルトで用意されている値です。APIトークンを作成すると、ここにリスト表示されていきます。

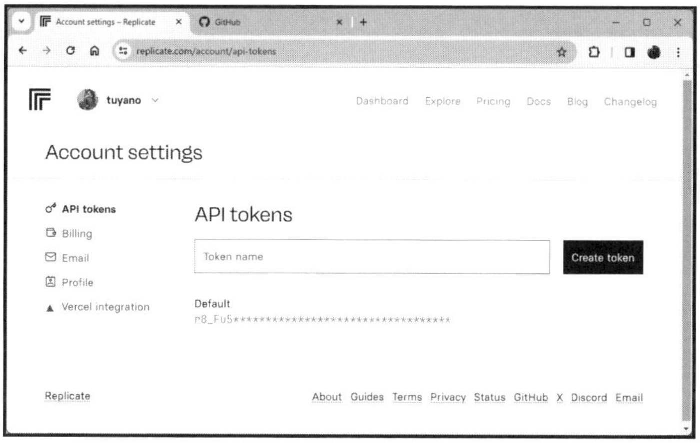

図3-34：APIトークンの画面。デフォルトでDefaultトークンが用意されている。

では、「Default」のAPIトークンの上にマウスポインタを移動して下さい。右側に3つのアイコンが表示されます。これらは左から以下の操作を行います。

「コピー」ボタン	クリックすると、APIトークンの値をコピーします。
「更新」ボタン	クリックすると、APIトークンを再生成し値を更新します。
「削除」ボタン	クリックすると、このAPIトークンを削除します。

では、「コピー」ボタンをクリックしてAPIトークンの値をコピーして下さい。そして、適当なところにペーストし保管しておきましょう。この値は、後ほど実際にコードを利用する際に使います。

図3-35：APIトークンには3つのボタンが用意されている。

C O L U M N

APIトークンは決して漏らさないように！

Replicateでは、APIトークンの値でアクセスしているアカウントを識別します。ということは、実際には自分以外の人間が利用していても、APIトークンが自分のものならばすべて自分が利用したことになり、費用が請求されることになるのです。万が一、APIトークンがどこかに公開されてしまい、Replicateの利用者が「これを使えばタダでReplicateが使えるぞ」と利用し始めたら、膨大な費用が請求されてしまうでしょう。
APIトークンはくれぐれも外部に漏らさないようにして下さい。もし万が一誰かに知られてしまったら、そのAPIトークンの「更新」ボタンで値を再生成するか、あるいは削除して新しいAPIトークンを作成しましょう。

支払いの設定について

もう1つ行っておくべきは、支払いの設定です。Replicateは、利用開始してしばらくの間は無料で使うことができますが、いずれ支払いの必要が生じます。コードからAPIを利用するのであれば、支払いの設定を行っておきましょう。

現在、「API tokens」の画面になっていますね？　この画面の左側には「API tokens」「Billing」「Email」といったリンクがいくつか並んでいます。これは、Account settingsの表示を切り替えるものです。ここから「Billing」をクリックして下さい。支払い設定のページに切り替わります。

まだ支払いの設定はされていないので、特に情報は表示されず、「Set up billing」というボタンだけが用意されます。これをクリックして支払いの設定を行います。

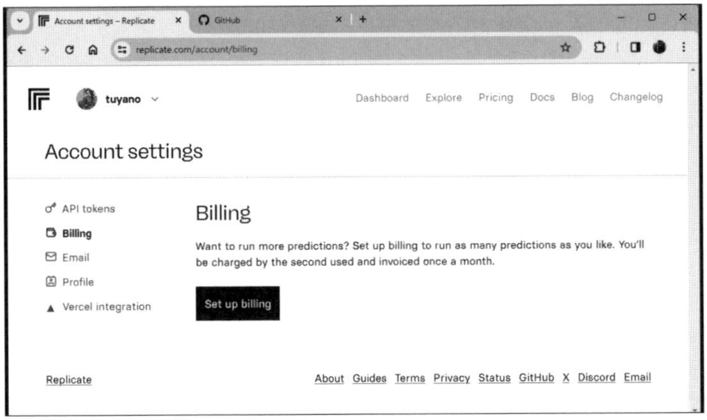

図3-36：「Billing」の画面。「Set up billing」ボタンをクリックする。

画面に支払い情報を入力する表示が現れます。クレジットカードを利用する場合、メールアドレスに連絡先となるメールアドレスを記入し、「カード情報」のところに使用するカードの情報を入力して下さい。そして「カードを保存」ボタンをクリックすればカード情報が送信され、保存されます。

図3-37：支払い情報の入力画面。

カード以外の支払い方法としてGoogle Payが使えます。一番上にあるGoogle Payのボタンをクリックすると、Google Payで利用するアカウントとカード情報が表示されます。これを確認して「お支払い」ボタンをクリックして下さい。これでGoogle Payで支払いができるようになります。クレジットカードと違い面倒な入力なども必要なく、ただボタンをクリックするだけで支払いの設定ができるのは非常に快適です。

図3-38：Google Payの設定画面。「お支払い」ボタンをクリックするだけでいい。

支払いが登録されると「Invoices」といった項目が追加され、毎月の請求がリスト表示されるようになります。また、「Spend limit」といって毎月の利用額の上限を設定する機能なども用意されています。まだ使い始めでほとんど支払いを意識することはないでしょうが、「Billing」を開けばいつでも利用状況が確認できる、ということは知っておきましょう。

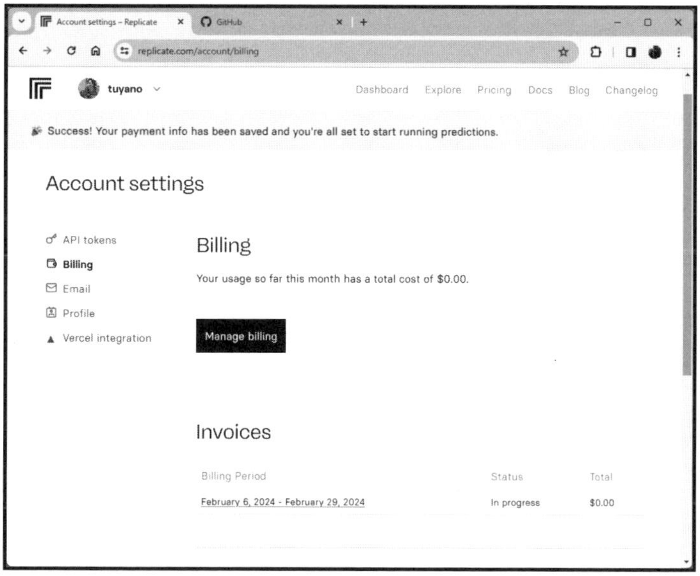

図3-39：「Billing」にインボイスの項目が表示されるようになった。

Google Colaboratoryを使う

では、Colaboratory（Colab）を開いてコーディングを行いましょう。以下にアクセスして新しいノートブックを作成して下さい。

https://colab.research.google.com/

ノートブックを開いたら、まず最初に行うのはReplicateライブラリのインストールです。セルに以下を記述し、実行して下さい。

▼リスト3-1

```
!pip install replicate --q
```

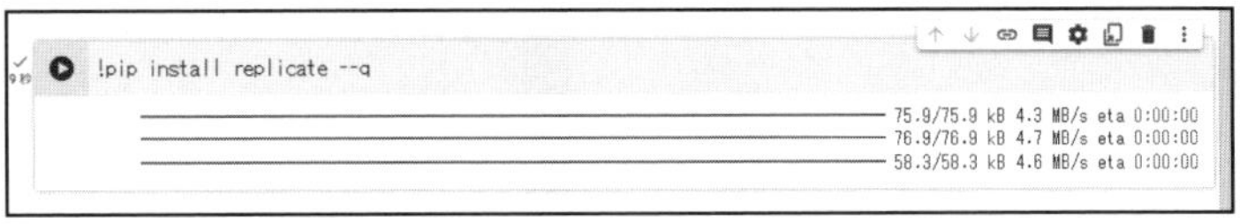

図3-40：Replicateのライブラリをインストールする。

APIトークンを設定する

次に行うのは、ReplicateのAPIトークンを環境変数に設定する作業です。セルの下部にある「コード」ボタンをクリックして新しいセルを作成して下さい。そして以下のコードを記述します。

▼リスト3-2

```
from getpass import getpass
import os

REPLICATE_API_TOKEN = getpass()
os.environ["REPLICATE_API_TOKEN"] = REPLICATE_API_TOKEN
```

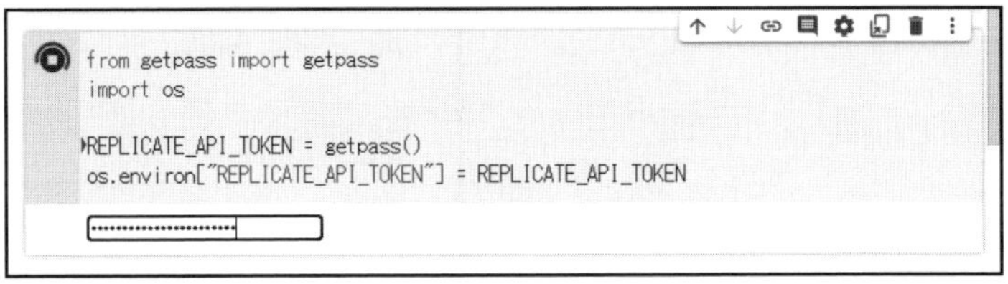

図3-41：実行するとAPIトークンを入力するフィールドが現れる。

これを実行すると、セル下部の実行結果の表示部分に入力フィールドが現れます。ここにAPIトークンの値をペーストして[Enter]して下さい。これでAPIトークンが設定されます。

ここでは、getpassという関数を使っています。これは、パスワードなど他から見られたくない値を入力するのに使われるものです。この関数が実行されると、テキストの入力待ちの状態になります。そしてテキストを入力すると、すべてパスワードのようにドットで表示され、外部から入力した値が見えないようになります。

そのまま[Enter]すると、入力したテキストがREPLICATE_API_TOKENという変数に代入されます。後は、これをos.environ["REPLICATE_API_TOKEN"]というところに代入します。os.environは、OSの環境変数を扱うためのものです。これは辞書のようになっており、環境変数の変数名で値を保持できます。

ここではenviron["REPLICATE_API_TOKEN"]として、REPLICATE_API_TOKENという環境変数に入力したAPIトークンの値を設定しています。Replicateは、REPLICATE_API_TOKEN環境変数の値をAPIトークンとして利用するようになっているのです。os.environを使わず、システム環境変数に直接「REPLICATE_API_TOKEN」という変数を作成することもできます。こうすると、Replicate使用時に自動的にREPLICATE_API_TOKENの値がAPIトークンとして読み込まれるようになります。

Replicateのモデルで推論を行う

ではReplicateにアクセスし、モデルを使いましょう。機械学習では、モデルに値を入力して結果を得る処理を「推論」と呼びます。学習データに基づいて未知の値を推定することからこのように呼ばれるのでしょう。

LLMを使っていると、つい「モデルというのは質問を送ると答えるものだ」と思ってしまいがちですが、モデルは回答を考えているわけではありません。既に学習済みである膨大なデータを使い、プロンプトのテキストがあったなら、その後にどういうテキストが続くかを推測しているのですね。

Replicateでは、この推論にはいくつかの方法が用意されてます。最もシンプルなのは、replicateモジュールにある「run」というメソッドを使うものでしょう。これは以下のように利用します。

```
変数 = replicate.run( モデル名 , input= 入力情報 )
```

第1引数には、使用するモデル名を文字列で指定します。そしてinputという引数に、モデルへの入力情報を辞書にまとめたものを用意します。これは、以下のように記述します。

```
input={ "prompt": プロンプト }
```

inputに指定する辞書には、"prompt"という値を必ず用意します。ここに、送信するプロンプトを値として指定します。この他、さまざまなパラメータもここに用意しますが、まずはpromptだけ使ってみましょう。

Llama-2で推論を実行する

では、実際にLLMを使ってみましょう。例として、MetaのLlama-2-7bモデルにプロンプトを送信してみます。新しいセルを作成し、以下のコードを記述して下さい。

▼リスト3-3

```
import replicate

prompt = "" # @param {type:"string"}

output = replicate.run(
  "meta/llama-2-7b",
  input={
    "prompt": prompt,
  }
)
print(output)
```

これを記述すると、セルの右側に「prompt」という入力フィールドが表示されます。ここにプロンプトを書いてセルを実行すると、応答がその下に表示されます。実際に試してみるとわかりますが、出力されるのは、["I'", 'm', ' a', ' beginner', '.',……]というようにぶつ切れになったテキストの羅列です。これは、生成されるトークンごとにリストの形になっているためです。

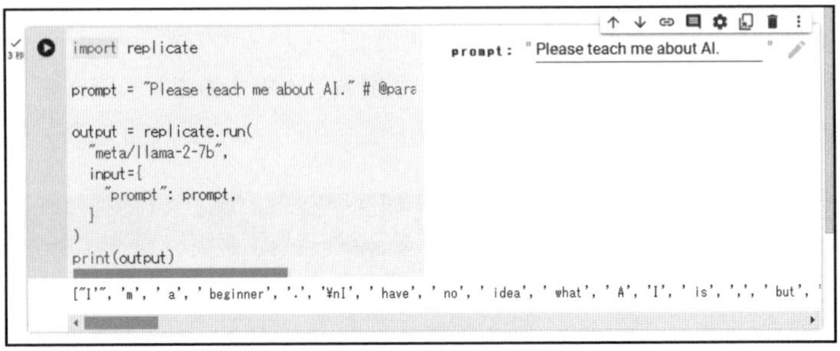

図3-42：プロンプトを書いて実行すると結果が返される。

応答を普通のテキストとして表示したければ、例えば以下のように実行すればいいでしょう。

▼リスト3-4

```
"".join(output)
```

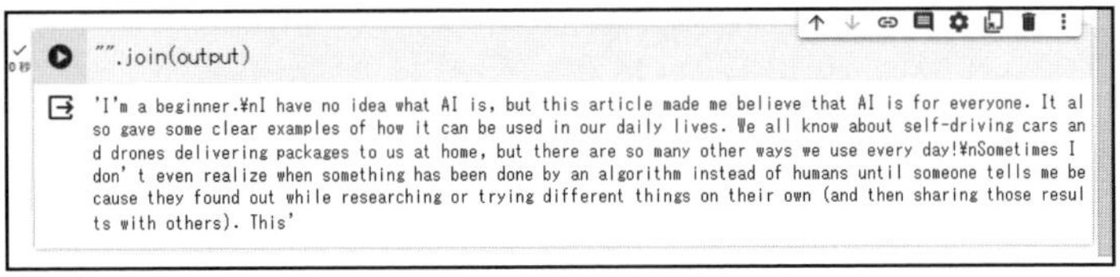

図3-43：応答がひとつながりのテキストになった。

コードについて

では、実行したコードについて簡単に説明しましょう。まず最初に、Replicateのモジュールをインポートしておきます。

```
import replicate
```

このreplicateモジュールの中に、Replicateを利用するためのすべての機能がまとめられています。

最初に行っているのは、プロンプトのテキストを変数promptに用意する文です。これは、ちょっと見たことのないものが付け足されていますね。

```
prompt = "" # @param {type:"string"}
```

#以降はコメントですが、Colabではコメントに「@param」というものを付けることでフォームの入力項目をセルに表示し、それを利用して値を変数に代入できるようになっています。その後にある{type:"string"}は、文字列を入力するためのフォーム項目であることを示します。これで、テキストを入力するフィールドが追加されたのですね。

このフォーム項目の追加機能は、Colabのメニューで利用することもできます。「挿入」メニューにある「フォーム項目の追加」を選ぶと画面にパネルが現れ、ここでフォーム項目の設定を行うようになっています。パネルの「保存」ボタンをクリックすると、指定したフォーム項目を表示するための@paramコメントが追加されます。

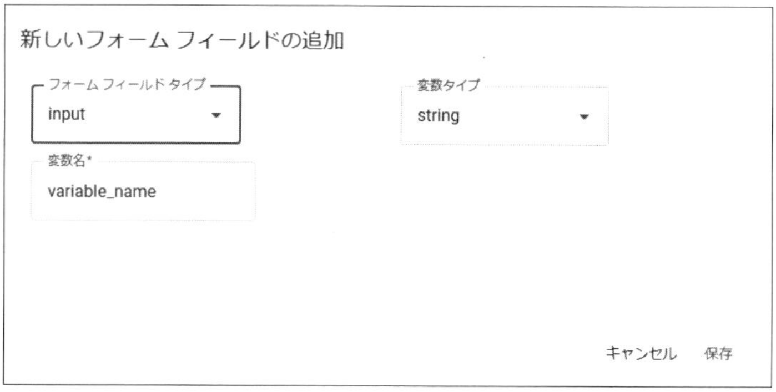

図3-44：「フォーム項目の追加」メニューで現れるパネル。

イメージ生成モデルを使う

LLMによるテキスト生成はこのように簡単に行えることがわかりました。では、他のモデルはどうでしょうか。例えば、イメージ生成モデルの利用は？　これも試してみましょう。

イメージ生成のモデルもさまざまなものが用意されています。ここでは、「Kandensky-2.2」というモデルを使ってみます。

イメージ生成も、推論のrunメソッドの使い方はテキスト生成モデルと変わりありません。では新しいセルを作成し、以下のようにコードを記述しましょう。なお、↴マークの部分は実際には改行せず、つなげて記述して下さい。

▼リスト3-5

```
prompt = "" # @param {type:"string"}

output = replicate.run(
  "ai-forever/kandinsky-2.2:ea1addaab376f4dc227f5368bbd8e↴
    ff901820fd1cc14ed8cad63b29249e9d463",
  input={
    "prompt": prompt
  }
)
print(output)
```

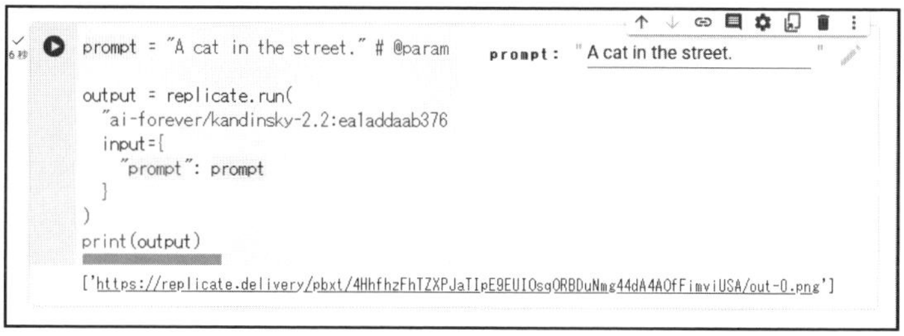

図3-45：プロンプトを書いて実行すると生成されたイメージのリンクが表示される。

これもプロンプトを入力するフォーム項目が用意されます。ここにテキストを記入してセルを実行しましょう。無事、イメージが生成されると下にイメージがアップロードされているURLのリストが表示されます。これはリンクになっていて、クリックするとイメージを開いて表示できます。

ここでの注意点は、モデル名でしょう。このモデル名は、普通に考えれば"ai-forever/kandinsky-2.2"でしょうが、これでは動作しません。この後にある長い不規則な文字列まで含めてモデル名なのです。これは間違えないようにして下さい。送信するデータをまとめるinputには、"prompt"だけ用意してあります。

図3-46：イメージのリンクをクリックすると、生成されたイメージが開かれる。

C O L U M N

リポジトリIDについて

Replicateでは、モデルの指定に"ai-forever/kandinsky-2.2:ea1addaab……"といった長いテキストを指定していました。これは「リポジトリID」と呼ばれるもので、Replicateでモデルを識別するのに用いられます。このリポジトリIDは、"組織名/モデル名:ID"という形で作成されます。ReplicateではモデルをカスタマイズしてC公開したりできるため、モデルの後にそれぞれのデプロイに割り当てられるIDを指定してモデルを識別します。

イメージの表示

このように、イメージの生成はいきなりイメージデータが送られてくるわけではなくて、サーバー側にイメージが保存され、そのURLが送られるようになっています。では、リンクを使ってイメージを表示させましょう。新しいセルに以下を記述し、実行して下さい。

▼リスト3-6

```
from IPython.display import Image

Image(url=output[0], width=512, height=512)
```

ここでは、IPython.displayというモジュールにあるImageクラスを使っています。これは、URLなどを指定してイメージを表示するのに利用されます。引数にはイメージのURLを指定するurlの他、縦横の大きさを示すwidthとheightがあります。これで、自由な大きさで生成イメージを表示することができるようになります。

図3-47：生成されたイメージが表示される。

オーディオ生成モデルを使う

こうしたバイナリデータを生成するモデルには、「オーディオ生成」のモデルというのもあります。テキストから曲のオーディオデータを生成するものです。

これもいくつかのモデルが用意されています。ここではMetaのMusicgenというモデルを使ってみます。新しいセルに以下を記述して下さい。なお、↴は実際には改行せず、続けて記述して下さい。

▼リスト3-7

```
prompt = "" # @param {type:"string"}

output = replicate.run(
  "meta/musicgen:b05b1dff1d8c6dc63d14b0cdb42135378↴
    dcb87f6373b0d3d341ede46e59e2b38",
  input={
    "prompt": prompt
  }
)
output
```

これもプロンプトを入力するフォーム項目が用意されます。ここに、生成したい音楽の内容を記述してセルを実行します。無事にオーディオファイルが生成されると、下にURLのリストとして表示されます。このURLをコピーしてWebブラウザで開くと、生成された音楽データの再生パネルが表示されます(Chromeの場合)。これで、その場で再生して聞くことができます。

図3-48:プロンプトに生成する音楽の内容を記述し実行するとURLが表示される。

生成されるのは、デフォルトでは8秒程度の短いオーディオファイルです。パラメータを指定することでもっと長いものも作れますが、それに比例して生成にかかる時間も長くなり、それだけコストも上昇します(パラメータについては後述します)。

図3-49:生成されたオーディオファイルにアクセスする。

オーディオファイルの表示

オーディオファイルもColabで表示させることができます。新しいセルに以下のコードを記述し、実行してみましょう。

▼リスト3-8

```
from IPython.display import Audio

Audio(output)
```

IPython.displayモジュールにあるAudioというクラスを使います。引数に先ほどreplicate.runで生成されたオーディオファイルのURLリストを渡すと、そのURLにあるオーディオファイルを再生するUIが表示されます。

図3-50：実行するとオーディオファイルを再生するUIが表示される。

モデルのさまざまな利用

モデルの基本的な利用の仕方はこれでわかりました。単にプロンプトを送って応答を得るだけならこれでも十分です。しかしそれだけでなく、もう少し本格的にモデルを使えるようにしたいですね。モデルの利用に関するその他の機能などについて見ていくことにしましょう。

ストリームを利用する

run関数で応答を得ることはできましたが、これはすべての応答が生成されたところでまとめて送られてくるようになっています。長い応答などになると、すべて生成されるまで待って受け取るのはけっこう時間もかかり苦痛でしょう。

Replicateには、モデルからの応答をストリームで受け取る関数も用意されています。これを利用することで、生成された応答を逐次受け取って処理することができます。

```
for 変数 in replicate.stream(…略…):
    …変数を使って処理…
```

for inは、inの後にあるイテレータから順に値を取り出すものでしたね。ここに、replicate.streamの結果を指定します。

このstream関数は、モデルからの応答をServerSentEventクラスのインスタンスとして取り出していきます。これはジェネレータのような働きをするようになっており、モデルから応答の断片を受け取ると、forの変数にリアルタイムに渡していきます。

変数に渡される値は、「ServerSentEvent」というクラスのインスタンスです。これは、そのままstr関数で文字列として取り出して利用できます。

では、ストリーム利用の例を挙げておきましょう。

▼リスト3-9

```
import replicate

prompt = "" # @param {type:"string"}

for event in replicate.stream(
  "meta/llama-2-7b",
  input={
    "prompt": prompt
  },
):
  print(str(event), end="")
```

プロンプトを入力し実行すると、応答が出力されます。長い応答だと、少しずつテキストが出力されていくのがわかるでしょう。

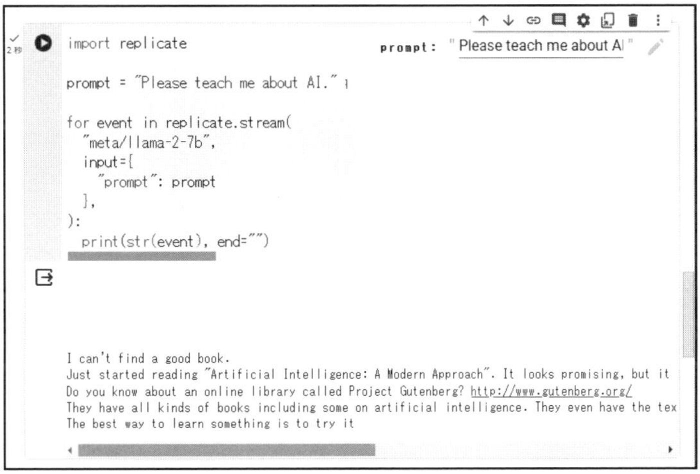

図3-51：実行するとストリームから応答が出力される。

ここでは、for event in replicate.stream(……):というようにして繰り返し処理が用意されています。ただし、()の引数部分が改行して書かれているため、構文の構造がわかりにくいかもしれません。モデル名に"meta/llama-2-7b"を指定し、inputに辞書を用意しています。

そして繰り返し内では、print(str(event), end="")というようにしてeventの値をそのままテキストとして出力しています。このようにstreamから得られる値を順次処理していくことで、リアルタイムに応答が表示されるようにできます。

バックグラウンドでの実行

イメージやオーディオ生成の場合、生成にかなりの時間がかかることもあります。このような場合、生成の命令だけを送っておき、後は必要に応じてReplicateのサイトから結果をダウンロードする、という使い方もできます。

Replicateは APIを使ってモデルにアクセスして処理を行いますが、このモデル自体はクラウドで動いています。したがって、モデル側で勝手に応答の生成を行ってくれるなら、コードを実行するクライアント側で終わるまで待つ必要はないのです。「これをやっといて」と命令だけ送ってやれば、いずれクラウド側で処理が完了して結果を得られるようになっている、というわけです。

このようにクラウド側ですべての処理を実行させるには、以下のように実行します。

```
replicate.predictions.create(version=バージョン , input=インプット)
```

このcreateは、「Prediction」というオブジェクトを生成して返します。これは、Replicateのダッシュボードにある「Predictions」で表示される推論の実行の情報を扱うクラスのインスタンスです。このcreateを実行するとReplicateに推論の実行が送られ、「Predictions」に推論が追加されます。そして、その推論データがPredictionオブジェクトとして返されるわけです。

引数にはinputの他に、「version」というものが必要です。これは、使用するモデルに割り当てられているバージョン名の値です。この値は以下のようにして用意します。

```
《Model》 = replicate.models.get( モデル名 )
《Version》 = 《Model》.versions.get( バージョン )
```

replicate.models.getは、引数に指定したモデル名のModelインスタンスを返します。そして、このModelからversions.getによりVersionインスタンスを取得します。この値をcreateのversionに指定します。

Kandinskyでバックグラウンドでイメージ生成する

では、実際にバックグラウンドで推論を実行させてみましょう。ここではKandinskyモデルにプロンプトを送り、イメージを生成させてみます。↴は実改行せずに続けて記述して下さい。

▼リスト3-10

```
prompt = "" # @param {type:"string"}

model = replicate.models.get("ai-forever/kandinsky-2.2")
version = model.versions.get("ea1addaab376f4dc227f5368bbd8eff↴
  901820fd1cc14ed8cad63b29249e9d463")
prediction = replicate.predictions.create(
  version=version,
  input={
    "prompt":prompt
  },
)
prediction
```

プロンプトを記入して実行すると、すぐに終了します。イメージの生成が終わるまで待ちません。次々と実行すれば、次々とイメージを生成させることができます。もちろん、実行した段階ではまだイメージは作られておらず、Replicateのクラウド側で作業が行われています。しばらくすれば、イメージは生成されているはずです。

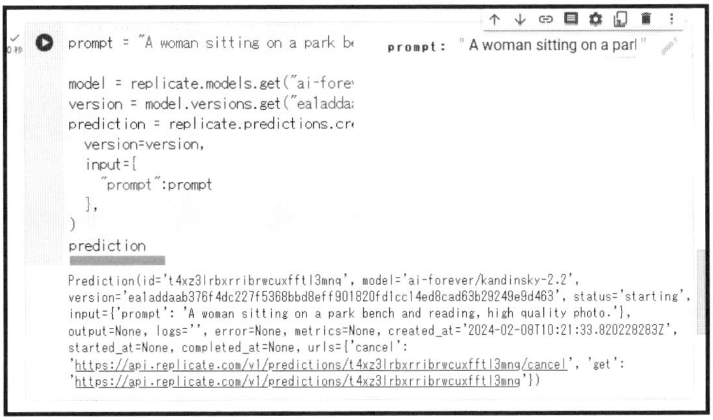

図3-52：プロンプトをReplicateに送り、推論をバックグラウンドで実行する。

実行した推論は、Replicateサイトのダッシュボードで確認できます。「Predictions」の表示を開くと、実行した推論のリストが表示されます。そこに、コードから実行した推論の項目が追加されているはずです。

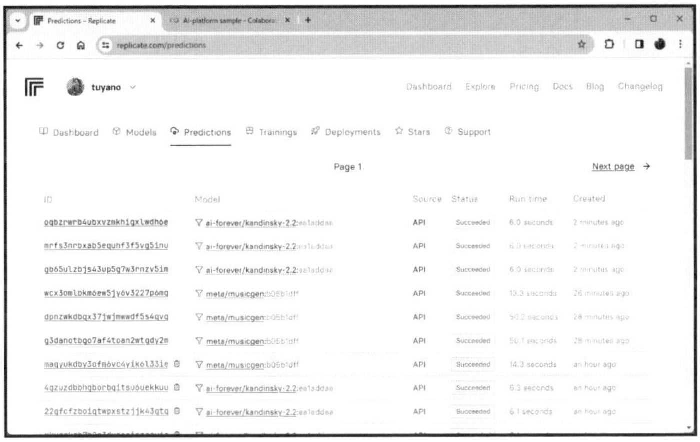

図3-53：「Predictions」に実行した推論が追加されている。

Predictionを操作する

しかし、いちいちReplicateサイトを開いて「Predictions」で推論がちゃんと実行されたか確認して、などとやるのは面倒ですね。実行した推論が現在どうなっているか、確認できないのでしょうか。

先ほどのコードでは、replicate.predictions.createの戻り値をpredictionという変数に代入していました。この戻り値は「Prediction」というクラスのインスタンスでしたね。ここから必要な情報を取り出せば、現在の推論の状況がわかるのです。

では、覚えておくと役立つプロパティを以下にまとめておきましょう。

《Prediction》.status	実行状況(実行中、成功、失敗など)を返します。
《Prediction》.logs	実行ログを返します。
《Prediction》.output	出力の情報を返します。

現在、推論がどうなっているかはstatusの値でわかります。これが"succeeded"になっていれば処理は終了し、正常に結果が得られていることがわかります。ただし、この値はリアルタイムに更新されるわけではありません。Predictionを更新することで、最新の状況に値がアップデートされるようになっています。

▼状況を更新する

```
《Prediction》.reload()
```

これを実行すると、その時点での状況に応じてPredictionの内容が更新されます。これを呼び出してからstatusをチェックすればいいのですね。実行中のときは、何度も繰り返しreloadを呼び出すことで作業が完了したかどうかが確認できます。

もし、「やっぱりやめる」というときは、以下のメソッドで推論を中断できます。

▼推論を中断する

```
《Prediction》.cancel()
```

無事に推論が終了すると、その結果は「output」に保管されます。イメージ生成ならば、生成されたイメージのURLのリストがここに保管されます。この値を取り出して結果を利用すればいいのです。

実行した推論の結果を得る

先ほどのコードで実行した推論が無事に完了したら、イメージを表示するコードを作成してみましょう。

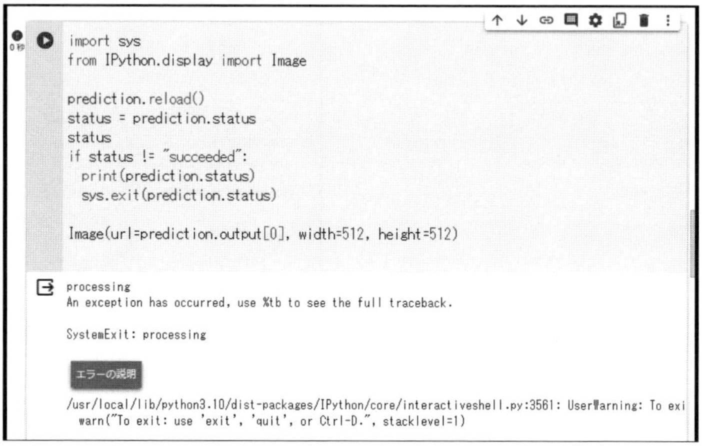

図3-54：実行中の場合は「SystemExit: processing」と出力され終了する。

▼リスト3-11

```
import sys
from IPython.display import Image

prediction.reload()

if prediction.status != "succeeded":
  print(prediction.status)
  sys.exit(prediction.status)

Image(url=prediction.output[0], width=512, height=512)
```

先ほどのコードを実行したら、すぐにこれを実行してみましょう。まだイメージが生成されていなければ、そのステータスを表示して強制終了します。イメージの生成が完了していたら、実行すると生成されたイメージを表示します。

図3-55：生成が完了しているとイメージが表示される。

ここではprediction.reload()で更新し、prediction.statusの値が"succeeded"でなければsys.exitで終了させています。そしてそうでない場合はImageでイメージを表示させます。表示イメージは、url=prediction.output[0]というようにしてURLを指定すれば生成イメージが得られるでしょう。

パラメータの利用について

それぞれのモデルには、モデルの実行に影響を与えるパラメータが多数用意されています。これらも、推論を行う際に併せて値を用意することができます。

推論を実行する関数では、「input」という値に辞書の形で送信する情報を用意していました（promptがあるところですね）。ここにパラメータの情報を記述します。このような具合ですね。

```
input = {
  "prompt": "〇〇",
  "temperature": 0.75,
  "max_new_tokens": 300
}
```

このように必要なパラメータを指定して送信することができます。ただし、モデルによって用意されるパラメータは違ってきます。使用するモデルごとに、どのようなパラメータが使えるのかをよく確認して使う必要があります。

では、主なモデルで用意されているパラメータについて簡単にまとめておきましょう。

テキスト生成モデル

●温度（temperature）

生成される応答のランダム性を指定するものでしたね。0～1または2の範囲で設定されるのが一般的です。

●生成トークン数（min_new_tokens、max_new_tokens、max_length）

生成される応答のトークン数の最初数および最大数を指定するものです。整数で指定します。最大数はmax_new_tokens、max_lengthなどモデルによって名前が違うことがあります。

●候補トークンの範囲（top_p、top_k）

応答を生成する際に候補となるトークンの範囲を調整するものです。top_pは上位の指定%の範囲に、top_kは上位から指定した個数の中に、それぞれ候補を絞ります。top_pは割合を示す0～1の範囲の実数で、top_kは個数を示す整数で指定します。

●候補のペナルティ（presence_penalty、frequency_penalty、repeat_penalty、repetition_penalty）

応答を生成する際、特定のトークンにペナルティを課して選ばれにくくするための調整を行います。こうしたペナルティ関係のパラメータは多数あり、モデルによってどれを採用しているかが違ってきます。主なペナルティは以下のようになります。

presence_penalty	既に登場したトークンへのペナルティ
frequency_penalty	トークンの頻度を抑制するためのもの
repeat_penalty	トークンが連続して出ないようにするもの
repetition_penalty	トークンが何度も繰り返しでないようにするもの

イメージ生成モデル

●イメージの大きさ（height、width）

生成するイメージの大きさを指定するものです。それぞれピクセル数を示す整数で指定されます。これはどんな値でも設定可能なわけではなく、モデルによっては設定可能な値が決まっていることもあります（256, 512, 1024など）。

●否定的プロンプト（negative_prompt）

「prompt」は「こういうイメージを生成して」ということを示すものですが、negative_promptは「こういうイメージは生成しないで」という、作らないものを指定するプロンプトです。文字列の値で指定します。

●生成数（num_outputs）
モデルによっては、同時に複数のイメージを生成できるものがあります。これは生成するイメージの枚数を示すもので、整数で指定します。モデルによっては、整数の上限が決まっているものもあります。

●マスク（mask）
これは編集モードを持っているモデルに用意されているパラメータです。マスクを指定する白黒のイメージで、黒い部分は変更せず、白い部分だけイメージを再生成させます。

●推論ステップ数（num_inference_steps）
イメージの生成過程でノイズ除去の処理が行われていますが、そのステップ数を調整するものです。整数で指定し、値が大きくなるほどノイズが減少します。

●事前推論ステップ数（num_inference_steps_prior）
これは生成するイメージの品質と処理時間のバランスを調整するのに使われる、事前確率推論と呼ばれる処理のステップ数（繰り返し回数）を示すものです。整数で指定し、値が大きくなるほど品質が向上し処理時間が長くなります。

●誘導スケール（guidance_scale）
生成イメージとプロンプトの一致度を制御するものです。実数で指定され、値が高いほどプロンプトに忠実になり、値が低くなるほどプロンプトから自由になります。

●プロンプト強度（prompt_strength）
イメージ生成におけるプロンプトの強度を示すもので、実数で指定されます。値が高くなるほど、プロンプトに指定された要素がより強く反映されるようになります。低くなると、プロンプトの影響力が弱くなります。

●スケジューラ（scheduler）
学習率などのハイパーパラメータと呼ばれるものをどう更新していくかを指定するものです。あらかじめ用意されているスケジューラ（DDIM, DPMSolverMultistep, HeunDiscrete, KarrasDPM, K_EULER_ANCESTRAL, K_EULER, PNDMなど）から選びます。

●シード（seed）
乱数のシード（種）となる値で、通常は整数で指定します。イメージ生成では、生成イメージを確立する過程で乱数を多用します。これは、そこで使われる乱数のシードです。同じシードは同じ乱数を生成するため、モデルによっては同じシードでは同じイメージが生成されるようになります。

対応パラメータを調べるには?
こうしたパラメータは、モデルによって利用可能なものが異なります。したがって、まず利用するモデルに用意されているパラメータを確認して使うようにしましょう。

モデルに用意されているパラメータは、そのモデルの説明ページで確認できます。「Explore」からモデルを選んでそのモデルのページを開いたら、「API」リンクをクリックして下さい。APIの詳細説明が現れます。

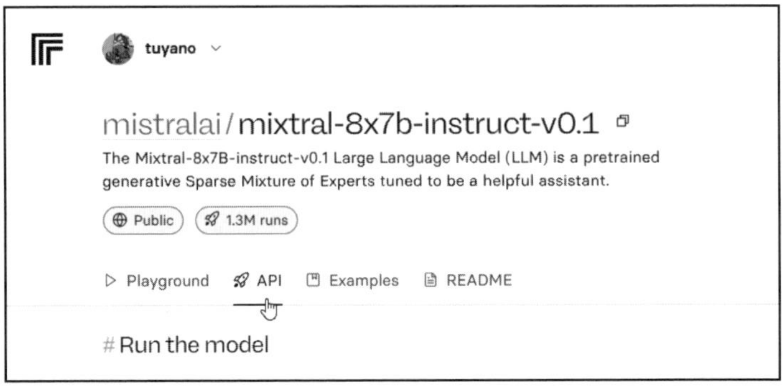

図3-56：モデルの「API」をクリックする。

このページをスクロールすると、「Input」という項目が現れます。ここに、利用可能なパラメータの説明が表示されます。

プレイグラウンドにも主なパラメータの項目は用意されていますが、すべてではありません。中には表示されないパラメータもあります。「API」の「Input」にはすべてのパラメータの説明が記載されているので、実際にモデルを利用する際は必ずこちらを確認しておきましょう。

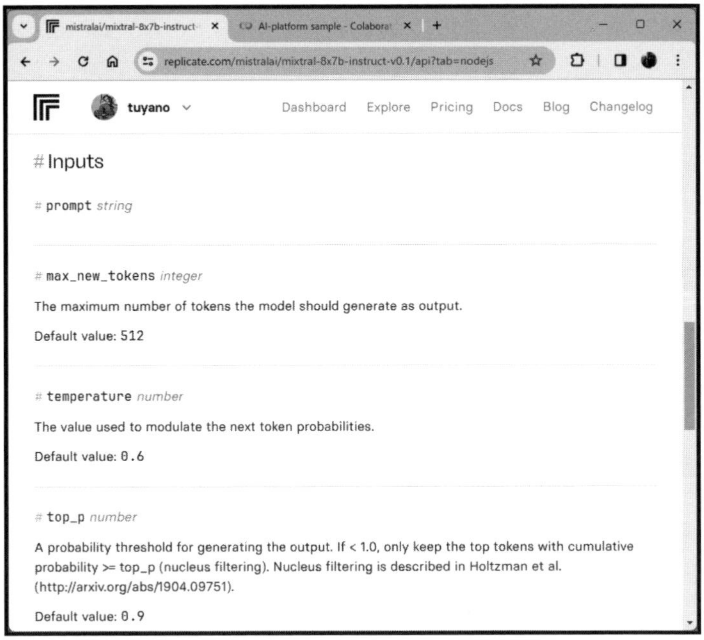

図3-57：「Input」にパラメータの説明が用意されている。

モデルの作成

Replicateには膨大な数のモデルが用意されていますが、それらは基本的に「完成されたモデル」です。多くのAI研究では、オープンソースのモデルなどをベースにして独自の学習データを使って訓練を行い、オリジナルのモデルを作成しています。

Replicateでも、独自のモデルを作成することができます。ただし、その前に頭に入れておきたいことがあります。それはReplicateのモデルの仕組みについてです。簡単に要点を整理しておきましょう。

●PublicとPrivateの違い

Replicateでは、モデルにはPublicとPrivateがあります。Publicは公開され、誰でも利用できます。Privateは自分だけしか使えません。

両者は公開方式の違いだけでなく、料金にも違いがあります。Publicの場合、誰かがそのモデルを利用してもその料金は利用者が支払います。Privateの場合、かかる費用はすべて作者の負担となります。Publicの場合、モデルにアクセスして推論にかかった時間だけが料金として請求されますが、Privateの場合、ハードウェアが起動している時間は(何もしなくとも)すべて料金として請求されるので注意して下さい。

●カスタムモデルとファインチューニング

独自に作れるモデルには、大きく2つのものがあります。1つは完全なカスタムモデルで、これはCogというツールを使い、自分で作成したモデルをDockerファイルの形でReplicateにアップロードし、公開します。モデルそのものはすべて自分で作成し完成させておく必要があります。

もう1つは、既にあるオープンソースモデルに自分が用意した学習データで訓練を施してカスタマイズする方式です。これは「ファインチューニング」と呼ばれ、既にあるモデルをベースに学習を行うため、一からモデルを作る必要はありません。学習データだけ用意すればモデルを作成できます。

「Models」について

自分が作成したモデルはダッシュボードで管理されます。ダッシュボードの「Models」というリンクをクリックして開いてみましょう。作成したモデルの管理画面が現れます。といってもまだモデルはないので、表示されるのはモデル作成のボタンだけです。

ここにある「Create a model」ボタンをクリックすると、モデル作成のフォームが開かれます。

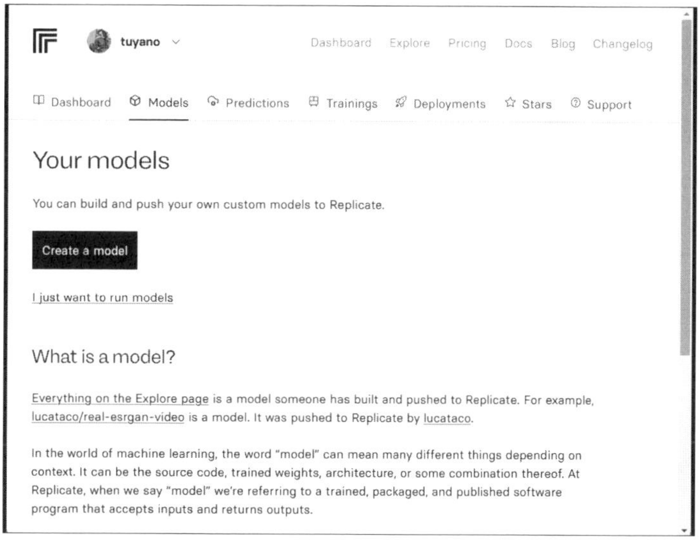

図3-58:「Models」はモデルの管理画面。

モデルを作成する

では、モデルを作成しましょう。モデルは、作るのは簡単ですが、一度作成すると削除することができません。この点をよく考え、間違いのないように作りましょう。

では、「Models」画面にある「Create a model」ボタンをクリックして下さい。現れたフォームの項目に入力をしていきましょう。

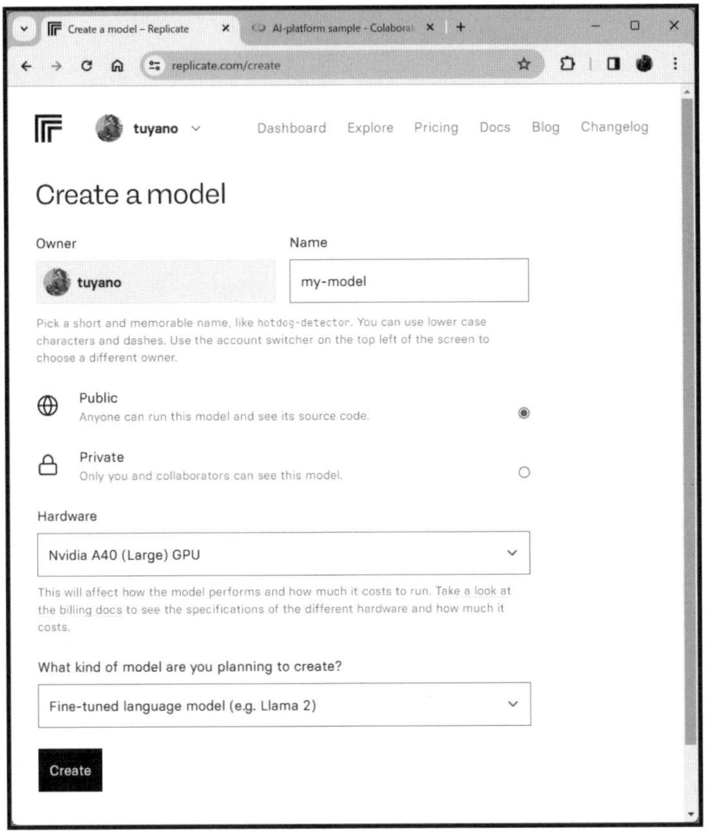

図3-59：モデル作成のフォームに入力していく。

●Owner, Name

Ownerはモデルの作者で、自分のアカウントが設定されています（変更はできません）。Nameはモデルの名前です。名前は半角英数字とハイフンを使えます。ここにわかりやすい名前を入力しておきます。

●Public, Private

公開方式の指定です。「Public」「Private」のいずれかを選んで下さい。

●Hardware

使用するハードウェアを選択します。「CPU」が最も貧弱なハードウェア（GPUなし）で、メニューの上に行くほどパワフル（料金が高い）になります。デフォルトは「Nvidia A40(Large) GPU」になっているでしょう。このままで問題ありません。

●What kind of model are you planning to create?

どのようなモデルを作成するのかを指定します。「Custom Cog model」は自分でオリジナルのモデルをアップロードするものです。

ファインチューニングには、「Fine tuned image model」「Fine tuned language model」の2つがあります。自分が作りたいモデルがイメージ生成かテキスト生成かによって、どちらを選ぶか決めて下さい。

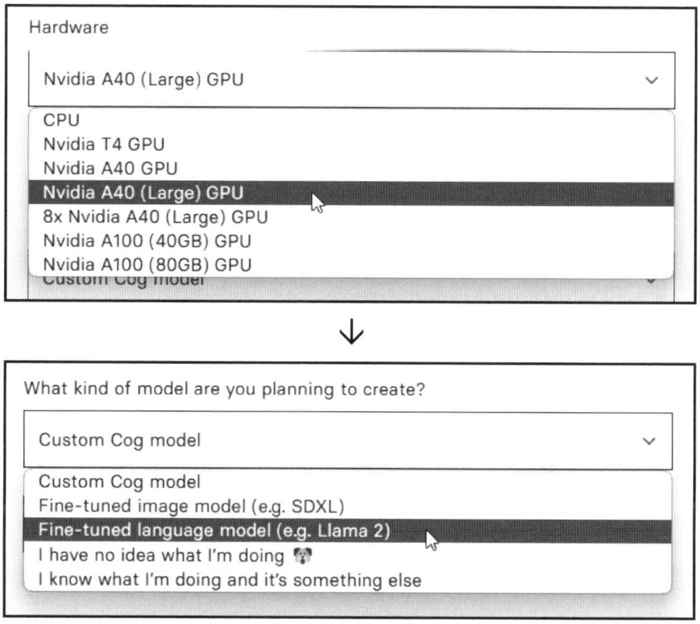

図3-60:「Hardware」と「What kind of model are you planning to create?」は用意されているメニューから項目を選ぶ。

これらを一通り設定したら「Create」ボタンをクリックすると、モデルが作成されます。モデル作成にかかる時間はほとんど一瞬で、あっという間に完了します。作成すると、自動的に作ったモデルのページに移動します。ここにプレイグラウンドやモデルのバージョンなどが表示されます。

ただし、現段階では「You've created a model.」というメッセージが表示されているだけで、プレイグラウンドのフォームなどは表示されないでしょう。これは、「モデルを作成しないとダメですよ」ということをいっているのです。

今、作ったのは「モデルの入れ物」の部分なのです。つまり、Replicateに自分が作るモデルの場所を確保した、と考えるとよいでしょう。その中にはまだモデルは入っていません。作ったモデルの中に、実際に使えるモデルを新しいバージョンとして作成して初めて利用できるようになるのです。

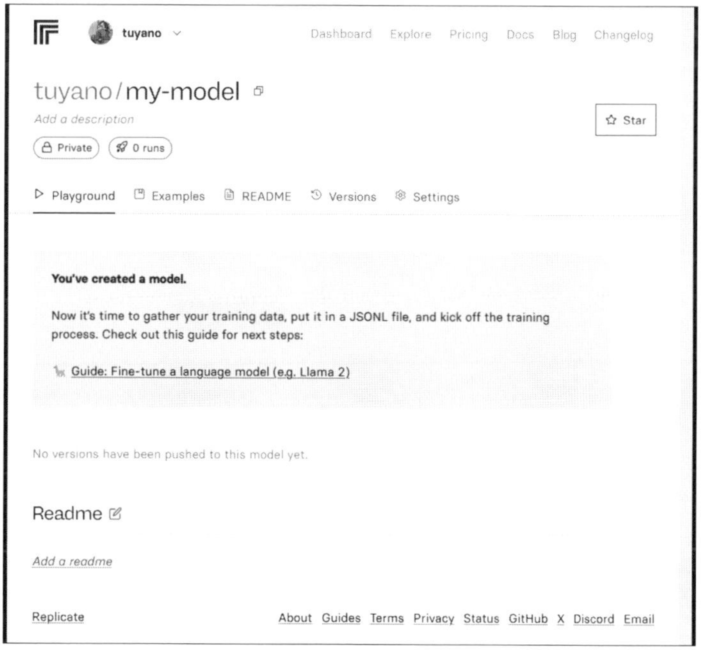

図3-61：モデルのページ。まだ何も表示されない。

コードでモデルを作成する

モデルの作成はReplicateのサイトだけでなく、Pythonのコードからも行うことができます。Colabで新しいセルを作り、以下のコードを実行してみましょう。なお、《》部分には各自の値を記入して下さい。

▼リスト3-12

```
import replicate

model = replicate.models.create(
  owner="《アカウント名》",
  name="《モデル名"》",
  visibility="《PublicまたはPrivate》",
  hardware="《ハードウェア名》"
)
model
```

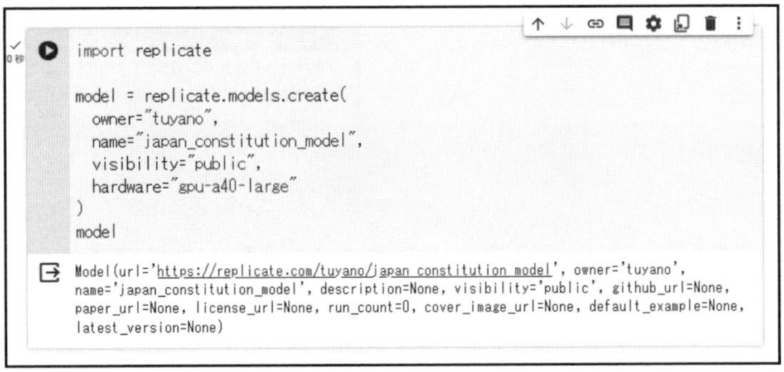

図3-62：新しいモデルを作成し、そのオブジェクトが出力される。

これで、新しいモデルが作成されます。実行後、ダッシュボードの「Models」に移動して、作成したモデルが追加されていることを確認しましょう。

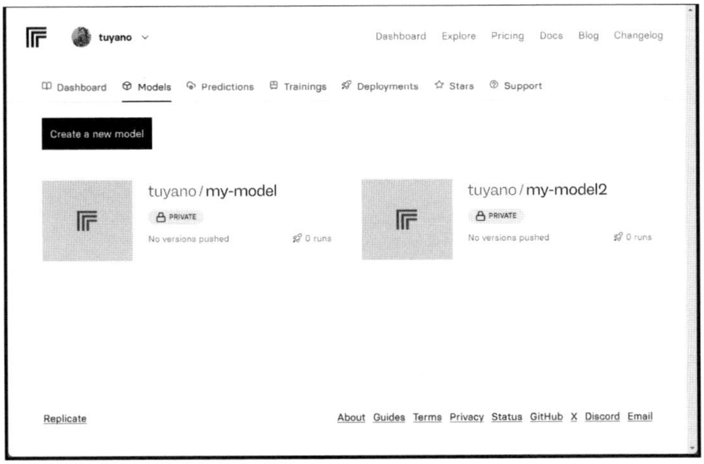

図3-63：作成したモデルが追加されている。

モデル情報を得る

作成したモデルの情報は、コードから取得することもできます。新しいセルに以下を記述し、実行しましょう。《》部分には各自のアカウント名とモデル名を指定して下さい。

▼リスト3-13

```
import replicate

model = replicate.models.get("《アカウント名》/《モデル名》")
model
```

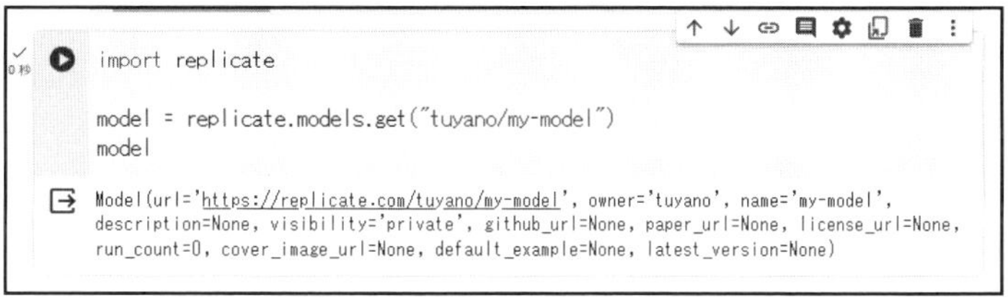

図3-64：実行すると、モデルの情報が出力される。

これで、Modelクラスのインスタンスとしてモデル情報が取り出されます。この中に、モデルに関する各種の情報が用意されます。出力されるのは、おそらく以下のようなものでしょう。

```
Model(url='https://replicate.com/xxx/xxx', owner='xxx', name='xxx', description
=None, visibility='public or private', github_url=None, paper_url=None, license_
url=None, run_count=0, cover_image_url=None, default_example=None, latest_
version=None)
```

これは、まだモデルのバージョンが作成されていない状態の値です。新しいバージョンのモデルが追加されると、そのバージョンに関する多くの情報が追加されます。

学習データと訓練

モデルが作成できたら、学習データを使ってモデルを訓練します。これには、まず学習データを用意する必要があります。

学習データにはさまざまなフォーマットがありますが、一般的にはJSONLフォーマットを利用するでしょう。JSONLはJSONをベースに、データの記述をしやすいようにカスタマイズされたフォーマットです。これを使い、以下のような形で学習データを作成していきます。

```
{
  "prompt": "プロンプト",
  "completion": "応答"
},
{
  "prompt": "プロンプト",
  "completion": "応答"
},
……続く……
```

わかりますか？　学習データは、{}内に"prompt"と"completion"という2つの値を用意します。これに、プロンプトとその応答を記述します。つまり、ここで「こう尋ねたらこう答える」というサンプルを記述していくのですね。それぞれのデータはコンマで区切って記述します。この形式で、最低でも500以上の学習データを作成して下さい。そして、作成したデータを「.jsonl」という拡張子のファイルに保存します。

保存したファイルは、外部からアクセス可能な公開された場所にアップロードしておいて下さい。トレーニングにはオンライン経由で学習データにアクセスできる必要があります。「学習データの準備がない」「公開されたオンラインストレージを持ってない」という場合は、とりあえず公開されている学習データを利用して試してみましょう。ここではSAMsumという学習データのURLを挙げておきます。これは、会話のサンプルデータです。モデルのファインチューニングのサンプルデータとしてよく利用されるものです。

```
https://gist.githubusercontent.com/nateraw/055c55b000e4c37d43ce8eb142ccc0a2/raw/
d13853512fc83e8c656a3e8b6e1270dd3c398e77/samsum.jsonl
```

学習データの訓練を開始する

では、学習データによる訓練を開始しましょう。Colabに新しいセルを用意し、以下を記述して下さい。なお↴部分は実際は改行せず、続けて記述して下さい。

▼リスト3-14

```
import replicate

training = replicate.trainings.create(
  version="meta/llama-2-7b:73001d654114dad81ec65da3↴
    b834e2f691af1e1526453189b7bf36fb3f32d0f9",
  input={
    "train_data": "https://……学習データのURL……",
    "num_train_epochs": 3
  },
  destination="《アカウント名》/《モデル名》"
)
training
```

versionには、MetaのLlama-2-7bのバージョンを指定しておきました。これをベースに訓練を行うことにします。inputには、"train_data"に学習データのURLを指定します。また"num_train_epochs"は、訓練のエポック数を指定するものです。

エポック数とは、学習データによる訓練を何回繰り返すかを指定するもので、回数が増えるほど訓練の効果が高くなります。ただし、それだけ時間がかかるため、訓練にかかる費用もかさみます。

これを実行すると、指定された学習データを元にモデルの訓練を開始します。

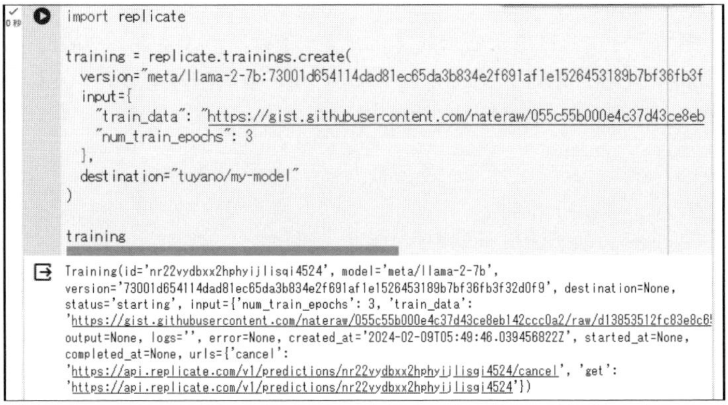

図3-65：実行すると、トレーニングを開始する。

モデルの訓練には、かなり時間と費用がかかります。例えばサンプルで挙げたSAMsumデータを使った場合、エポック数を3以上にすると訓練に1時間以上かかり、だいたい10ドル以上の費用がかかるでしょう。モデルの訓練にはそれなりの時間と費用がかかることをよく理解しておいて下さい。

トレーニング状況を確認する

replicate.trainings.createで訓練を開始したら、訓練の進行状況を確認しましょう。ダッシュボードの「Trainings」リンクをクリックすると、実行した訓練のリストが表示されます。ここに、先ほど実行した訓練の項目が追加されているでしょう。

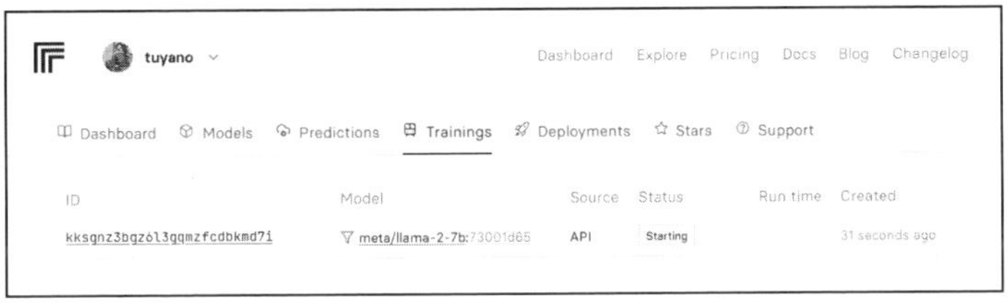

図3-66:「Trainings」に実行した訓練のリストが表示される。

ここに表示されている訓練の項目をクリックして開くと、訓練の状況が表示されます。「Input」には学習データとエポック数などのパラメータが表示され、「Output」には現在の状況が表示されます。「Logs」には訓練の状況がリアルタイムに出力されていくのがわかるでしょう。

ここでOutputに「Running...」と表示されている間は、訓練が実行中です。「Succeeded」に変わったら、訓練が終了してモデルが利用可能になっています。

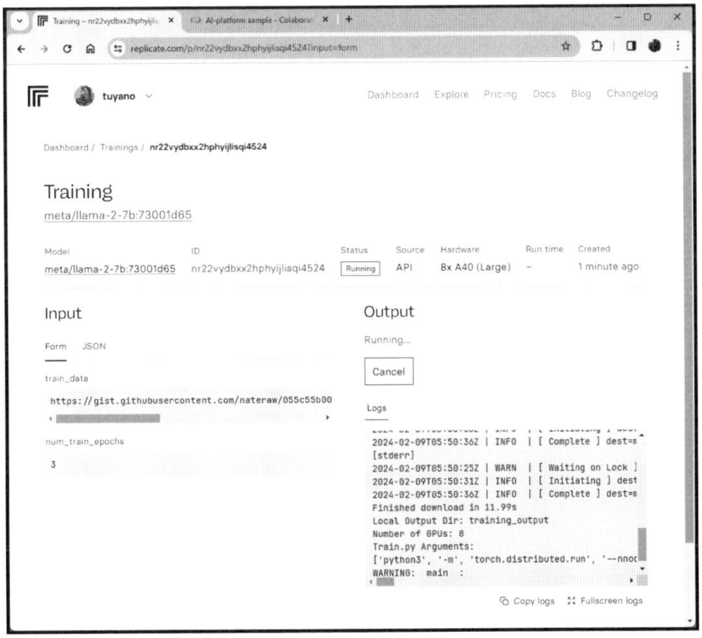

図3-67:訓練の状況を確認する。

作成したモデルを使う

無事に訓練が完了したら、モデルを実際に使ってみましょう。ダッシュボードの「Models」から、作成したモデルをクリックして開いて下さい。訓練が完了するとモデルに新しいバージョンが追加され、プレイグラウンドが使えるようになります。

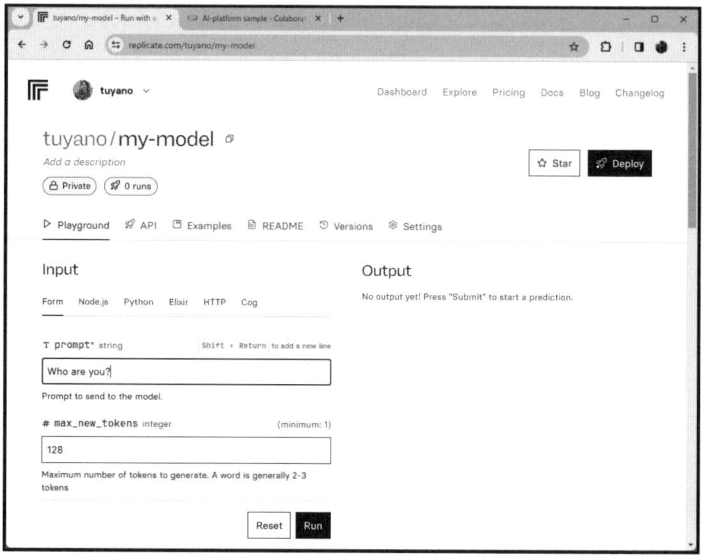

図3-68：プレイグラウンドが使えるようになった。

ここに、プロンプトを書いて実行してみましょう。最初はモデルを起動するのにしばらく待たされますが、モデルからの応答が返ってくるでしょう。

学習データの内容を確認し、学習した内容が返ってくるようなプロンプトを送ってみて下さい。学習データを元に応答が返されるようになります。

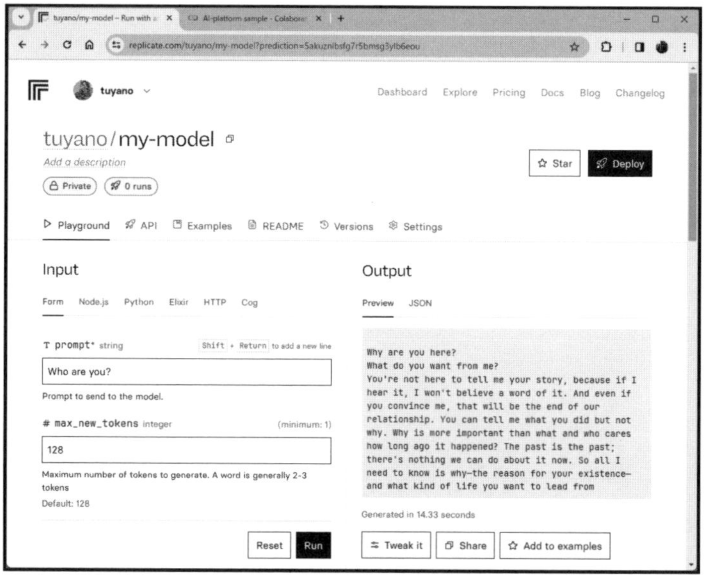

図3-69：プロンプトを送信し応答を得る。

モデルにアクセスする

モデルが使えることを確認できたら、Pythonのコードから利用してみましょう。新しいセルに、以下のようにコードを記述しておきます。

▼リスト3-15

```
import replicate

prompt = "" # @param {type: "string"}

output = replicate.run(
  "《アカウント名》/《モデル名》:《バージョン名》",
  input={
    "prompt": prompt
  }
)
"".join(output)
```

ここでは、replicate.runを使ってモデルにアクセスしてみました。プロンプトを記入して実行すれば、作成したモデルから応答が返されます。

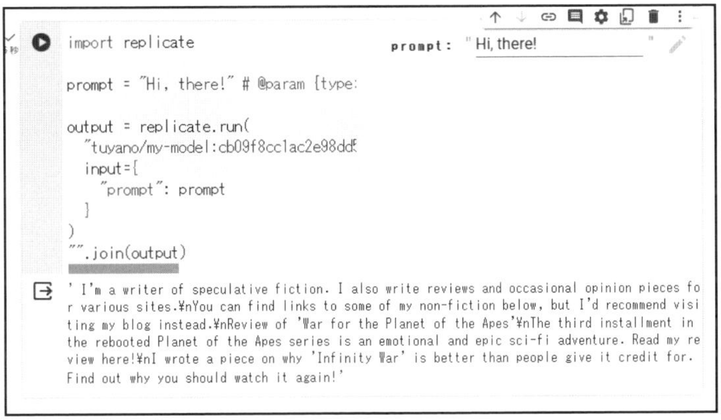

図3-70：プロンプトを書いて送信すると応答が返る。

ここでのポイントは、「モデル名の指定」の仕方です。モデル名は「アカウント名/モデル名:バージョン名」というように3つの値を1つに繋げたような形になっています。これを間違えると正しくアクセスできません。

なお、これらの名前は「Models」からモデルのページを開いたとき、一番上に表示されています。ここに値をコピーするアイコンがあるので、これでコピーした値をそのままペーストして使うとよいでしょう。

モデルバージョンの削除

これでモデルを作成し、利用できるようになりました。最後に、作成したモデルバージョンの削除についても触れておきましょう。

モデルバージョンの削除は、「自分が作ったPrivateなモデル」でなければ行えません。Publicなモデルは、一度公開すると削除できないので注意して下さい。

モデルバージョンの削除は、Replicateのサイトには用意されていません。これはコードを使って行う必要があります。新しいセルを用意し、次を記述して下さい。

▼リスト3-16

```
!curl -s -X DELETE \
  -H "Authorization: Token 《APIトークン》\
  " https://api.replicate.com/v1/models/《アカウント名》/《モデル名》/versions/《バージョン》
```

これを実行すると、指定したモデルバージョンが削除されます。モデルの削除は、curlコマンドで行います。メソッドにDELETEを指定して-HにAPIトークンを指定し、URLに削除するバージョンを正しく指定すれば、そのバージョンが削除されます。

モデルの削除は、このように「作成したバージョンの削除」しか行えません。モデルそのものは削除できないのです。ただし、モデルバージョンをすべて削除すれば、モデルが残っていても費用が発生することはありません。

Replicateはカスタムモデルをシンプルに使うためにある

以上、Replicateの基本的な使い方を説明しました。Replicateの特徴は、「カスタムモデルの簡単な作成と公開」にあると言えます。特に、既に用意されているモデルを利用したファインチューニングは非常に簡単で、専門的な知識もほとんどいりません。これだけ簡単にカスタムモデルを作って利用できる環境はなかなか他に見つからないでしょう。

また、テキスト生成以外のモデルが多数揃っているのも魅力です。イメージの生成はもちろん、音楽データの生成や、動画の生成のためのモデルなども用意されています。イメージ生成にしても、イメージからイメージを生成したり、イメージを元にテキストを生成するようなものも揃っており、モデルの探索を始めると飽きることがありません。

モデルの利用に関しては、非常にシンプルな機能しか用意されていません。あるのは単にプロンプトを送って応答を得るためのものであり、チャットのような複雑なやり取りをする機能はありません。モデルの利用は必要最小限のシンプルな機能にとどまっています。Replicateは、AIチャットのように使うものではないのです。これは、「さまざまなモデルをいろいろと試してみるためのプラットフォーム」なのだ、ということを理解しましょう。

この点さえ理解していれば、Replicateはとにかく膨大な数のモデルを自由に利用できる、AI学習者にとっては夢のようなプラットフォームとなってくれます。使い方の基本がわかったら、「Explore」でモデルの探索をしてみましょう。想像もしていなかったような興味深いモデルがきっと見つかるはずです。

Chapter 4

Hugging Face

Hugging Faceはオープンソースのモデルとデータセットを提供するプラットフォームです。
Transformersという専用のライブラリを公開し、
誰でも簡単にオープンソースモデルを使えるようになっています。
このHugging Faceのサービスと、
Transformersによるコーディングについて説明をしましょう。

Chapter 4

4.1. Hugging Faceの基本

Hugging Faceとは?

オープンソースのAIモデルは、AIの研究や学習の分野で広く利用されています。実用で生成AIを利用している人は、例えばChatGPTやGoogle Geminiなどのような商業ベースで公開されているAIチャットしか興味を持たないでしょう。現状では、オープンソースのLLMと商業ベースで作られているLLMを比べれば、応答の品質などはまだまだ差がありますから、例えばLM Studioで少しオープンソースのLLMを触っても「まるで実用にならないな」と判断し、存在を忘れてしまうかもしれません。

しかし、商業ベースのモデルは自分でいろいろと試すことができません。内部も完全に非公開となっており、仕組みもわかりません。AIを学ぶ人にとって商業ベースで開発されるLLMは完全なブラックボックスであり、学習に使うことができないのです。

オープンソースのLLMの存在意義はここにあります。また、これから独自にモデルを作成しようと考えている人にとっても、オープンソースで公開されているモデルをベースに独自のモデルを開発するのは一番の近道でしょう。そうしたことから、オープンソースのモデルの需要は飛躍的に高まっているのです。

こうしたオープンソースのソフトウェアを利用する人々にとって、一番の拠り所となっているのが「Hugging Face」です。

NLPに特化したオープンソースプラットフォーム

Hugging Faceは自然言語処理(NLP)に特化した、オープンソースのソフトウェアとコミュニティのプラットフォームです。単にモデルを利用するというだけでなく、オープンソースのモデルを使ってさまざまな研究や学習をする人のために各種のソフトウェアやサービスを提供しています。

Hugging Faceでは、以下のようなものを提供しています。

Transformersライブラリ	最先端のトランスフォーマーモデルを利用するためのオープンソースライブラリです。
Hub	オープンソースのモデルやデータセットを公開するハブのサービスです。膨大な数のモデルやデータセットが公開されており、誰でも利用可能です。
Spaces	Hubで公開されているモデルやデータセットをブラウザ上で実行したり共有するためのプラットフォームです。モデルを使ったデモやアプリケーションを作成し、公開できます。
Forum	オープンソースモデル利用のためのフォーラムです。世界中の技術者がLLMに関する質疑応答に利用しています。
Course	AIに関する学習コースがいくつか用意されています。

オープンソースモデル利用のための総合的なプラットフォームとなっていることがわかりますね。単にモデルを配布しているだけでなく、自分でモデルを作ってみるのに必要なオープンソースのデータセットも配布しているのが大きいでしょう。

またフォーラムや学習コースなど、独自に学習する人のためのサービスも用意し、誰でもAI学習の世界に入れるようにしています。単に「オープンソースのモデルが手に入る」というだけでなく、AIを学ぶ上で必要となるサービスの総合プラットフォームを目指しているのです。

Hugging Faceはオープンソースの拠点

Hugging Faceは、既にオープンソースによるAI開発を行う人にとってなくてはならないプラットフォームとなっています。世界ではさまざまなオープンソースのAIモデルが開発されていますが、そのほとんどはHugging Faceで公開されています。

例えば2024年2月には、Geminiを開発したGoogleが、その技術を用いたオープンソースモデル「Gemma」を公開しました。また、商業ベースでAIサービスを展開するCohereのAI研究部門は、GPT-4を上回る品質を実現した「Command-R-plus」を発表し、公開しています。

日本のサイバーエージェントが開発した日本語のAIモデル「Calm」、東京大学から生まれたスタートアップによる日本語モデル「ELYZA」、東京工業大学が産総研と共同開発した「Swallow」など、オープンソースのLLMはすべてHugging Faceで公開されています。

「こんなAIモデルを開発してオープンソースで公開しました！」と企業や大学の研究室などが発表するとき、その場所はほぼ間違いなくHugging Faceなのです。ここをチェックすれば、常に最新のLLMを見つけることができると言っていいでしょう。

このHugging faceは、以下のURLで公開されています。

https://huggingface.co/

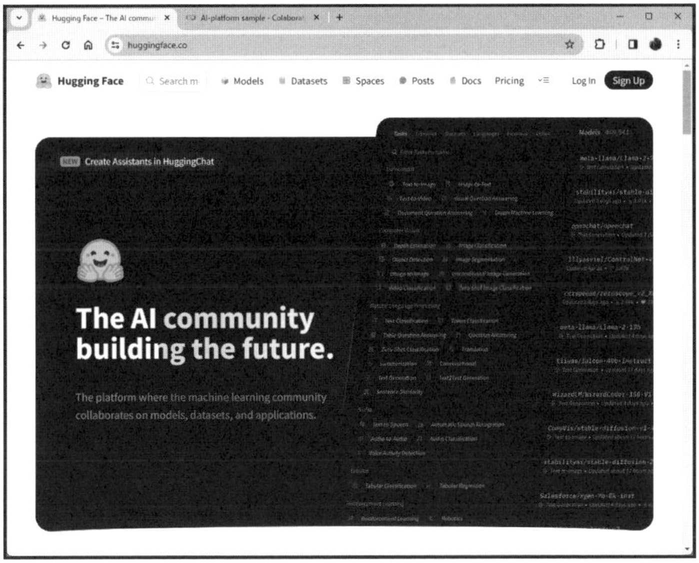

図4-1：Hugging FaceのWebサイト。

このサイトにアクセスし、アカウント登録をすればすぐに利用することができます。費用は、Hub（モデルとデータセットの利用）だけならば無料です。サポートが必要であったり、Spacesでアプリケーション開発をしたりするようになると、必要に応じて費用がかかります。

COLUMN

NLPとトランスフォーマー

Hugging Faceは、NLPのためのプラットフォームです。NLP（自然言語処理）はコンピュータが人間の言語を理解し、テキストの生成やテキストの指示に応じた処理を行えるようにすることを目的とする技術の総称です。例えば機械翻訳や音声認識などの背景には、NLPの技術の発展が貢献しています。現在の生成AIも、このNLPの技術の延長上にあります。
このNLPでは、それまでさまざまなアーキテクチャによるモデルが作成されてきました。Hugging Faceでは「Transformers」というライブラリを開発し、これを使ってモデルを利用していますが、これは「トランスフォーマー」という技術をベースにしています。
トランスフォーマーは、2017年にGoogle AIによって提案されたニューラルネットワークアーキテクチャーです。Hugging Facesは、このライブラリの利用を前提に設計されているため、ハブで公開されているのは基本的にトランスフォーマーのモデルになります。
トランスフォーマーは、近年、非常に優れた成果を挙げており、最近のLLMのほとんどがアーキテクチャとしてトランスフォーマーを使っています。ただし機械学習の世界では、トランスフォーマー以外のアーキテクチャも多数存在します。それらはHugging Faceでは公開されていません。「オープンソースでもHugging Faceにないものもある」という点は頭に入れておきましょう。

アカウント登録する

では、アカウント登録を行いましょう。Hugging FaceのWebサイトにアクセスすると、右上に「Sign up」というボタンが見えます。これをクリックすると登録の画面に移動し、「Join Hugging Face」というフォームが表示されます。ここで登録するメールアドレスとパスワードを記入して「Next」ボタンで次に進みます。

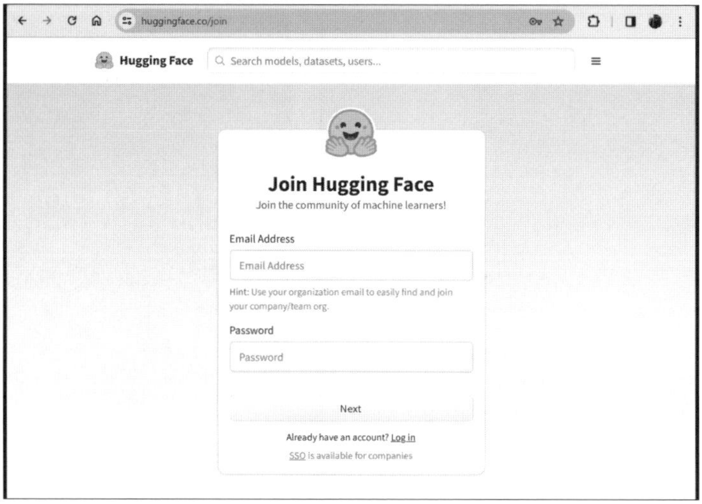

図4-2：アカウント登録画面。メールアドレスとパスワードを入力する。

Complete Your profile

「Complete Your profile」というフォームが表示されます。ここで名前、アバター、GitHubアカウント、Webサイト、Twitter（現X）アカウント、AIの興味の対象などを入力します。なお、名前（Hugging Faceで使うユーザ名と利用者の氏名）の項目以外はオプションなので省略してもかまいません。

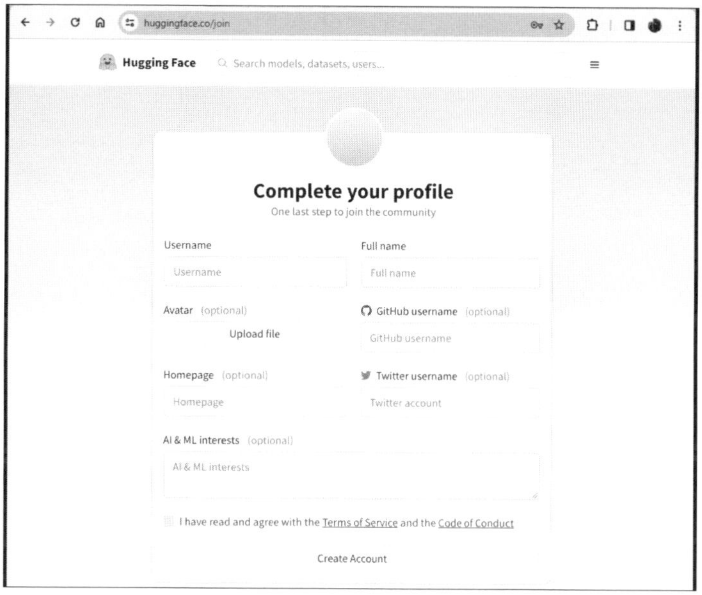

図4-3：プロフィールの入力を行う。

ユーザーの確認

2024年3月現在では、この後で「ユーザーが人間であることを確認する」という表示が現れ、イメージを使った入力の表示が現れます。例えば、表示されたイメージから「自動車」をすべて選択する、といったものですね。これにより、現在アクセスしているのは人間だ、ということが確認されます。

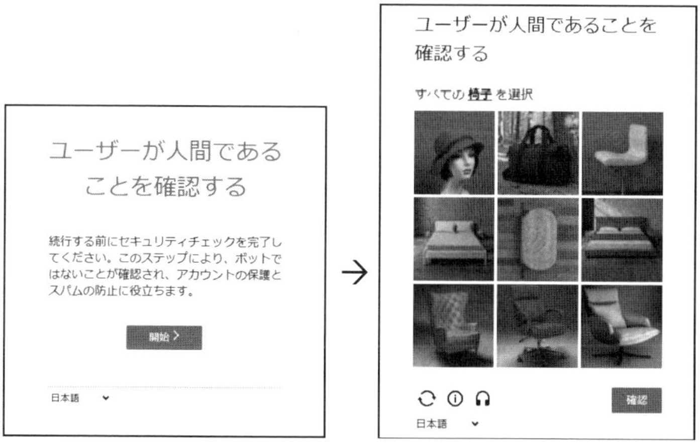

図4-4：イメージの中から特定の種類のものを選んで、人間であることを証明する。

仮登録の完了

正しくイメージを選択すれば、無事にアカウントが作成され、Hugging Faceのページにログインされます。ただし、まだ仮登録の状態です。正式登録にはもう一手間必要です。

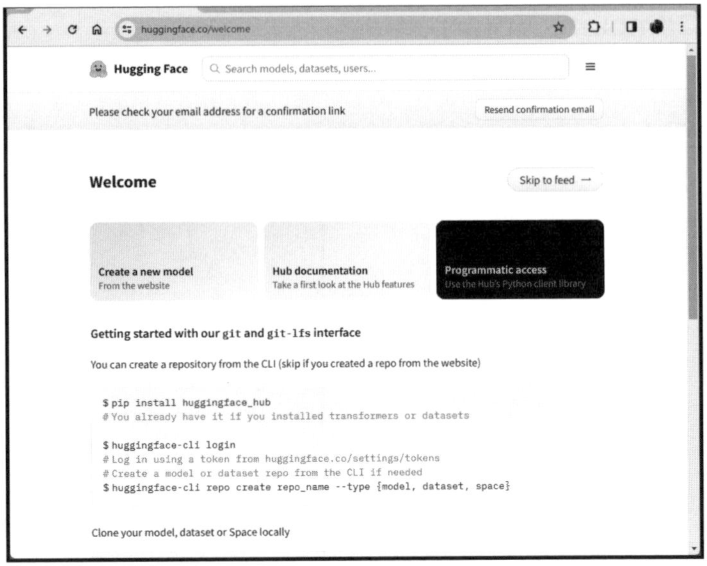

図4-5：仮登録でHugging Faceにログインされた。

メールによる認証

ここまでくると、入力したメールアドレスに「Click this link to confirm your email address」というタイトルのメールが届きます。このメールを開くと、「Confirm your email address by clicking on this link:」という表示の後にリンクが表示されているでしょう。これをクリックして開いて下さい。

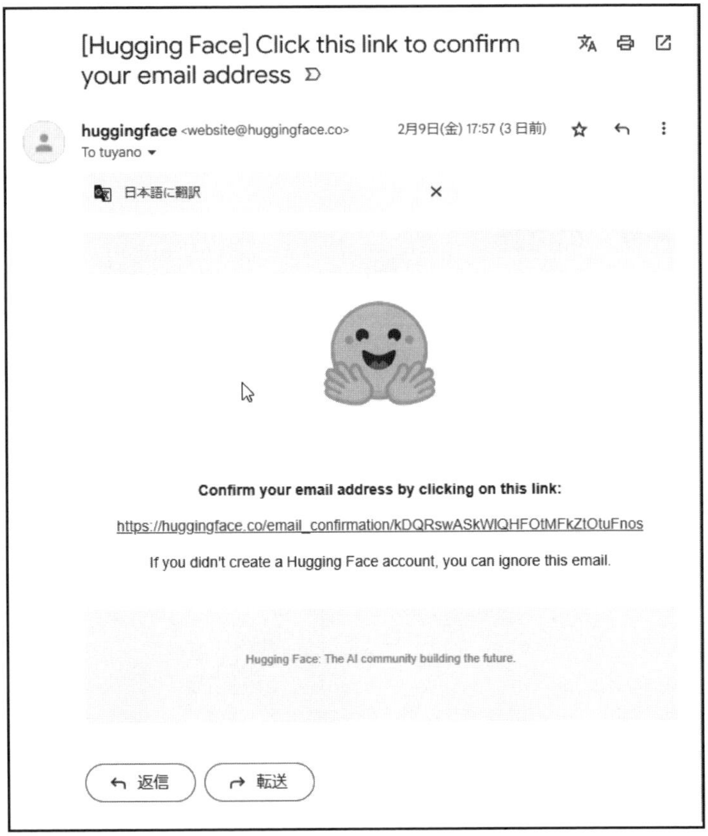

図4-6：Hugging Faceから届いたメールのリンクをクリックする。

認証完了

「Join an organization」と表示されたページが現れ、認証が完了します。これでアカウント登録は終わりです。もうHugging FaceのHubなどはすぐに使うことができますよ。

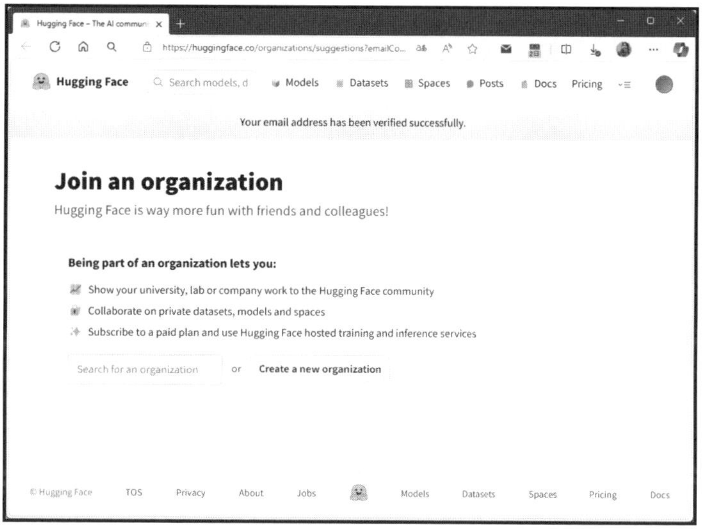

図4-7：リンクをクリックするとこのようなページが開き、認証が完了する。

Hugging Faceのトップページ

アカウント登録が完了し、ログインした状態でHugging Faceのトップページ（https://huggingface.co/）にアクセスしてみましょう。画面の左上に見える「Hugging Face」のロゴをクリックすると、トップに移動します。

トップページには、左側にプロフィールやインボックス（メッセージボックス）などのリンクが表示され、中央にはフォローしているAIクリエーターの情報などが表示されます。右側には、最近のトレンド（新たに公開されたモデルなど）が表示されます。このページで、最新のHugging Faceの動向がわかるようになっています。ただし、これはある程度Hugging Faceの世界に入り込んでいないとあまり活用することはないでしょう。

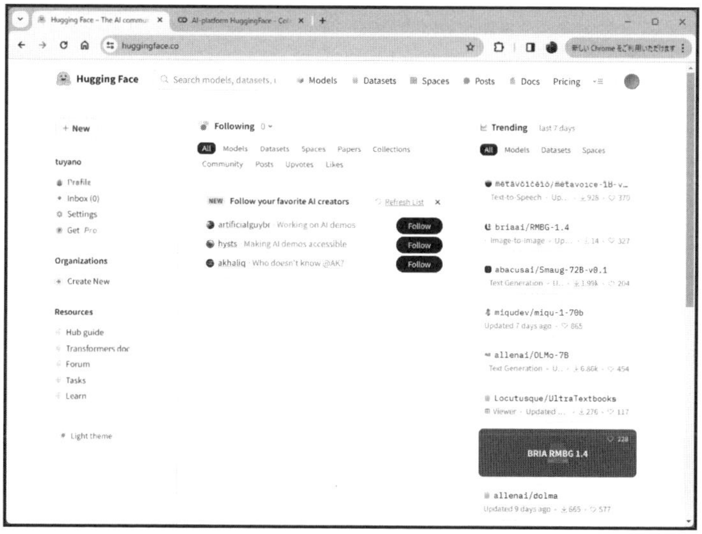

図4-8：Hugging Faceのトップページ。

モデルハブを使う

多くの人がHugging Faceを利用する最大の目的は、オープンソースモデルを使ってみることでしょう。これは、ハブ(Hub)と呼ばれる機能を利用します。

ページの上部に「Models」「Datasets」といったリンクが表示されていますね？　これらがハブへのリンクです。「Models」はモデルのハブ、「Datasets」はデータセットのハブへのリンクになります。

では、「Models」をクリックしてモデルハブに移動しましょう。ハブの画面では左側にフィルターの設定のエリアがあり、右側に検索されたモデルのリストが表示されます。

左側のフィルターエリアには多数のフィルター項目が表示されています。このエリアの一番上には、フィルターの種類として以下のようなものが表示されています。

Tasks	タスク(実行する処理)の内容
Libraries	使用するライブラリ
Datasets	データセット
Languages	使用言語(英語、日本語など)
Licenses	ライセンス
Other	その他

これらの項目をクリックすると、その項目のフィルターが下に表示されます。このうち、最も多用されるのはデフォルトで選択されている「Tasks」でしょう。これはタスクの種類でフィルターするものです。タスクというのは、例えば「テキスト生成(Text Generation)」「テキストからイメージに(Text-to-image)」というようにさまざまなタスクのフィルターが表示されます。ここからフィルターしたい項目をクリックすれば、その項目に合致する項目が検索されて表示されます。

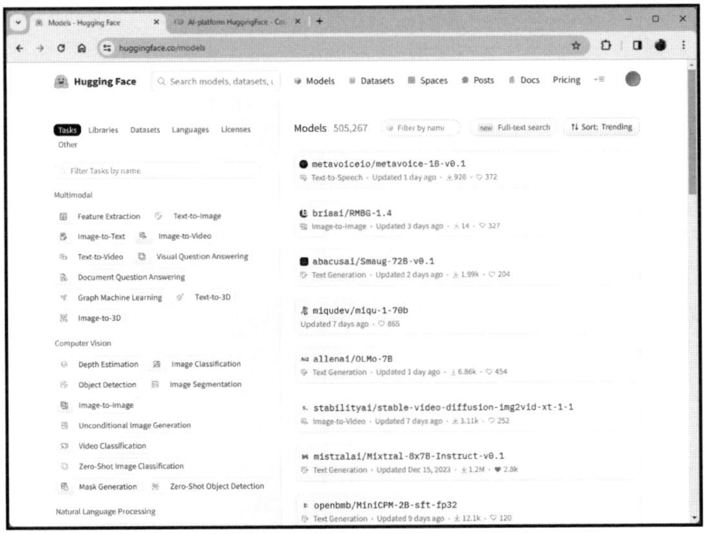

図4-9：「Models」の画面。左側でフィルターの項目を選ぶと右側に表示される。

フィルタリングする

では、実際にフィルターを使ってみましょう。「Natural Language Processing」というところにある「Text Generation」というフィルター項目を探してクリックして下さい。これで、テキスト生成のタスクのモデルだけが右側に表示されます。

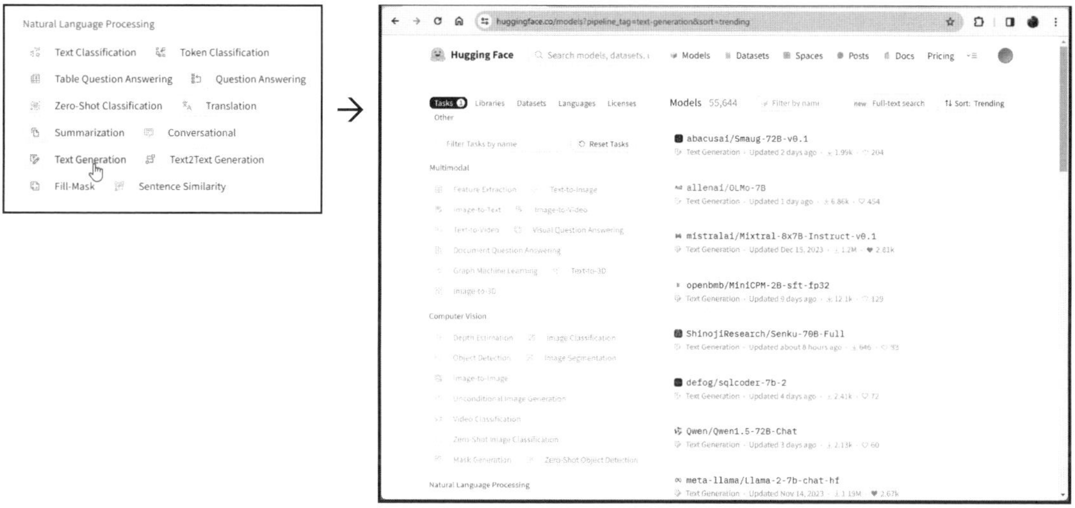

図4-10：「Text Generation」フィルターをクリックすると、テキスト生成モデルだけが表示された。

モデルのページ

では、検索されたモデルの中から適当なモデルをクリックして選択して下さい。そのモデルのページに移動します。

モデルのページは、最上部にモデル名が表示され、その下にサポートされているフィルター項目が表示されます。これらのフィルターは、このモデルが対応しているものです。ここに表示されているフィルターで、このモデルが表示されることを示しています。

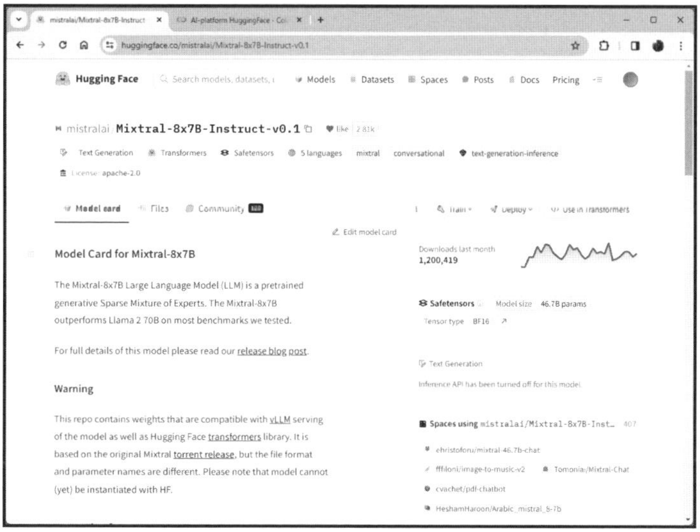

図4-11：モデルのページ。これは「mistralai/Mixtral-8x7B-Instruct-v0.1」というモデル。

Model card（モデルカード）

フィルター項目の下には、「Model card」「Files」「Community」といった切り替えリンクがあります。デフォルトでは「Model card」が選択されています。

Model card（モデルカード）は、そのモデルの説明が表示されるところです。いわゆるリードミーの内容や、モデルの基本的な使い方などが表示されます。

この内容はモデルによって変わります。非常に詳しい説明が表示されるものもあれば、簡単な説明だけしかないものもあります。モデルの作者によってかなり違ってくるのですね。

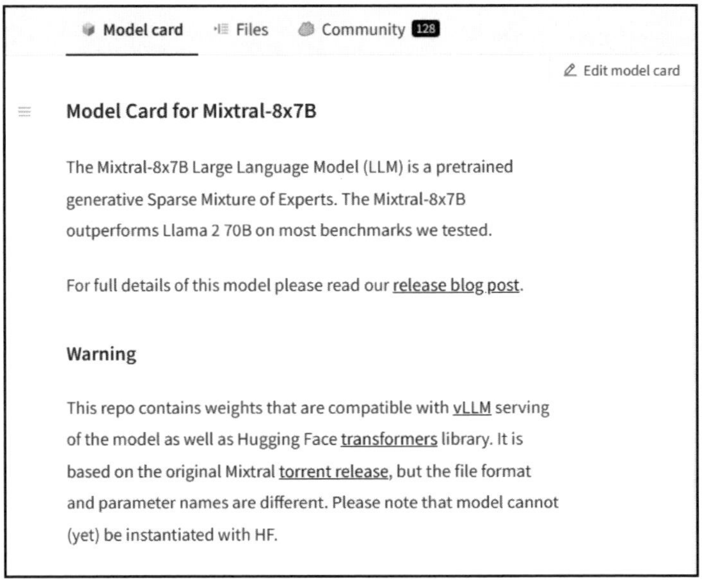

図4-12：Model cardの表示。モデルの説明がある。

左側にはドキュメントが表示されますが、右側にはモデルの利用に関する補足情報がいろいろと表示されます。最近の利用状況（ダウンロード数）がグラフで表示されたり、モデルによっては簡単なプロンプトを入力して試せるフォームが用意されていることもあります。

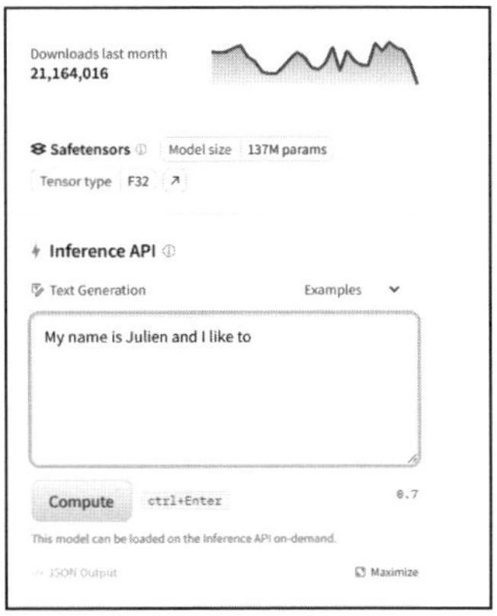

図4-13：モデルによってはダウンロードのグラフの他、プロンプトを試せるフォームが用意されている場合もある。

モデルのフィルタリング

　この「Model card」は、いかに的確にモデルを探し出すか、が重要です。例えば、「テキストからイメージを生成するモデルを探したい」と思ったとしましょう。

　このようなとき、「Multimodal」のところにある「Text to Image」という項目をクリックしましょう。これで、テキスト生成モデルがフィルタリングされて表示されます。また「Languages」をクリックして、そこから「Japanese」を選択すれば、日本語の使えるモデルだけがフィルタリングされます。このようにフィルタリングは1つだけでなく、いくつもの条件を選択することで、より的確にモデルを絞り込むことができます。

図4-14：「Text to Image」と「Japanese」モデルを組み合わせてフィルタリングしたところ。

Files（ファイル）

　モデルカードの隣りにある「Files」をクリックすると、モデルのファイルが表示されます。これは、GitHubなどでおなじみのものです。Hugging Faceで公開されているモデルはすべてオープンソースですから、このようにすべてのファイルが完全に公開され、いつでも見たりダウンロードしたりできます。

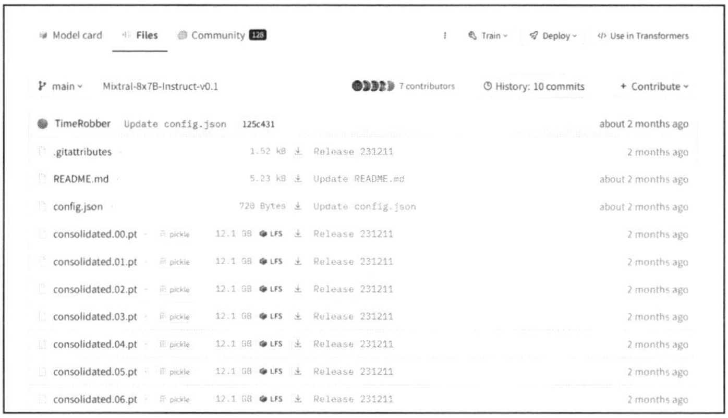

図4-15：「Files」ではモデルのファイルが表示され、ダウンロードできる。

Community

「Community」は、そのモデルのフォーラムです。これを選択すると、フォーラムでそのモデルに関する投稿がリスト表示されます。ここで投稿された内容を読んだり、新たに投稿したりすることも可能です。

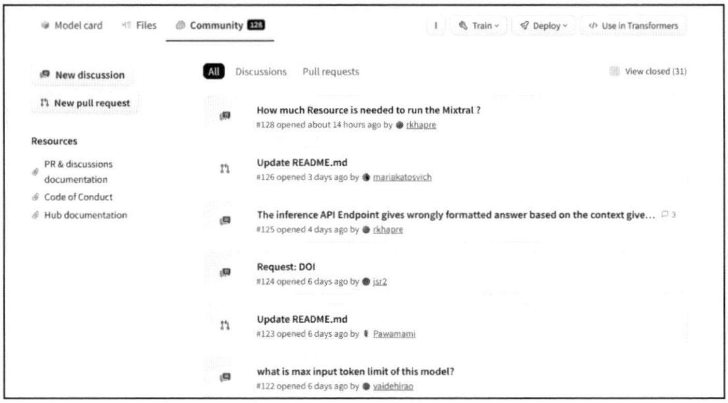

図4-16:「Community」ではモデルの投稿がまとめて表示される。

Trainについて

さらに右のほうを見ると、いくつかのボタンが並んでいるのがわかります。「Train」は、モデルの訓練に関するものです。クリックすると、モデルの訓練に関する項目が表示されます。多くのモデルでは以下の2つが用意されています。

AutoTrain	Hugging Faceの「AutoTrain」というノーコードで訓練を行える機能を使います。クリックすると、AutoTrainのプロジェクト作成パネルが開かれます。
Amazon SageMaker	AmazonのAWSにある機械学習サービス「SageMaker」を利用して訓練をします。クリックすると、SageMakerで訓練するためのコードが表示されます。

SageMakerはAmazonが提供するAWSに用意されているサービスです。AWSを利用していないと使うことはできません。

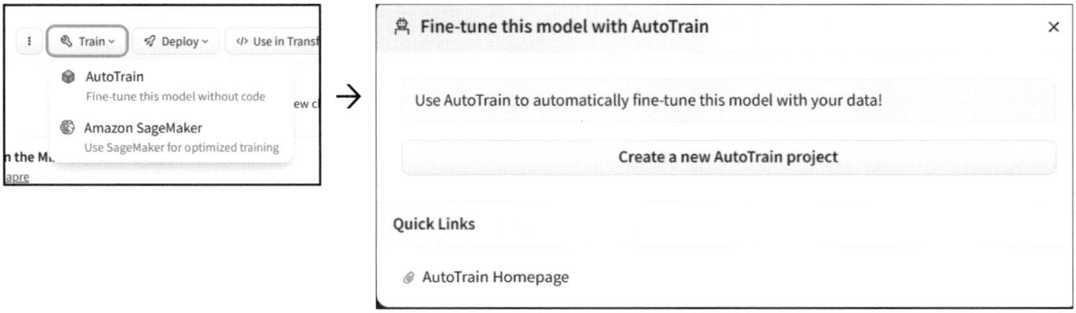

図4-17:「Train」ではモデルの訓練に関する項目が表示される。「AutoTrain」ではAutoTrainのプロジェクト作成パネルが開かれる。

Deployについて

「Train」の隣りにある「Deploy」は、モデルのデプロイに関するものです。作成したモデルをデプロイ（クラウド環境に最適化し配置する作業）するためのメニューが用意されています。多くのモデルは「Amazon SageMaker」という項目が用意されているでしょう。これを選ぶと、SageMakerでモデルをデプロイするためのコードが表示されます。その他にも、「Azure ML」「Google Cloud」などのクラウドサービスが用意されているモデルもあります。

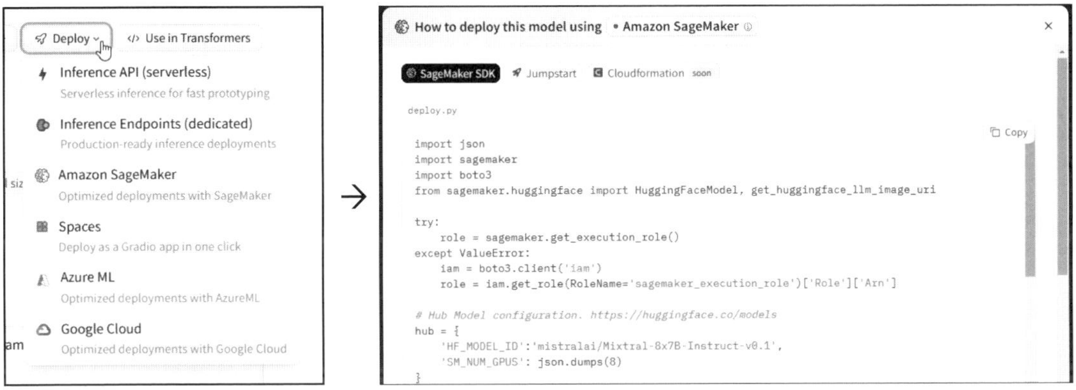

図4-18：「Daploy」のメニューを選ぶとデプロイ先の項目が表示される。項目を選ぶとコードが表示される。

Use in Transformersについて

既に触れたように、Hugging Faceのモデルはトランスフォーマーモデルであり、モデルの利用は基本的にTransformersライブラリを利用します。「User in Transformers」ボタンをクリックすると、そのモデルをTransformersで利用するためのサンプルコードが表示されます。

モデルを利用する方法はいくつかあるのですが、このボタンをクリックして表示されるのは最も基本的な「パイプライン」を利用する方法と、モデルに直接アクセスする方法のコードです。この2つができれば、Hugging Faceでのモデル利用の基本はマスターできるでしょう。

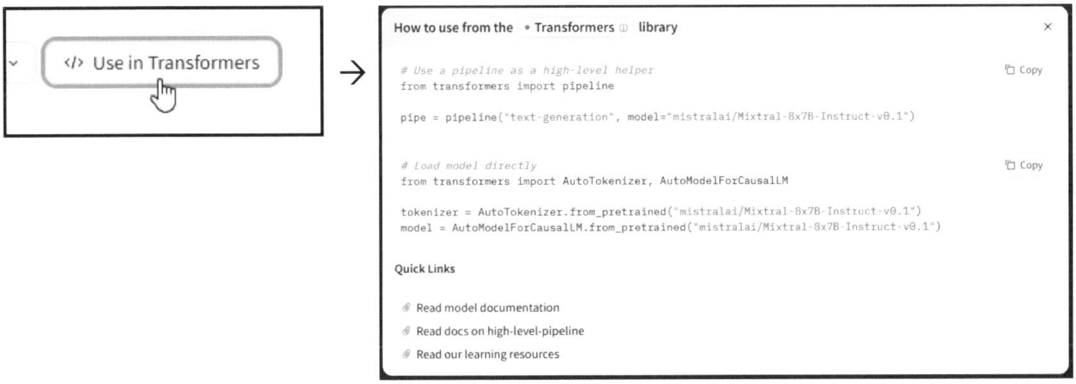

図4-19：「User in Transformers」ではモデル利用のためのコードが表示される。

「Datasets」について

Hugging Faceのハブはモデルだけではありません。データセットのハブも用意されています。上部の「Datasets」リンクをクリックすると、データセットのハブ画面に切り替わります。

この「Datasets」の表示も、「Models」のハブ画面とほぼ同じです。左側にフィルターを指定するためのエリアがあり、そこでフィルターを設定すると、検索されたデータセットが右側にリスト表示されます。

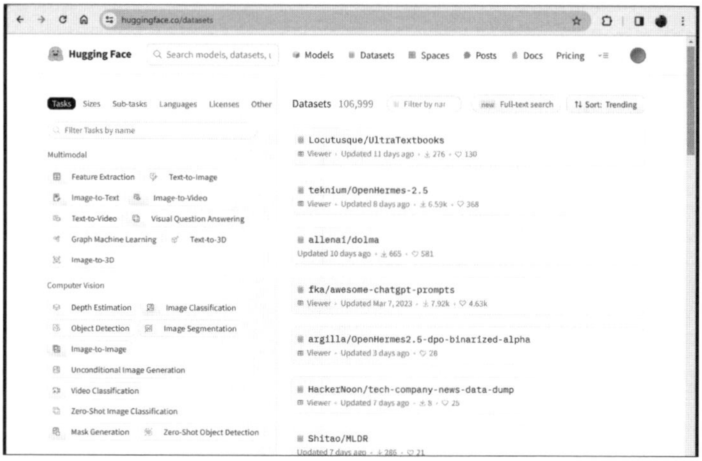

図4-20:「Datasets」の画面。左側にフィルターの設定があり、右側に検索されたデータセットの一覧が表示される。

データセットの画面

表示されているモデルをクリックすると、そのモデルの詳細表示のページに移動します。この画面も、モデルの詳細表示ページに似ています。デフォルトでは「Dataset card」という表示になっており、ページのタイトル下あたりに見える「Dataset card」「Viewer」「Files」「Community」といったリンクで表示を切り替えます。

「Dataset card」は、データセットの内容をコンパクトにまとめて表示するものです。ビューワによるデータセットのプレビュー表示や、データセットの使い方やサンプルコードなどがまとめられています。ここをざっと見れば、そのデータセットがどういうものかだいたい把握できるでしょう。

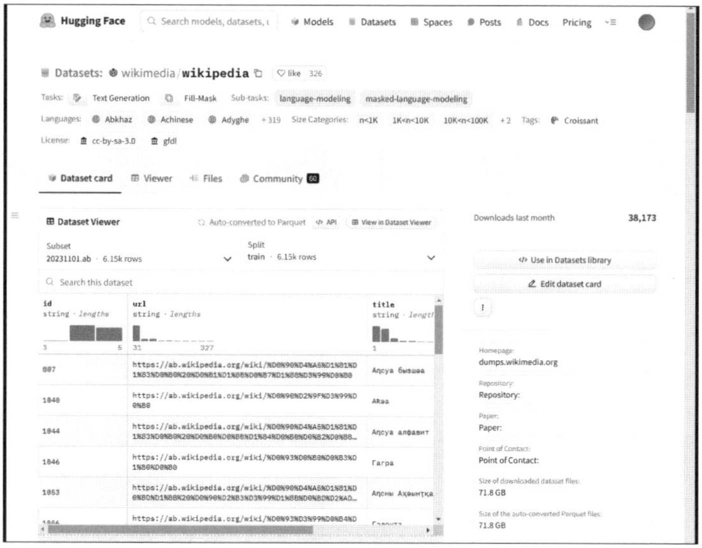

図4-21:データセットの「Dataset card」の画面。ビューワによるデータのプレビューや使い方などがまとめてある。

「Viewer」について

「Dataset card」の隣りにある「Viewer」は、データセットの内容を表示するものです。これは「Dataset card」にあったデータのプレビュー画面を全面に表示したものです。ここで、データの内容を見ることができます。

データセットの多くは、膨大なデータを持っています。例えばWikipediaのデータセットはデータ数で百万以上あり、ファイルサイズは十数GBにもなります。「Viewer」でデータの内容を見ることはできますが、これだけ膨大なデータになると「見て調べる」というのは限界があるでしょう。「どういう内容なのかざっと調べる」程度の使い方をするものと割り切って考えるといいかもしれません。

図4-22:「Viewer」はデータの内容をテーブル形式で表示する。

その他の「Files」「Community」といった表示は、基本的に「Models」ハブにあったものとそう違いはありません。それぞれファイルの表示とフォーラムの投稿表示がまとめられています。

「Spaces」について

自分のプログラムからオープンソースのモデルを利用する、ということを考えてAIプラットフォームを検討している人にとってはやや異質な感じのするサービスが「Spaces」でしょう。これは、オープンソースモデルを利用したアプリケーションを公開するサービスです。上部に見える「Spaces」をクリックすると、Spacesのページに移動します。

ここでは、最近のトレンドとなっているアプリがズラッと表示されます。上部に検索のためのフィルターフィールドがあり、そこでアプリを検索することもできます。

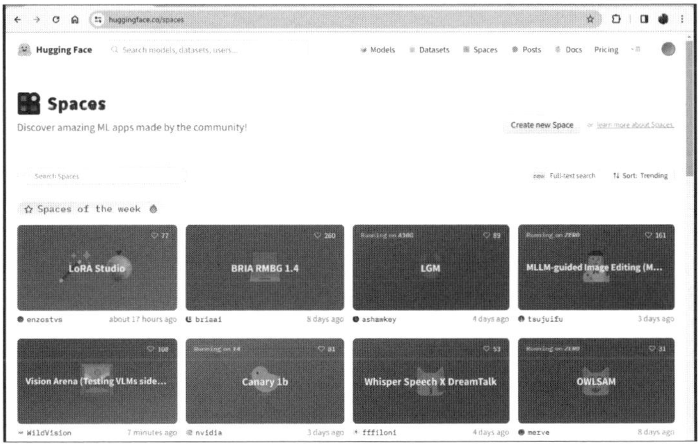

図4-23:「Spaces」の画面。アプリのパネルがずらっと表示される。

アプリのページ

アプリの一覧リストから使ってみたいアプリを探してクリックすると、そのアプリを開きます。アプリはシンプルなUIで操作をするようになっています。ただし、アプリごとに表示はまったく違うので、ここで「こう操作します」と説明することはできません。興味あるアプリが見つかったら実際に開いて試してみましょう。

この「Spaces」には、企業が開発した本格的なアプリもあれば、個人が試しに作ってみたようなシンプルなものもあります。アプリは誰でも作ることができます。「Spaces」のページにある「Create new space」ボタンをクリックして必要な情報を入力するだけでスペースを作成し、そこにアプリを配置することができます。

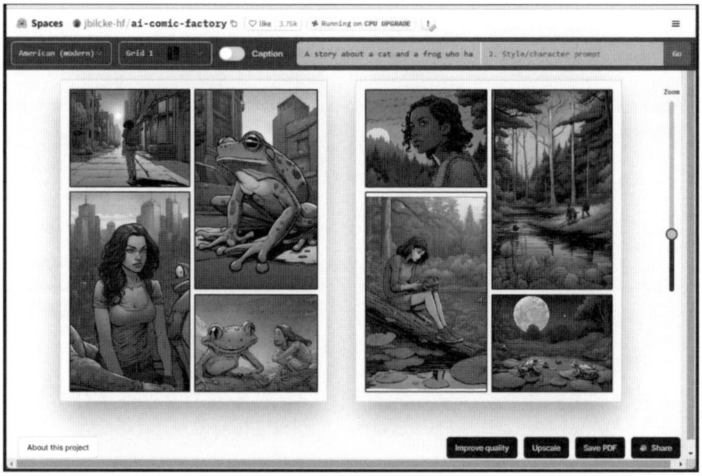

図4-24：「AI Comic Factory」アプリを開いたところ。プロンプトから見開きのコミックを自動生成する。

Hugging Faceのサイトは「開発を補助する」もの

以上、Hugging Faceの主なページを簡単に説明しました。Hugging Faceを利用するとき、最もよく利用するのはハブ(「Models」ハブ)であり、それ以外のサービスはそれほど利用しないでしょう。ある程度モデルを利用した開発ができるようになってきたら、「Spaces」でアプリの作成と公開なども考えるかもしれません。しかし、それは当分先のことでしょう。

Hugging Faceにあるハブは、基本的にモデルやデータセットを調べるためのものであり、これ自体を使ってプログラムを作成することはありません。Hugging Faceのハブにプログラミング機能はありません。開発そのものは別で行うのです。ハブはあくまで「モデルを調べるためのもの」です。

Hugging Faceには膨大な数のモデルがあり、それらを自由に使うことができます。しかし、「モデルを使ったプログラムを作成する」のは、自分の開発環境です。本書ならば、ColabでHugging Faceのモデルを利用することになるでしょう。実際のコーディングにHugging Faceを利用することはありません。あくまで「調べるためのもの」なのです。

ハブを使って、自分が利用したいモデルを的確に調べられるようになったら、Hugging Faceのサイトの使い方は十分わかったと言っていいでしょう。重要なのは、探したモデルを自分のプログラムからどう利用するか、なのですから。

Chapter 4

4.2. HTTPSでモデルにアクセスする

モデル利用の方法

では、実際にHugging Faceのモデルを利用してみることにしましょう。モデルの利用にはいくつかの方法があります。これはモデルによっても違いがあります。すべての方法に対応しているものもあれば、特定の方法しか使えないものもあります。

では、利用可能な方法を簡単に整理しておきましょう。

●エンドポイントにアクセスする

モデルによっては、エンドポイントと呼ばれるものを作成しているものもあります。エンドポイントは、そのモデルを公開しているURLです。エンドポイントを用意しているモデルでは、指定のURLにアクセスすることでプロンプトを送り、応答を取得できます。

このようなものは、curlコマンドを使ってアクセスをしたり、Pythonのrequestsライブラリを利用してアクセスすることができます。専用のクラスや関数などを覚える必要もなく、ごく一般的なネットワークアクセスのやりかたでモデルを使えます。

●Transformersライブラリを使う

これは、公開されているほぼすべてのモデルで利用可能です。Hugging Faceがリリースしているライブラリを使えば、どのようなモデルにもアクセスができます。これが正規の方法と言えます。ただし、利用のためにはTransformersの使い方をきちんと学習する必要があります。

もし、使用するモデルがエンドポイントを公開しているのであれば、とりあえずrequestsなどを使って試してみてもいいでしょう。それで十分使えるかもしれないのですから。

使いたいモデルがエンドポイントを持っていなかったら、あるいはある程度Hugging Faceに慣れてきて本格的にモデルを利用しようと思ったら、Transformersの使い方を学習していくようにしましょう。

アクセストークンを用意する

エンドポイントを使ってアクセスするには、まず自身のアカウント用のアクセストークンを用意する必要があります。これは、「誰がアクセスしているのか」を識別するためのものです。

Hugging Faceの右上にあるアカウントのアイコンをクリックし、現れたメニューから「Settings」を選んで下さい。

アカウントの設定画面が開かれます。左側には、設定の各項目がリスト表示されているでしょう。ここから項目を選択すると、その表示に切り替わります。

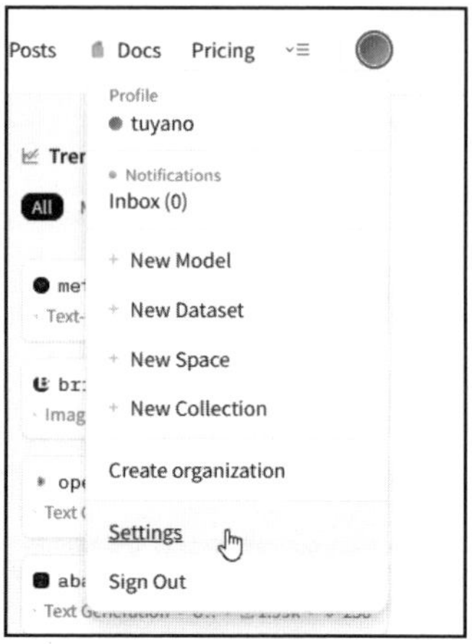

図4-25：アカウントのアイコンをクリックし、「Settings」メニューを選ぶ。

デフォルトでは「Profile」という項目が選択されており、プロフィール関係が入力されるようになっています。

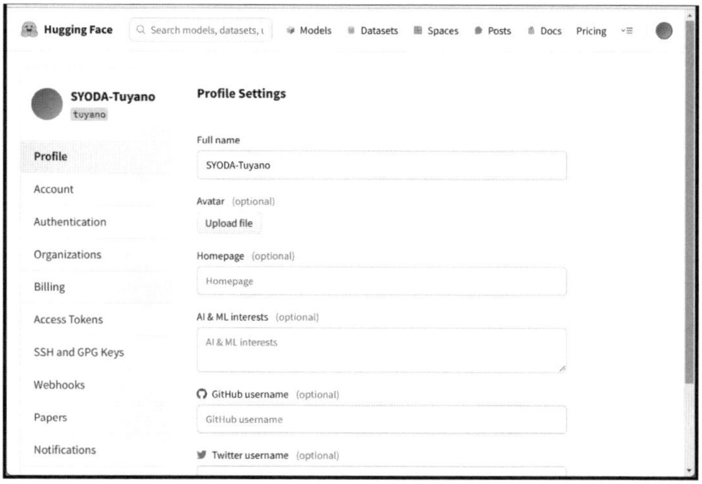

図4-26：アカウントの設定画面。デフォルトでは「Profile」が選択されている。

左側の項目から「Access Tokens」をクリックして下さい。アクセストークンの管理画面に移動します。初期状態では、まだトークンは作成されていないため、何も表示はされていないでしょう。ここでアクセストークンを作成し、その値を利用します。

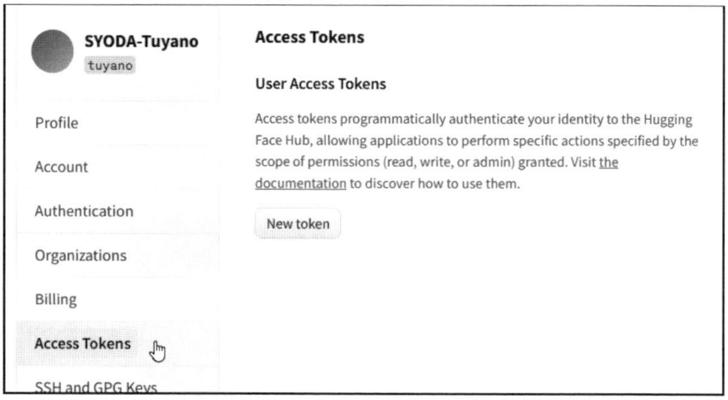

図4-27：「Access Tokens」を選択する。

トークンを作成する

では、「New Token」ボタンをクリックして下さい。画面に、トークン作成のためのパネルが現れます。ここで以下の項目を設定します。

Name	トークンの名前です。用途などがわかるような名前を付けておきましょう。
Role	アクセスの役割を指定します。「Read」「Write」があります。「Read」を選んでおきましょう。

これらを入力し「Generate a token」ボタンをクリックすると、トークンが作成されます。

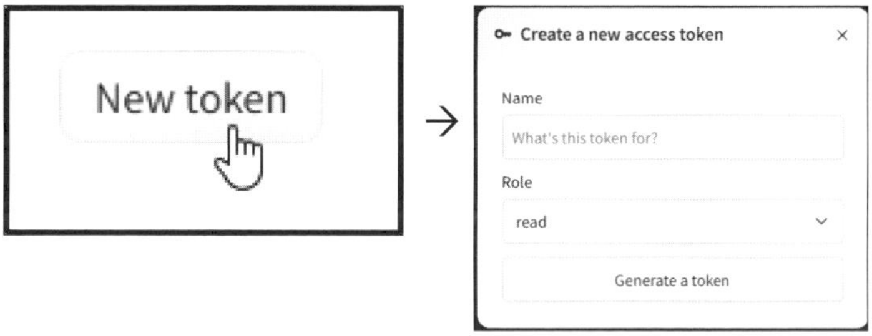

図4-28:「New token」ボタンをクリックし、現れたパネルでトークンの名前とロールを指定する。

パネルが消え、作成されたトークンが表示されます。トークンは右側の「Show」リンクをクリックすると表示されます。また右端のアイコンをクリックすると、トークンの値をクリップボードにコピーします。

作成したトークンは、どこかにペーストして保管しておきましょう。他人に見られないように注意して下さい。

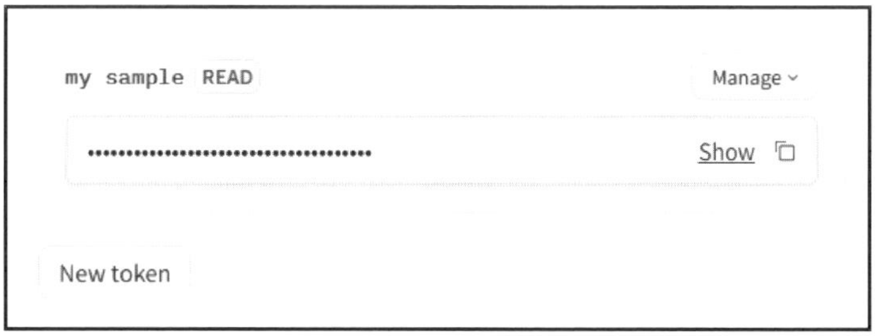

図4-29:作成されたトークン。

curlからモデルにアクセスする

では、エンドポイントのURLを使ってモデルにアクセスをしてみましょう。まずは、テキスト生成モデルの最も基本とも言える「GPT-2」を使ってみます。これは、ChatGPTを開発するOpenAIが作成したGPTのオープンソースモデルです。GPTは「Generative Pre-trained Transformer」の略で、事前に学習データで訓練されたトランスフォーマーモデルです。

GPT-2を開発した後、OpenAIはモデルをオープンソースからクローズドなモデルに方針を変更し、プロプライエタリなモデル開発に移行したため、これ以降のモデルはオープンソースとしてはありません。けれどGPT-2は、トランスフォーマーモデルの基本として現在でもオープンソースの世界では広く利用されています。GPT-2はエンドポイントも用意されており、誰でもURLにアクセスして利用できるようになっています。

Hugging Faceのモデルのエントリーポイントは以下のようになっています。

```
https://api-inference.huggingface.co/models/組織名/モデル名
```

モデルの名前は組織団体名とモデル名で構成されています。例えばGPT-2ならばopenai-communityという組織により、gpt2という名前でモデルが公開されています。したがって、GPT-2のエントリーポイントは以下のようになります。

```
https://api-inference.huggingface.co/models/openai-community/gpt2
```

ここにPOSTアクセスすることで、モデルにプロンプトを送信し応答を得ることができるというわけです。

curlについて

ここでは、最も簡単に指定URLにPOSTアクセスできるものとして「curl」を利用してみます。curlはネットワーク経由でコンテンツなどをダウンロードするコマンドです。これは、ターミナルなどのコマンドが実行できる環境から以下のように実行します。

```
curl [オプション] 《URL》
```

主なオプション

-H	"ヘッダー情報"
-d	"ボディコンテンツ"

curlの最も簡単な使い方は、curlの後にURLを指定してアクセスするだけです。ただし、URLの前に必要に応じてオプションを指定できるようになっており、Hugging Faceなどにアクセスする場合はここに必要な情報をオプションとして用意しておきます。

エンドポイントへのアクセスに必要なオプションは以下のようになります。

-H	"Authorization: Bearer《アクセストークン》"
-H	"Content-Type: application/json"
-d	'{"inputs": "《プロンプト》"}'

-Hはヘッダー情報を追加するものです。ここにはまず「Authorization」という値を用意します。これは、認証情報を送るのに使うものです。エンドポイントにアクセスする場合、ここに「Bearer ○○」という形でアクセストークンを指定します。このBearerというのはOAuth 2.0による認証情報を示すもので、必ず付ける必要があります。

もう1つのヘッダー情報は、"Content-Type: application/json"です。これにより、JSONデータとしてコンテンツを送信することを示します。

POSTで送信する場合は、この他にボディコンテンツが必要です。POSTというのは基本的に何らかの情報を相手側に送信するのに使われます。この送信する情報を用意する場所がボディコンテンツです。ここでは、送信情報はJSONデータとしてまとめる必要があります。必ず用意するのは「input」で、ここに送信するプロンプトのテキストを用意します。他、パラメータ情報などもここに用意できますが、今回は省略します。

curlからGPT-2を利用する

では、実際にGPT-2にアクセスをしてみましょう。curlはターミナルなどのコマンドプロンプトから実行できますが、実は、これまで利用してきたColabから使うこともできます。先にPythonのパッケージをインストールする際、「!pip install」というコマンドを使いましたね？　あれと同様に「!curl ～」と記述してセルを実行すれば、curlコマンドを実行することができます。

では、やってみましょう。新しいセルを作成し、以下を記述して下さい。なお、《アクセストークン》のところには、それぞれのアクセストークンの値を指定して下さい。

▼リスト4-1

```
!curl \
  -H "Authorization: Bearer 《アクセストークン》" \
  -H "Content-Type: application/json" \
  -d '{"inputs": "こんにちは。"}' \
  https://api-inference.huggingface.co/models/openai-community/gpt2
```

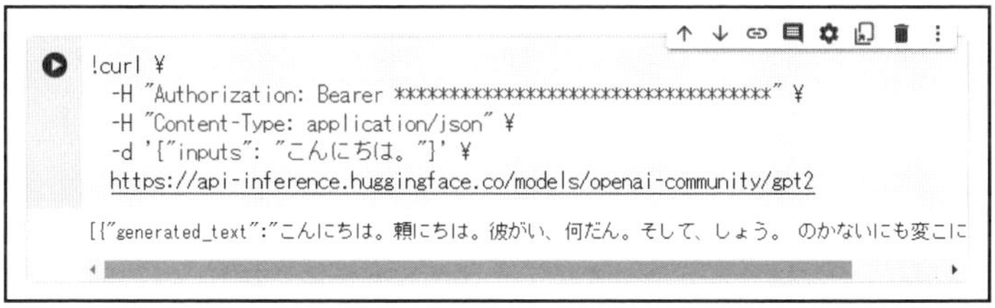

図4-30：curlを実行すると、応答が返ってきた。

これを実行すると、GPT-2にアクセスしてプロンプトを送り、その応答を取得して表示します。ここではボディコンテンツに以下のように値を用意してあります。

```
{"inputs": "こんにちは。"}
```

これで、「こんにちは。」というプロンプトに続く応答が得られるようになります。ただし、このGPT-2の日本語能力はかなり低く、おそらく以下のようなわけのわからないテキストが返されたことでしょう。

```
[{"generated_text":"こんにちは。頼にちは。彼がい、何だん。そして、しょう。 のかないにも変こにもなって"}]
```

GPT-2の日本語の実力は、まぁこの程度です。まともに会話できるようになるのは、GPT-3以降でしょう。

返される値は、[]という配列(Pythonのリスト)の中に値のオブジェクトが記述された形になっています。このオブジェクトには"generated_text"という項目が用意され、ここに応答のテキストが渡されます。この値を取り出して利用すればいいのです。

モデルが返すエラー

もう少し日本語がまともに使えるモデルはないのか？　といろいろ探して試してみた人もいるかもしれません。その場合、多くはエラーメッセージが返ってきたのではないでしょうか。

エンドポイントへのアクセスでモデルを利用する場合、さまざまな理由でエラーが返されます。よく見られるエラーについて簡単に説明しておきましょう。

▼モデルが存在しない

```
{"error":"Model xxx/zzz does not exist"}
```

指定したモデルが見つからない場合です。組織名またはモデル名が間違っているのが原因です。これらの名前を再確認して下さい。

▼モデルが大きすぎて起動できない

```
{'error': 'The model xxx/zzz is too large to be loaded automatically (??GB >
10GB). Please use Spaces (https://huggingface.co/spaces) or Inference Endpoints
(https://huggingface.co/inference-endpoints).'}
```

エンドポイントを使うには、モデルをクラウド側のハードウェアで起動する必要があります。しかし、モデルのサイズが10GBを超えると起動に失敗します。これは、モデルの作者側が何らかの対応をしない限り動かせません。

▼起動中

```
{"error":"Model xxx/zzz is currently loading","estimated_time":???}
```

これはエラーメッセージの中で唯一、モデルが使える可能性のあるものです。これはモデルが起動中なので応答できないことを示します。estimated_timeで指定された時間（秒数）だけ待ってから再度アクセスしてみましょう。おそらく今度はアクセスできるようになっているはずです。

requestsを使ってアクセスする

curlはコマンドですからターミナルなどから実行できますし、多くのプログラミング言語にあるコマンド実行の命令や関数などを利用することで、プログラムの内部から呼び出すこともできるでしょう。curlさえ使えれば、エンドポイントが使えるモデルへのアクセスは確保できます。

curlでアクセスの基本がわかりましたから、プログラミング言語から同様にしてエンドポイントにアクセスしてみましょう。Pythonには「requests」というパッケージが用意されています。これを利用することでcurlと同様にエンドポイントのURLにアクセスし、応答を得ることができます。

requests利用のコードを用意する

では、実際に試してみましょう。まず新しいセルを用意し、以下のコードを記述して実行しましょう。

▼リスト4-2

```
import requests
```

```
ACCESS_TOKEN = "《アクセストークン》"
API_BASE = "https://api-inference.huggingface.co/models"
API_URL = f"{API_BASE}/openai-community/gpt2"

headers = {
  "Authorization": f"Bearer {ACCESS_TOKEN}",
  "Content-Type": "application/json"
}

def query(payload):
  response = requests.post(
    API_URL,
    headers=headers,
    json=payload)
  return response.json()
```

これで、ACCESS_TOKENという変数にアクセストークンが代入されました。以後は、この変数を使ってアクセストークンを指定していきます。API_URLはエンドポイントのURLで、必要に応じて書き換えながら利用することにします。

その後に、headersという変数を用意しています。これは、送信するヘッダー情報を辞書にまとめたものです。AuthorizationとContent-Typeの値を用意してあります。

その後に定義されている「query」という関数が、requestsを使ってエンドポイントにアクセスするためのものです。ここではrequests.postを呼び出していますね。ここでURO、headers、jsonといった引数に値を指定して呼び出しています。

jsonは、値として指定した値をJSONデータとしてbodyコンテンツに送信するものです。エンドポイントではbodyコンテンツはJSONデータで送りますから、jsonに値を指定します。この値はJSONのテキストを指定する必要はなく、Pythonの辞書オブジェクトを渡せばそれを使って自動的にJSONデータを生成し設定してくれます。

これでPOST送信したら、戻り値からresponse.json()というようにして値を取り出します。このjsonメソッドは戻り値のコンテンツをJSONデータとして解析し、Pythonのオブジェクト（辞書）に変換して返すものです。したがって、この値をreturnすれば、後はそこから必要な値を取り出して利用できるようになります。

GPT-2にPythonからアクセスする

では、実際にモデルにアクセスしましょう。先のcurlと同様、GPT-2にアクセスしてみることにします。新しいセルに以下のコードを記述して下さい。

▼リスト4-3

```
prompt = "" # @param {type:"string"}

API_URL = f"{API_BASE}/openai-community/gpt2" #設定済みなので省略可

output = query({
  "inputs": prompt
})
output[0]["generated_text"]
```

これを記述すると、セルにpromptというフォーム項目が追加されます。ここにプロンプトを記述してセルを実行して下さい。GPT-2にアクセスし、応答が表示されます。

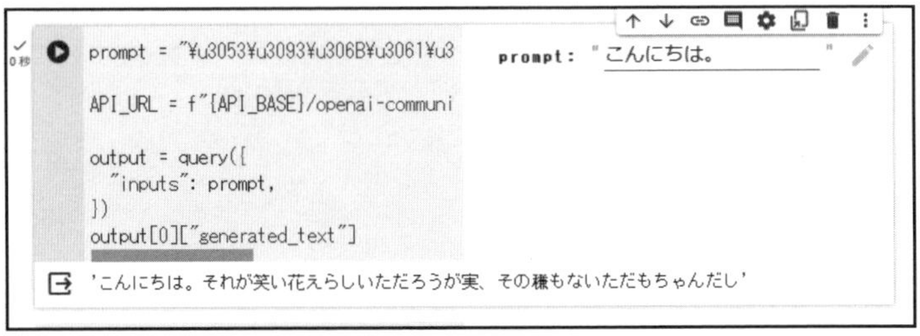

図4-31：プロンプトを書いて送信すると応答が表示される。

ここでは先ほど定義したquery関数に、{"inputs": prompt}というように引数を指定して呼び出しています。これがボディコンテンツとしてモデルに送られるのですね。そして、受け取った値からインデックスゼロにあるgenerated_textの値を取り出して表示をしています。curlで行ったモデルとのやり取りをよく思い出せば、ここでのやり取りについても理解できるでしょう。

rinna/japanese-gpt2を利用しよう

では、エンドポイントを使った基本的な方法がわかったところで、GPT-2以外のモデルも使ってみることにしましょう。

GPT-2は、英語ベースではそこそこ使えるモデルですが、日本語になると途端にわけのわからないことを喋りだします。日本語が使えるオープンソースのモデルはないのか？　と思った人も多いでしょう。

もちろん、オープンソースでも日本語をある程度理解できるモデルはあります。ここでは、rinna株式会社（Hugging Faceの組織名「rinna」）が開発する「japanese-gpt2」というモデルを使ってみましょう。

これは、GPT-2をベースに日本語の自然言語研究で広く利用されているcc-100というデータセットと日本語ウィキペディアを使って訓練したモデルです。モデル自体はGPT-2と同程度ですが、日本語能力に関しては飛躍的に向上しています。

japanese-gpt2は2021年に作られたモデルであり、その後、日本語対応のモデルは多数登場しています。しかし、このモデルは「小さくてもちゃんと動く」ため、日本語を使ったモデルのチェックに最適です（日本語のモデルは非常に巨大になりがちで、エンドポイントやColabで利用できないことが多いのです）。japanese-gpt2は学習規模によって、xsmall、small、mediumの3種類が用意されています。

では、先ほどのセルを以下のように書き換えてみましょう。

▼リスト4-4

```
prompt = "" # @param {type:"string"}

API_URL = f"{API_BASE}/rinna/japanese-gpt2-medium"

output = query({
  "inputs": prompt
})
output[0]["generated_text"]
```

プロンプトを書いてこれを実行すると、日本語の応答が返ります。先ほどのGPT-2よりはだいぶなめらかな日本語になっているでしょう。ただし、話す内容はけっこういい加減で、何かを尋ねても正しい答えが返ってくることはほとんどありません。それでも「日本語で会話できる」という点ではしっかり動いている感じがしますね。

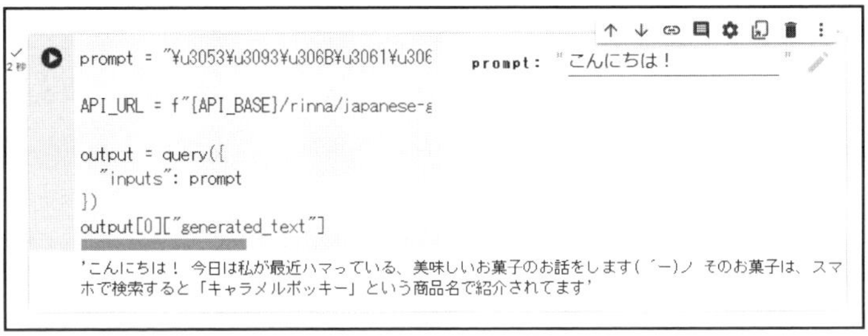

図4-32：実行すると返事が日本語で出力される。

ここでは、API_URLを以下のように修正しています。

```
API_URL = f"{API_BASE}/rinna/japanese-gpt2-medium"
```

このように、{API_BASE}の後にモデルの組織名とモデル名を記述すれば、そのモデルが使われるようになります。URLだけで使用するモデルを簡単に変更できるのですね！

実際に試してみると、エラーが発生することもあるでしょう。これは、モデルが実行されていない（起動中）のためであることが多いようです。しばらくしてから再度実行すると、問題なく応答が得られるでしょう。

使えるモデルは限定的

以上、エンドポイントにアクセスしてモデルを利用する方法を説明しました。この方法は専用のライブラリなども必要とせず、簡単にモデルにアクセスできます。ただし、10GB以下の小さいモデルしか使えないため、特に日本語対応のモデルでは利用できないことが多いでしょう。

この方式は、「ちょっとモデルを試す」というためのものと考えたほうがいいでしょう。これで本格的なAI利用のプログラムを作成することもできるでしょうが、モデルの機能をフルに活かしたプログラムを作成するには、Transformersライブラリを使うべきです。

Chapter
4

4.3.

Transformersでモデルにアクセスする

Transformersを用意する

エンドポイントの方式は、一部の比較的小さいモデルを利用するには便利ですが、本格的に作り込んだモデルはほとんど使えません。もっと幅広くモデルを利用するためには、Hugging Faceがリリースする「Transformers」ライブラリを利用する必要があるでしょう。

Transformers は、Hugging Faceが提供する事前学習済みモデルを簡単にダウンロードしてトレーニングするためのAPIとツールを提供します。これはpip installコマンドで簡単にインストールできます。

では新しいセルを用意し、以下を記述して実行しましょう。これで、transformersライブラリがインストールされます。

▼リスト4-5

```
!pip install transformers --q -U
```

パイプラインの利用

Transformersには、モデルを利用するための機能がいくつか用意されています。まずは、最もシンプルで使いやすい「パイプライン」から利用しましょう。

パイプラインはHugging Faceで公開されているモデルとさまざまなタスクによる処理を連結し、自動化する仕組みです。と言うと難しそうですが、要するに「このタスクを実行したい」というパイプラインを作れば、内部でどういう作業をしているかなど考えずに指定のタスクを実行できるようになる、というものなのです。

ここまでLLMによるプロンプトの送信と応答しか使った経験がない場合、「タスクの実行」といってもピンとこないかもしれません。「ただプロンプトを送るだけでしょ？」と不思議に思ったことでしょう。

しかし、これまでAIの研究では、さまざまなタスクごとにモデルが設計されて使われてきたのです。例えば「翻訳」のタスク、「要約」のタスク、「クラス分け」のタスク、というような具合です。こうして用意されたタスクに最適化されたモデルを使い、さまざまなプロンプトを処理していたのですね。

LLMになり、こうしたさまざまなタスクをひとまとめにして扱えるようになりました。しかし、内部的にはこうした「タスクごとの処理」は機能しています。例えば、「〇〇を英語に翻訳して」とプロンプトを送ればLLMはそのテキストを解釈し、翻訳タスクを実行してテキストを英語にしているのです。

こうしたさまざまなタスクと、それらのタスクのためのモデルをつなぎ合わせ、すぐに作業を実行できるような仕組みを提供するのがパイプラインです。これは、昔作られた翻訳や要約などの特定タスク用のモデルだけでなく、現在のLLMにおいても用いられます。

パイプラインの基本

では、パイプラインの基本的な使い方を説明しましょう。パイプラインは、Transformersに用意されている「pipeline」という関数を使って作成します。事前に以下のような形でimport文を用意しておきましょう。

```
from transformers import pipeline
```

このpipeline関数の使い方は、非常にシンプルです。引数に、作成したいパイプラインのタスクをテキストで指定します。

```
変数 = pipline( タスク )
```

これで、指定のタスクを実行するためのパイプラインが作成されます。具体的に言うと、特定のタスク用に用意されたPipelineクラスのインスタンスが渡されるのです。Transformersには、多数のPipelineクラスが用意されています。pipeline関数で、そのタスクに最適なPipelineインスタンスが作成されるようになっているのですね。

パイプラインの実行

では、作成されたパイプラインはどのように使うのでしょうか。これも非常に簡単です。引数にプロンプトを指定して呼び出すだけです。

```
変数 = パイプライン( プロンプト )
```

pipelineで作成したPipelineインスタンスをそのまま関数として呼び出すと、指定のタスクでプロンプトを処理した結果が返されます。返される応答はrequestsなどの応答と同様に、辞書オブジェクトになっています。ここから必要な値を取り出して利用するだけです。

テキスト生成タスクを実行する

では、実際にパイプラインを利用してみましょう。まずは、ここまでやってきたテキスト生成のタスクのためのパイプラインを作成します。

新しいセルを作成し、以下のように記述し実行して下さい。

▼リスト4-6

```
from transformers import pipeline

pipe = pipeline("text-generation")
```

これを実行すると、"text-generation"タスクのためのモデルが自動的に選択され、ダウンロードされます。おそらく、GPT-2がインストールされるでしょう。ダウンロードに時間がかかりますが、セルの下にファイルダウンロードの進行状況がリアルタイムに表示されるので、作業状況がよくわかります。

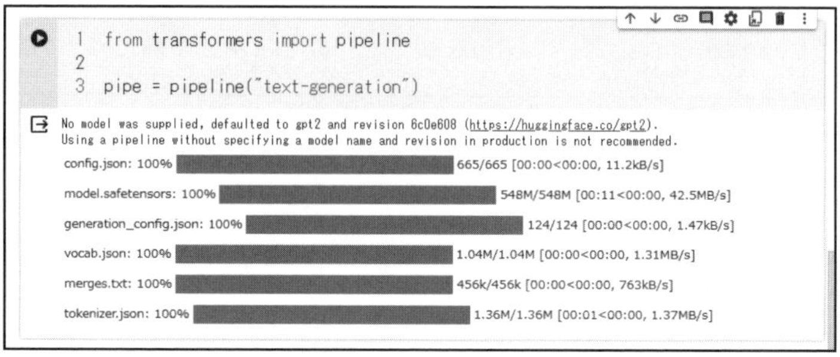

図4-33："text-generation"のパイプラインを作成する。

C O L U M N

Transformers はローカルでモデルを動かす

実際にパイプラインを作成して気がついたでしょうが、pipeline を実行すると、Hugging Face からモデルのファイルをダウンロードし、ローカルストレージに保存します。Transformers は、このモデルファイルを使って処理を行います。つまり、Transformers はローカル環境でモデルを実行するのです。このため、実行速度などは利用する PC のハードウェアに依存します。またモデルによっては、GPU やメモリなどがないと動作しないものもあるので注意が必要です。
Colab を利用している場合、クラウドにあるランタイム環境にファイルをダウンロードして実行します。したがって、ローカル環境のディスクスペースを消費することはありません。

プロンプトを実行する

では、作成されたパイプラインを使ってテキスト生成タスクを実行してみましょう。新しいセルに以下を記述して下さい。タスクの実行は、作成したPipelineを関数として呼び出して行います。引数にプロンプトを指定して実行すれば、モデルによる推論が実行され結果が出力されます。では、やってみましょう。

▼リスト4-7

```
prompt = "" # @param {type:"string"}
pipe(prompt)
```

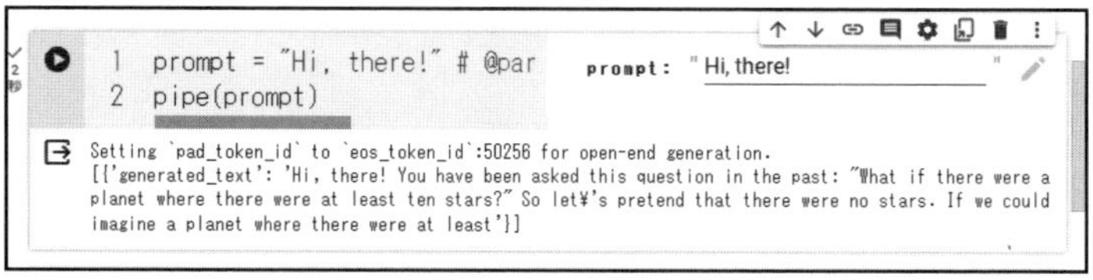

図4-34：プロンプトを記入し、セルを実行すると応答が返る。

ヤルに表示されるフォーム項目にプロンプトを記入して実行して下さい。これで、モデルからの応答が表示されます。例えば、以下のようなテキストが出力されるでしょう。

```
Setting `pad_token_id` to `eos_token_id`:番号 for open-end generation.
[{'generated_text': '……応答のテキスト……'}]
```

最初の「Setting ～」という文はパイプラインの実行時に出力されるもので、応答とは関係ありません。その下にあるのが応答として返されたものです。

よく見れば、requestsで返されたものと同じ構造になっていることがわかるでしょう。したがって、値の取り出し方も同じです。Hugging Faceからの応答は、どのような方式でアクセスしても基本的に同じなのです。

さまざまなタスクを試す

Hugging Faceの醍醐味は「さまざまなモデルがあり、どれでも試せる」ところにあります。パイプラインを使えば、テキスト生成以外のタスクも扱うことができます。どのようなタスクがあるのか、主なものをまとめておきましょう。

Text classification	特定のテキストシーケンスにラベルを割り当てる。 pipeline(task=“sentiment-analysis”)
Text generation	プロンプトでテキストを生成する。 pipeline(task=“text-generation”)
Summarization	一連のテキストまたはドキュメントの概要を生成する。 pipeline(task=“summarization”)
Image classification	画像にラベルを割り当てる。 pipeline(task=“image-classification”)
Image segmentation	画像の個々のピクセルにラベルを割り当てる。 pipeline(task=“image-segmentation”)
Object detection	イメージ内のオブジェクトの境界ボックスとクラスを予測する。 pipeline(task=“object-detection”)
Audio classification	一部のオーディオデータにラベルを割り当てる。 pipeline(task=“audio-classification”)
Automatic speech recognition	音声をテキストに書き起こす。 pipeline(task=“automatic-speech-recognition”)
Visual question answering	画像と質問が与えられて、画像に関する質問に答える。 pipeline(task=“vqa”)
Document question answering	ドキュメントと質問が与えられた場合、ドキュメントに関する質問に回答する。 pipeline(task=“document-question-answering”)
Image captioning	特定の画像のキャプションを生成する。 pipeline(task=“image-to-text”)

この他にもまだまだタスクはあります。見ればわかるようにテキスト関係だけでなく、画像や音声を利用するモデルもHugging Faceには用意されており、それらのタスクも整理されています。それぞれのタスクの働きがわかれば、さまざまな用途にモデルを利用できそうですね！

クラス分けタスクを使う

"text-generation"以外のタスクも使ってみましょう。例として、「クラス分け("text-classification")」を使ってみます。これは、テキストをいくつかのクラスに分類するものです。

新しいセルに以下を記述し、実行して下さい。

▼リスト4-8

```
pipe = pipeline("text-classification")
```

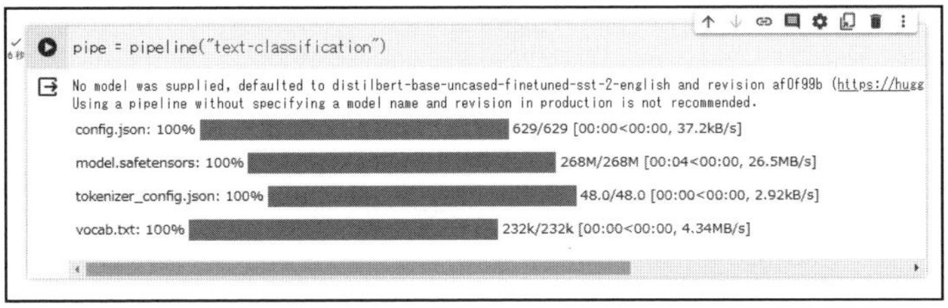

図4-35：テキストのクラス分けパイプラインを作成する。

このタスクでは、「distilbert-base-uncased-finetuned-sst-2-english」というモデルがインストールされました。必ずしもこのモデルが使われるわけではなく、状況によっては別のものがインストールされることもあります。

では、リスト4-7のセルに移動し、セルに表示されるフォーム項目に適当に文章を記述しましょう（ただし、英語で！）。そしてセルを実行して下さい。モデルによる推論が行われ、その文章がポジティブかネガティブかを判定します。おそらく、セルの下には以下のような値が表示されたはずです。

```
[{'label': 'POSITIVE', 'score': 0.9998743534088135}]
```

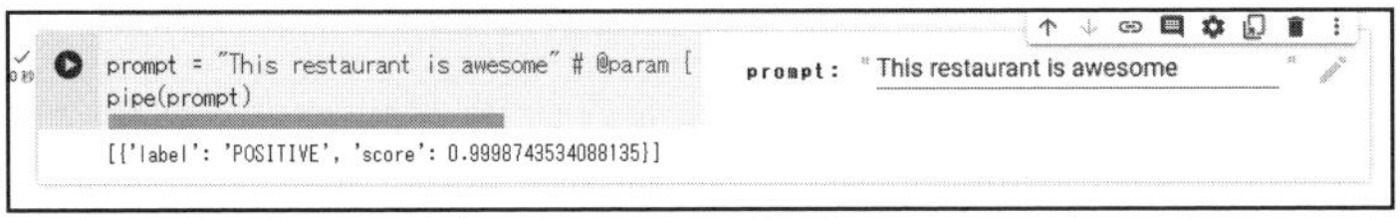

図4-36：テキストをポジティブかネガティブか判定する。

「label」には、判定されたラベルが用意されます。このモデルでは、「POSITIVE」「NEGATIVE」のいずれかになります。そして、「score」には判定基準となった値（ネガティブをゼロ、ポジティブを1としたときの値）が用意されています。この値が0.5以上ならばポジティブに、それ以下だとネガティブに判定されるのがわかるでしょう。

このように、"text-classification"のモデルの戻り値は、テキスト生成とはだいぶ違います。タスクによって、このように得られる値は変わってきます。

翻訳タスクを使う

別のタスクも使ってみましょう。今度は「翻訳」のタスクを利用します。翻訳のタスクは、"translation_xx_to_yy"といった名前になります。このxxとyyに、翻訳する言語の略号が指定されます。

では、例として英語をフランス語に翻訳するタスクを作成してみましょう。以下のコードをセルに書いて実行して下さい。

▼リスト4-9

```
pipe = pipeline("translation_en_to_fr")
```

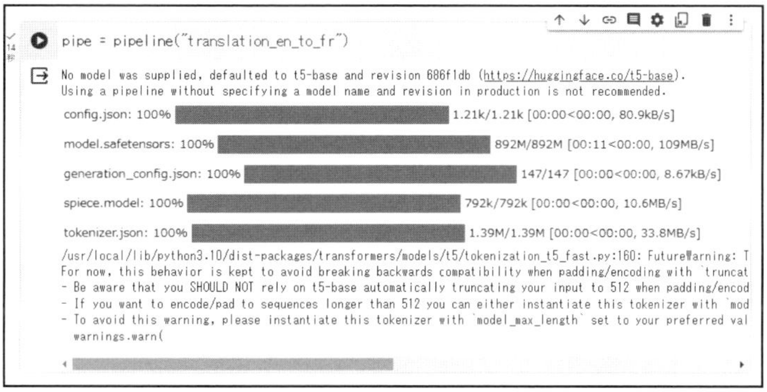

図4-37：実行すると英語からフランス語への翻訳タスクのモデルがダウンロードされる。

これを実行すると、英文をフランス語に翻訳するタスクのモデルがダウンロードされます。おそらく、Googleが開発した「t5-base」というモデルがインストールされるでしょう（別のモデルが使われることもあります）。

パイプラインが作成されたら、リスト4-7のセルに移動して英語のテキストを記入し、セルを実行して下さい。入力した英文がフランス語に翻訳されて表示されるのがわかるでしょう。

出力される値を見ると、結果は「translation_text」というところに保管されているのがわかります。これが、翻訳タスクの結果を入れておくところなのですね。

図4-38：実行すると英語がフランス語に翻訳される。

実際にいくつかのタスクを試してみると、タスクごとに戻り値の内容が微妙に変化はしますが、呼び出し方は一貫して同じことに気がつくでしょう。ただ、パイプライン作成時に指定するタスク名が変わるだけで、使い方はまったく同じなのです。

どんなタスクでも同じように利用できる、これがパイプライン利用の最大の利点と言えます。

モデルを指定してパイプラインを作る

パイプラインはタスクを指定するだけで、自動的に最適なモデルをダウンロードしてくれます。しかし、「このモデルを使いたい」というときもあるでしょう。このような場合のために、pipeline関数にはモデルを指定するオプションが用意されています。

```
pipeline( タスク , model= リポジトリ ID )
```

このようにmodelという引数を用意することで、指定のモデルを利用することができます。ただし、注意してほしいのは、指定したモデルがそのタスクに対応している必要がある、という点です。モデルの中には、特定のタスクに特化したものも多くあります。こうしたものでは、指定のタスク以外の作業はできません。

C O L U M N

リポジトリ ID とは?

pipeline では、model にモデルのリポジトリ ID を指定します。これはモデルごとに割り振られているもので、モデルを識別するための値です。「Models」のハブでモデルを表示すると、「組織名 / モデル名」という形で名前が表示されていますね？　これがリポジトリ ID です。例えば openai-community の gpt2 ならば、"openai-community/gpt2" というのがリポジトリ ID になります。この書き方は、前章の Replicate でもモデルの識別に使われていましたね。これはオープンソースのモデルを利用するプラットフォームでの標準的な書き方となっており、この後で説明する LiteLLM や OpenRouter、Together AI などでも使われています。ここで、リポジトリ ID によるモデルの指定に慣れておくとよいでしょう。

rinnaのモデルを指定する

では、モデルを指定してパイプラインを作成しましょう。ここでは、先に利用したrinnaのjapanese-gpt2モデルを使ってみます。以下のコードを記述し実行しましょう。

▼リスト4-10

```
pipe = pipeline("text-generation", model="rinna/japanese-gpt2-medium")
```

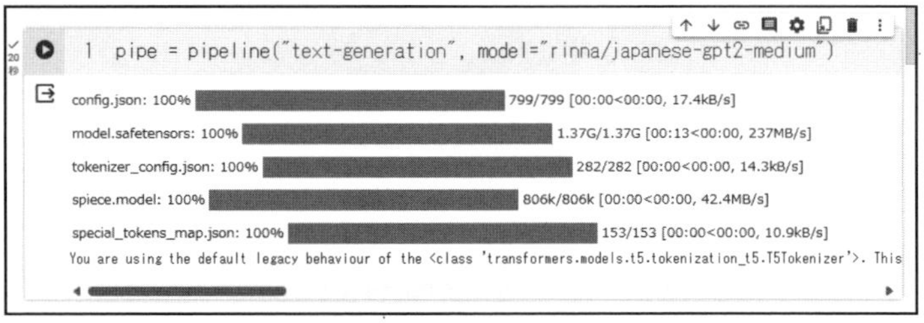

図4-39：rinna/japanese-gpt2-mediumを指定してパイプラインを作る。

テキスト生成モデルですから、タスクに"text-generation"を指定します。モデルのリポジトリIDは"rinna/japanese-gpt2-medium"を指定しておきます。これで、日本語を扱えるパイプラインが用意できました。

リスト4-7のセルで日本語のプロンプトを実行してみましょう。応答のテキストは相変わらず不思議ちゃんな内容ですが、ちゃんと日本語で返ってくるようになりました。

このように、modelを指定することで特定のモデルを利用してパイプラインを扱えるようになりました。

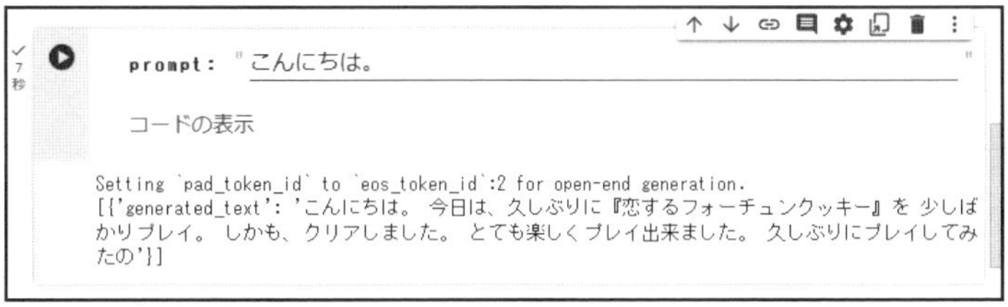

図4-40：日本語で応答が返るようになった。

特定タスクのモデルを探すには?

これで、タスクのモデルを指定してパイプラインを作る方法がわかりました。しかし、膨大な数のモデルから「このタスクで使えるモデル」を探すにはどうすればいいのでしょう。1つ1つ手作業で探すとしたら、途方に暮れてしまいますね。

このようなときこそ、ハブの出番です。Hugging Faceの「Models」ハブを開くと、左側にフィルターの項目がズラッと表示されましたね。この「Tasks」のところにあるのが、タスクの種類です。ここから特定のタスクを選択すれば、そのタスク用のモデルを表示することができます。

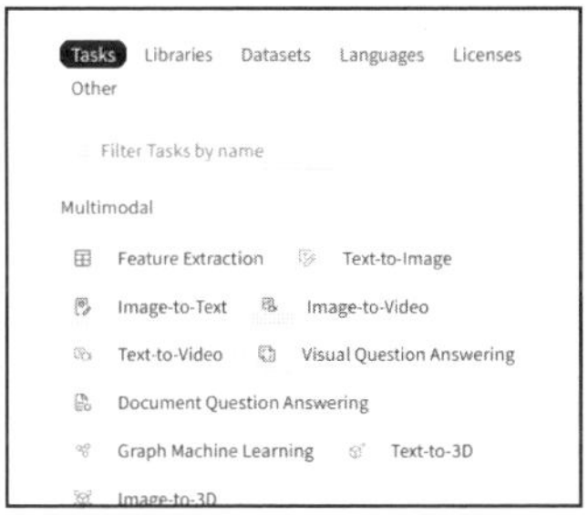

図4-41：「Models」ハブの「Tasks」にタスクの種類が表示される。

英日翻訳モデルを探す

では、ハブを使って「日本語→英語の翻訳タスク」のモデルを探してみましょう。「Models」ハブの「Tasks」から「Natural Language Processing」というところにある「Translation」をクリックして選択して下さい。これで、翻訳タスクのモデルが検索されます。

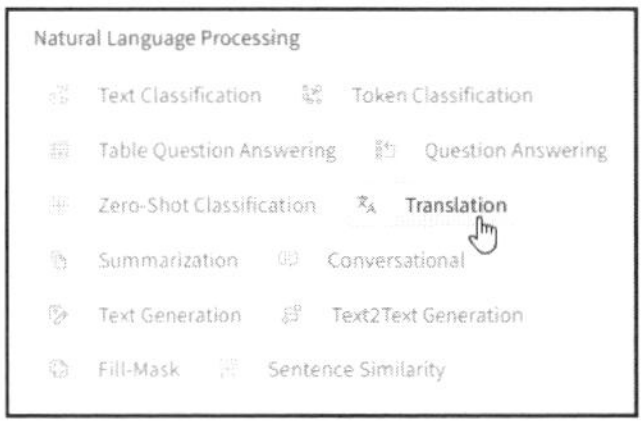

図4-42：「Tasks」から「Translation」を選択する。

翻訳モデルはたくさんありますが、日本語に対応しているものはどれでしょうか。これは、フィルターの上部にある「Languages」という項目でさらに絞り込めます。これを選択し、「Japanese」をクリックして下さい。これで、日本語に対応するモデルをさらに絞り込むことができます。

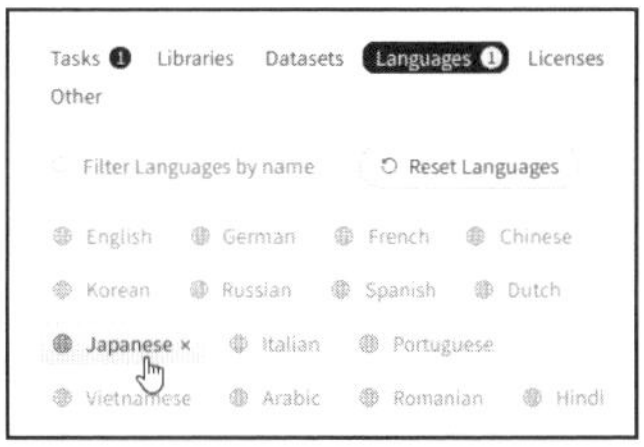

図4-43：「Languages」で日本語対応のモデルを検索する。

これで、右側に日本語の翻訳に対応したモデルが表示されました。この中から「facebook/mbart-large-50-many-to-many-mmt」というモデルを使うことにしましょう。これは、Facebook（現在のMeta）によるモデルです。BARTというFacebook AI Researchが開発したLLMをベースに50言語の相互翻訳のための訓練を施したもので、日本語にも対応しています。

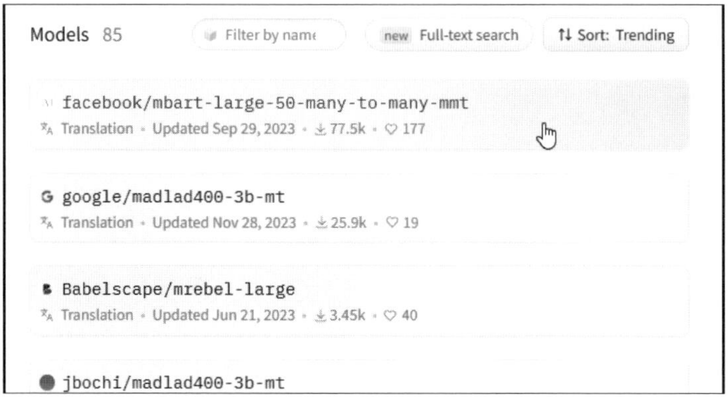

図4-44：検索された日本語対応の翻訳モデル。

モデルをクリックして開くと、上部にモデル名が表示され、その下に対応タスクやその他の対応項目の情報が表示されます。モデル名の右側にあるアイコンをクリックすると、組織名とモデル名をコピーできます。モデルを利用するときは、これを使ってモデル名をコピーし、パイプラインを作成すればいいでしょう。

図4-45：モデルの画面では、モデル名の下に対応タスクなどの表示がある。

翻訳モデルを使ってみる

モデルが見つかれば、後は同じです。指定したモデルのパイプラインを作成して利用するだけです。では、mbartを利用するパイプラインを作成するコードを用意しましょう。

▼リスト4-11

```
pipe = pipeline("translation_ja_to_en",
  model="facebook/mbart-large-50-many-to-many-mmt")
```

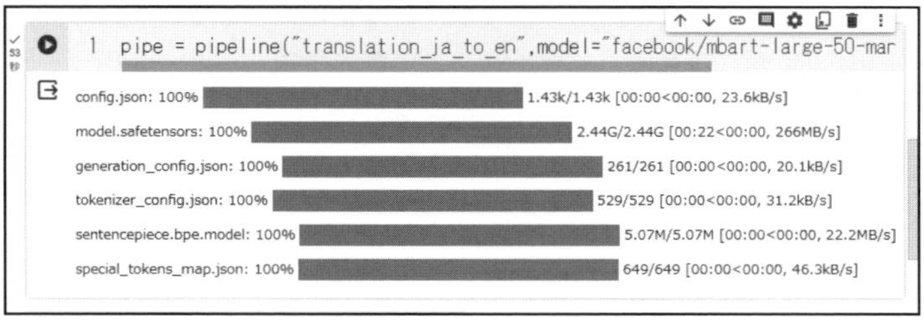

図4-46：モデルをダウンロードしてパイプラインを作る。

タスクには、"translation_ja_to_en"と指定をしておきます。翻訳のタスクは、translationの後に「どの言語からどの言語へ翻訳するか」を示すテキストが続きます。

モデルがダウンロードできたら、リスト4-7のセルで試してみましょう。日本語を書いて実行すると、英訳されたテキストが表示されます。

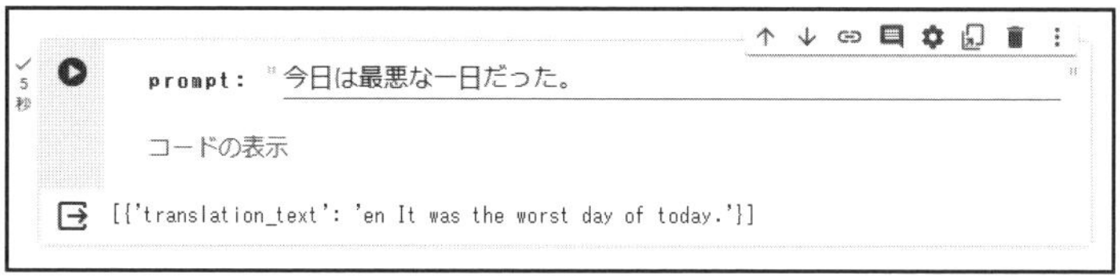

図4-47：日本語を書いて実行すると英訳が表示される。

パラメータを指定する

モデルには、モデルの動作を設定するためのさまざまなパラメータが用意されています。実行時にパラメータを指定することで、モデルの挙動（プロンプトの生成など）をより細かく制御することができます。

Hugging Faceに用意されるモデルにはさまざまなものがあり、モデルによって対応するパラメータも異なります。ですから、モデルを本格的に使いこなすためには、そのモデルに用意されているパラメータを調べて使う必要があるでしょう。ただし、多くのモデルに共通するパラメータもあります。主なパラメータについて簡単にまとめておきましょう。

max_length, max_new_tokens, min_length, min_new_tokens	生成される応答の長さに関するものです。max_length, max_new_tokensは最大長、min_length, min_new_tokensは最小長を指定するものです。
temperature	温度のパラメータです。応答の創造性に関するもので、値が大きくなるほど創造的（ランダム性が高い）な応答になります。
top_p	応答を生成する際、候補の上位から指定した%の中でトークンを選択します。値が小さくなるほどより上位のものだけから選ばれるようになります。
top_k	応答を生成する際、候補の上位から指定した個数をピックアップし、その中でトークンを選択します。数が多くなるほど候補が増えます。
repetition_penalty	繰り返しのペナルティです。同じトークンが繰り返し出てこないようにペナルティを課すものです。
num_return_sequences	作成されるシーケンス数。これを設定することで同時に複数の応答を生成できます。

この他にも多数のパラメータがありますが、上記のものだけでも頭に入れておけば生成プロンプトをある程度制御できるようになるでしょう。前章でReplicateの説明をした際にもこの種のパラメータは出てきましたが、名前が違っているものが多いことに気がついたのではないでしょうか。同じ役割を果たすパラメータでも、プラットフォームによって名前が変わることはよくあります。「Hunging Faceではこういう名前になる」ということを把握しておきましょう。

パラメータを指定する

では、実際にこれらのパラメータを使ってみましょう。パラメータの設定は、大きく2つのところで設定できます。pipelineとpipeです。

pipelineでは、パイプラインそのものにパラメータを指定します。そのパイプラインを利用するときは常に指定のパラメータが使われることになります。これに対して、作成したパイプラインの呼び出し(pipe)で指定する場合は、その呼び出しの際のみパラメータを指定できます。

では、実際にパラメータを利用する例を見てみましょう。まず、パイプラインの作成コードを修正します。以下のようにセルに記述をして下さい。

▼リスト4-12

```
pipe = pipeline(
  "text-generation",
  model="rinna/japanese-gpt2-medium",
  temperature=0.75,
  top_p=0.75)
```

"text-generation"タスクで"rinna/japanese-gpt2-medium"モデルのパイプラインを作成しています。ここでは、この他にtemperatureとtop_pのパラメータを用意してあります。これらの設定はパイプラインに適用されるため、このパイプラインで実行するすべての推論で使われることになります。

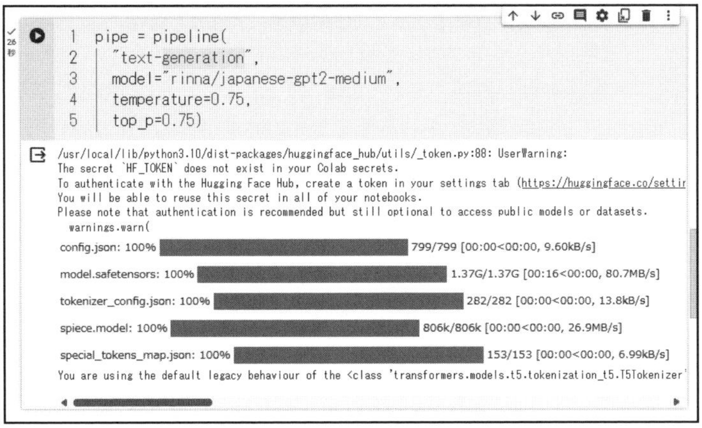

図4-48：japanese-gpt2-mediumモデルのパイプラインを作成する。

では、作成したパイプラインを実行するコードを別のセルに記述しましょう。

▼リスト4-13

```
prompt = "" # @param {type:"string"}
pipe(prompt,
  max_length=50,
  num_return_sequences=3)
```

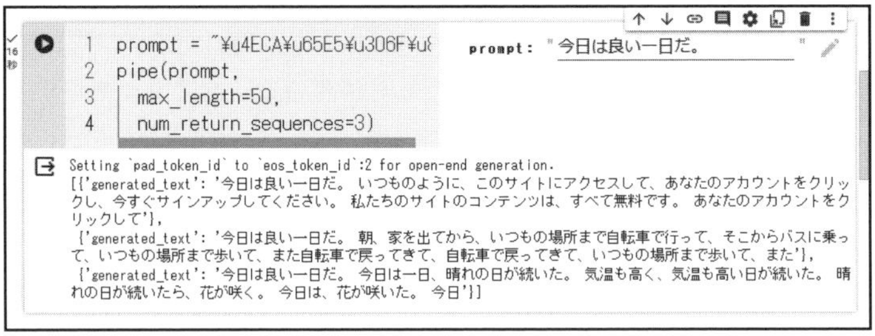

図4-49：プロンプトを書いて実行する。

これを実行すると、長さ50、生成応答数3で応答が作成されます。max_lengthによる長さはだいたいの目安程度で、けっこうばらつきがあります。 num_return_sequencesは、きっちり3つの応答が生成されることがわかるでしょう。

モデルを直接利用する

ここまでは、すべてパイプラインを利用してモデルを利用してきました。パイプラインは、実際に行われる複数の処理ステップを事前に構築し、まとめて実行できるようにしたものです。少ないコード量で高速に処理を行えるため、非常に使い勝手はいいでしょう。

反面、パイプラインは特定のタスクに特化して事前に処理ステップを構築してあるため、柔軟性が低いのは確かです。用意されたタスク以外のことを行わせる場合、また実行する上で行われる処理ステップをカスタマイズしたいような場合には、パイプラインは使えません。

このような場合を考えたならば、パイプラインを使わず、モデルを直接利用する方法も学んでおく必要があるでしょう。

トークナイザーとモデル

パイプラインを使わずモデルを直接利用する場合、大きく2つの要素が必要となります。それは「トークナイザー」と「モデル」です。

●トークナイザー

これは、テキストを事前に処理したり、実行後に事後処理をしたりするためのものです。LLMはプロンプトをそのまま処理するわけではありません。あらかじめテキストをトークンに分割し、そのトークンを数値ベクトルに変換したものをモデルに送って処理するのです。

また、モデルから得られる応答もトークンの数値ベクトルとして生成されるため、それをトークンに変換し、さらにテキストにまとめる必要があります。

このような事前処理、事後処理を行うために用意されているのがトークナイザーです。トークナイザーはモデルによって事前事後処理のやり方が違うこともあるため、モデルごとに用意されます。

●モデル

モデルは、わたしたちが想像しているような「テキストを送ると自動的にその応答を生成するもの」ではありません。

モデルは、送られてきた入力データから出力データを作成する関数のようなものと言えます。Hugging Faceで採用しているトランスフォーマーモデルは、エンコーダとデコーダという2つのニューラルネットワークで構成されています。エンコーダは、入力データを意味的表現に変換する処理を行います。そしてデコーダは、作成された意味的表現を元に目的の出力データを生成する処理を行います。

このように、入力データを意味的表現に変換し、それに基づいて学習情報から応答のコンテンツを生成するのがモデルです。

トークナイザーとモデルの連携

LLMは、このように2つの要素が連携して動くことで本来の働き（プロンプトから応答を生成する）を実現しています。基本的な流れを整理すると、次のようになります。

プロンプトを入力する
⇩
トークナイザーがエンコードする
⇩
モデルにエンコードされたデータを送り処理する
⇩
モデルが出力したデータをトークナイザーがデコードする
⇩
生成された応答が得られる

このような処理の流れをコーディングすることで、LLMによるテキストの生成を行うことができるのです。

では、これらの使い方を見ていきましょう。

オートトークナイザーについて

まずは、トークナイザーです。トークナイザーはモデルとの間でデータをやり取りする際、データをエンコード／デコードする機能を提供します。これはモデルによって細かなやり方が異なることが多いため、一から作成するのはかなり大変です。

Transformersではこうしたことを考え、モデルごとに事前に処理を構築した「オートトークナイザー」というものを提供しています。これを利用することで、簡単にトークナイザーを用意できます。

オートトークナイザーは、「AutoTokenizer」というクラスとして用意されています。これを利用するには、以下のようにしてimportしておきます。

```
from transformers import AutoTokenizer
```

トークナイザーの作成は、このAutoTokenizerにある「from_pretrained」メソッドを使って行います。

```
変数 = AutoTokenizer.from_pretrained( リポジトリID )
```

引数には、作成するモデルのリポジトリIDを指定します。

では、実際にトークナイザーを作ってみましょう。ここでは例として、rinnaのjapanese-gpt2モデルを利用するためのトークナイザーを作成します。新しいセルに以下を書いて実行して下さい。

▼リスト4-14

```
from transformers import AutoTokenizer

tokenizer = AutoTokenizer.from_pretrained("rinna/japanese-gpt2-medium")
tokenizer
```

これを実行すると、rinna/japanese-gpt2-medium用のトークナイザーが作成されます。作成されるのは、transformers.models.t5.tokenization_t5.T5Tokenizer というクラスのインスタンスです。

トークナイザーは、それぞれのクラスごとにtransformers.models内に分類されています。AutoTokenizerは、指定されたモデルのリポジトリIDを元に最適なトークナイザークラスのインスタンスを作成するものなのです。

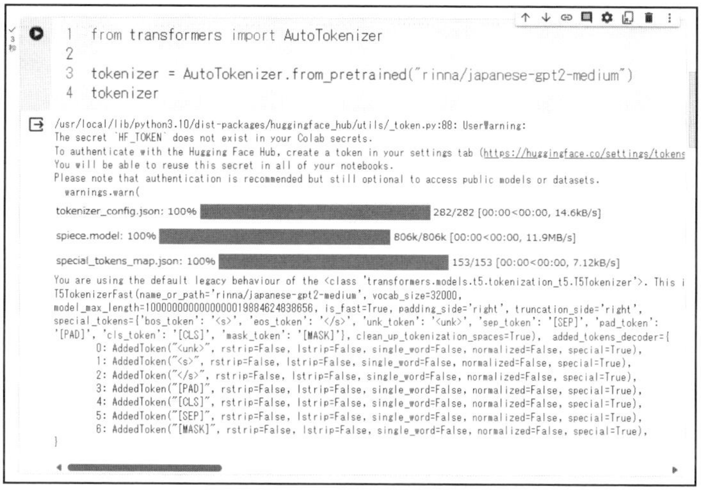

図4-50：rinnaのjapanese-gpt2用トークナイザーを作成する。

オートモデルについて

続いて、モデルの作成です。モデルもトークナイザーと同様に、一から作成するのはとても大変です。そこで、使用するモデルごとにモデルクラスを用意し、自動的にそのインスタンスを作成できるようになっています。この仕組みを「オートモデル」と言います。

LLMのオートモデルは、「AutoModelForCausalLM」というクラスとして用意されています。利用するには、以下のようにimportを用意しておきます。

```
from transformers import AutoModelForCausalLM
```

モデルの作成は、このAutoModelForCausalLMにある「from_pretrained」というメソッドを使います。

```
変数 = AutoModelForCausalLM.from_pretrained( リポジトリID )
```

このように、引数に使用するモデルを指定して呼び出せば、それを元に最適なモデルクラスのインスタンスを生成して返します。これも実際に作成してみましょう。先ほどのトークナイザーと合わせて、"rinna/japanese-gpt2-medium"のモデルを作成します。新しいセルに次を記述して下さい。

▼リスト4-15

```
from transformers import AutoModelForCausalLM

model = AutoModelForCausalLM.from_pretrained("rinna/japanese-gpt2-medium")
model
```

これでモデルクラスのインスタンスが変数modelに得られました。後は、用意した2つの部品を使ってモデルを利用するだけです。

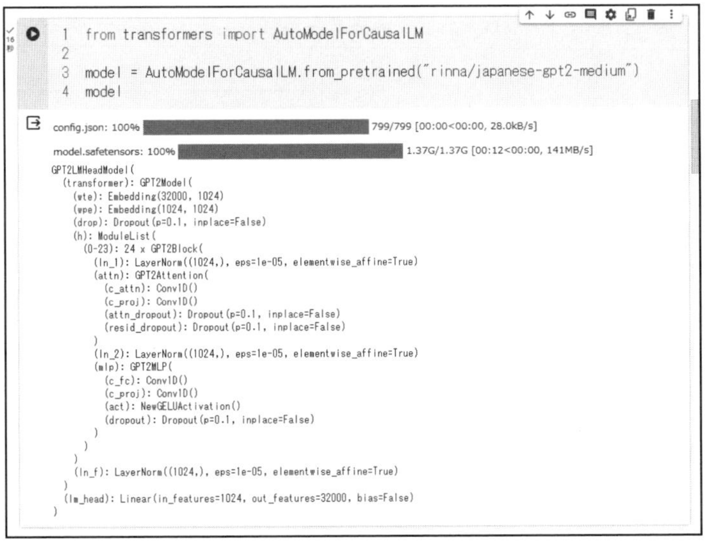

図4-51："rinna/japanese-gpt2-medium"のモデルを作成する。

トークナイザーとモデルで処理を作る

では、トークナイザーとモデルを使って、プロンプトから応答を生成させる処理を実行しましょう。これにはいくつかのメソッドを実行していきます。

1. トークナイザーでエンコードする

```
変数 (Tensor1) = 《Tokenizer》.encode( プロンプト , return_tensors='pt')
```

最初に、プロンプトをエンコードします。これは、トークナイザーのクラスにある「encode」メソッドを使います。引数にはプロンプトの文字列の他、「return_tensors」という値を指定します。これはエンコードされたデータの形式を指定するもので、以下のいずれかになります。

return_tensors

None	エンコードされたデータはlist形式になる
pt	エンコードされたデータはtouch.Tensor形式になる
tf	エンコードされたデータはtensorflow.Tensor形式になる

これらはエンコードされたデータの用途によって指定するものと考えて下さい。そのままモデルで使うならば、return_tensorsは"pt"を指定しておきます。Noneはデータをそのままリストとして利用する場合、"tf"はテンソルフローという機械学習ライブラリを利用するためのものと考えて下さい。

return_tensorsに"pt"を指定した場合、エンコード情報はtouch.Tensorという値として返されます。

2. モデルで応答を生成する

```
変数（Tensor2）=《Model》.generate(《Tensor1》, パラメータの指定 )
```

生成されたエンコード情報を指定してモデルから応答の生成を行います。第1引数には、encodeメソッドで返されたTensorオブジェクトを指定します。モデルに指定するパラメータなどは、ここに引数として用意しておくことができます。

これで応答の生成を実行すると、生成された応答はやはりtouch.Tensor形式で出力されます。

3. トークナイザーでデコードする

```
変数 =《Tokenizer》.batch_decode(《Tensor2》)
```

生成された応答の情報をトークナイザーでデコードし、テキストに復号します。引数には、モデルのgenerateで生成されたTensorオブジェクトを指定します。これにより応答の情報はテキストに復号され、さらにPythonのリストとして返されます（場合によって複数の応答が生成される場合もあるため、ただのテキストではなくリストになっています）。後は、生成されたリストから値を取り出し利用するだけです。

モデルを利用してみる

では、作成したトークナイザーとモデルを使って実際に応答を生成してみましょう。新しいセルに以下を記述して下さい。

▼リスト4-16

```
prompt = "" # @param {type:"string"}

input_ids = tokenizer.encode(prompt, return_tensors='pt')
gen_tokens = model.generate(input_ids, max_length=50)
generated = tokenizer.batch_decode(gen_tokens)
generated
```

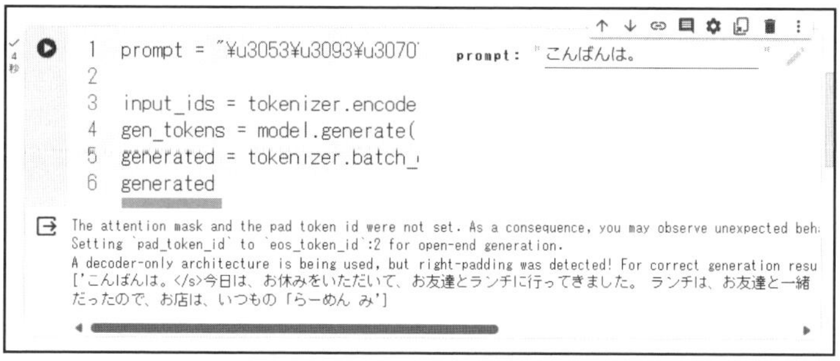

図4-52：プロンプトを入力し実行すると応答が返る。

セルのフォーム項目にプロンプトを記入して実行すると、モデルから応答が返されます。トークナイザーでencodeし、モデルでgenerateし、再びトークナイザーでbatch_decodeする、という処理の流れがわかりますね。これでパイプラインを使わず、自分でトークナイザーとモデルを用意してモデルを扱えるようになりました。

イメージ生成を行う

ここまで、パイプラインとトークナイザー＋モデルによるモデル利用について説明をしてきました。これらで基本的なものはだいたい扱えますが、こうした基本では扱えないモデルというのも存在します。

例として、「イメージ生成」を行ってみましょう。テキストからイメージを生成するタスク（text-to-image）は、実は2024年3月時点でパイプラインにタスクとして用意されていません。これを行うためには、ここまで説明してきた基本のやり方とは異なる処理をする必要があります。

例として、stabilityaiの「stable-diffusion-2」を使ってみます。Stable Diffusionは、オープンソースのイメージ生成モデルとして最も広く利用されているものです。これを使って、イメージ生成を行わせてみましょう。

Colabのランタイムを変更する

ただし、このstabilityai/stable-diffusion-2は、そのままではColabで使えません。イメージ生成モデルはテキスト生成に比べるとかなり大きく、メモリとストレージを消費しますし、計算量も非常に大きいためGPUが必須です。stabilityai/stable-diffusion-2はイメージ生成モデルの中では比較的小さいほうであり、Colabでも十分動かせるのですが、Colabはデフォルトでは GPU を持っていないため、ランタイムを変更する必要があります。

では、Colabの「ランタイム」メニューにある「ランタイムのタイプを変更」メニューを選んで下さい。

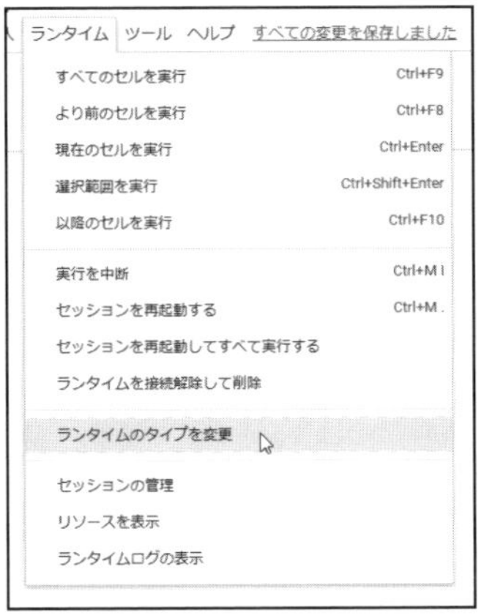

図4-53：「ランタイムのタイプを変更」メニューを選ぶ。

画面にランタイプのタイプを変更するためのパネルが現れます。ここでは、ランタイムのタイプ（使用する言語）とハードウェアアクセラレータ（CPUか、GPUか、TPUか）を設定できます。

ランタイムは「Python3」のままにしておき、ハードウェアアクセラレータを「T4 GPU」に変更して下さい。そして「保存」ボタンをクリックすれば、GPU利用のランタイムに変更されます。

変更すると、指定したランタイムが新たに起動します。画面の右上に表示される「RAM」「ディスク」と表示された小さなグラフのところに「T4」と表示されていれば、設定したT4 GPUを利用するランタイムが起動しています。

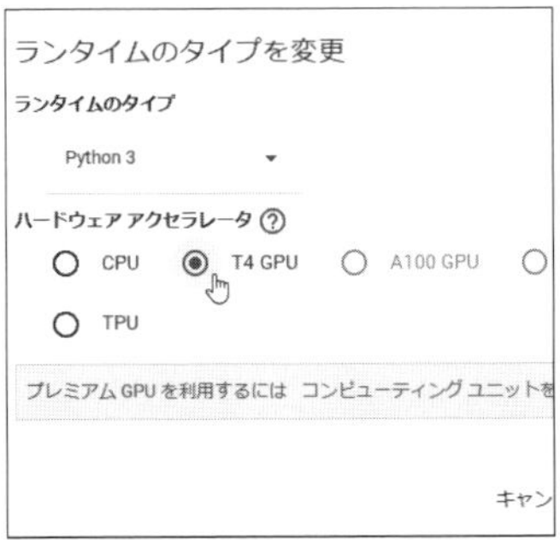

図4-54：ランタイムとハードウェアアクセラレータを設定する。

新しいランタイムが起動していますから、それまでのランタイムで作成した変数やインストールしたライブラリなどはすべて消えています。起動したら、リスト4-5を実行してTransformersライブラリのインストールを行い、import文を実行しておきましょう。

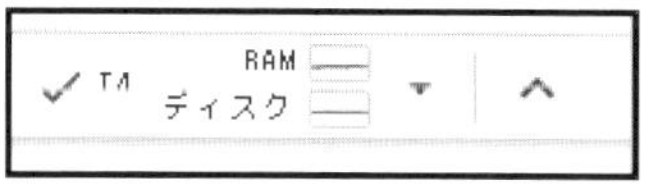

図4-55：右上に「T4」と表示されたらランタイムが起動している。

ColabのGPUについて

Colabでは一般的なCPUによるランタイムの他に、機械学習の処理を高速化するためのハードウェアアクセラレータを搭載したランタイムも用意されています。よく利用されるのは、「T4 GPU」と「TPU」です。

T4 GPU	NVIDIA 製Tensor Coreを搭載したGPU
TPU	Google開発のTensor Processing Unit

T4 GPUは、GPU必須のモデルを利用するのに使われます。またTPUは、T4 GPUよりさらに高い演算処理能力が必要なときに使われます。その他にも、「A100 GPU」「V100 GPU」といったものも用意されていますが、これらがさらに強力ではあるものの、まだリソースの確保やライブラリの対応などが追いついておらず、2024年3月時点では利用できるのは有料版のみで、無料版では選択できません。将来的には、これらも無料版から使えるようになるかもしれません。

無料版では、GPUやTPUの利用には制限があります。まず「GPUは早いもの勝ち」であり、利用者数が多すぎてリソースが逼迫している場合は使えないことがあります。また利用できた場合も、1日に利用できる時間が決まっており、それを過ぎると翌日まで使えません。さらには、設定してもGPUをほとんど使用していない場合、通常のCPUランタイムに変更するよう警告される場合もあります。GPUを必要とする処理はあらかじめコードなどをセルに完成させてからランタイムを設定し、利用するように心がけて下さい。

ライブラリをインストールする

Colabでイメージ生成の処理を作成しましょう。まず最初に行うのは、ライブラリのインストールです。Stable Diffusionを利用する場合、Transformersの他に「Diffusers」と「Torch」というライブラリが必要です。

DiffusersはHungging Faceによって開発されたオープンソースライブラリで、テキストからイメージを生成する拡散モデルの訓練と推論に必要な機能を提供します。またTorchはPythonの機械学習ライブラリで、DiffusersがTorchの上に構築されている関係で必要となります。

では、新しいセルに以下を記述し実行して下さい。

▼リスト4-17

```
!pip install diffusers --q
!pip install torch --q
```

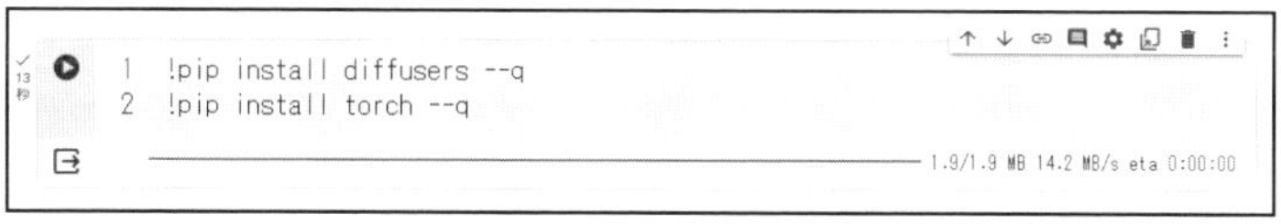

図4-56：difffusersとtorchをインストールする。

StableDiffusionPipelineを利用する

Stable Diffusionはどのように利用するのでしょうか？　これは、diffusersモジュールにある「Stable DiffusionPipeline」というものを利用します。

これは、名前から想像がつくように、Stable Diffusionのためのパイプラインです。これを利用することで、Stable Diffusionのためのパイプラインを作成できます。このStableDiffusionPipelineは、以下のようにしてオブジェクトを作成します。

```
変数 =StableDiffusionPipeline.from_pretrained(
  リポジトリID,
  scheduler=スケジューラ)
```

モデルのリポジトリIDは、いつも利用する組織名とモデル名を繋げた文字列ですね。ここでは"stabilityai/stable-diffusion-2"を指定します。次のschedulerは、スケジューラと呼ばれるものを指定します。スケジューラはイメージを生成する際に、どのようにしてノイズを除去していくかを制御する役割を果たすものです。

このスケジューラは、diffusersモジュールに用意されている「EulerDiscreteScheduler」というクラスを使います。これは、以下のようにオブジェクトを作成します。

```
変数 = EulerDiscreteScheduler.from_pretrained(
  モデル名,
  subfolder=サブフォルダ名 )
```

モデル名は、改めて説明するまでもないですね。subfolderは、スケジューラ関係のファイルを保管するサブフォルダ名を指定します。これで、スケジューラのオブジェクトが作成されます。

StableDiffusionPipelineを作成する

では、StableDiffusionPipelineによるパイプラインを作成しましょう。新しいセルを用意し、以下のコードを記述して下さい。

▼リスト4-18

```
from diffusers import StableDiffusionPipeline, EulerDiscreteScheduler
import torch

model_id = "stabilityai/stable-diffusion-2"
scheduler = EulerDiscreteScheduler.from_pretrained(
  model_id,
  subfolder="scheduler")

pipe = StableDiffusionPipeline.from_pretrained(
  model_id,
  scheduler=scheduler)

pipe = pipe.to("cuda")
```

実行すると、StableDiffusion Pipelineによるパイプラインが変数pipeに作成されます。

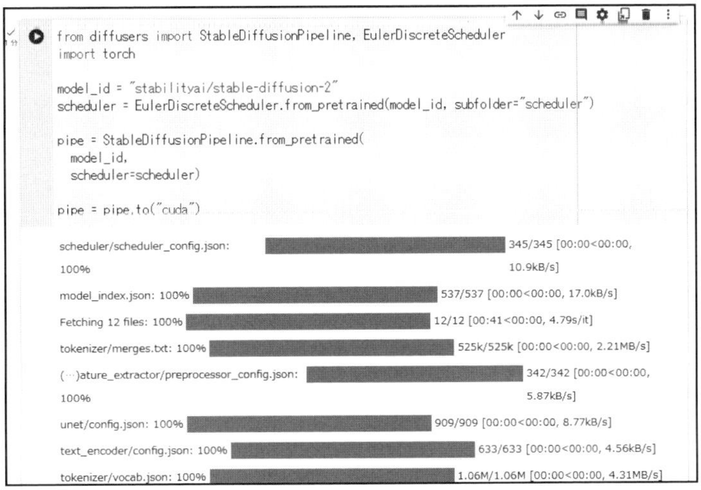

図4-57：実行すると、StableDiffusionPipelineによるパイプラインが作成される。

では、処理の流れを見てみましょう。まず、EulerDiscreteSchedulerでスケジューラを作成します。

```
scheduler = EulerDiscreteScheduler.from_pretrained(
  model_id,
  subfolder="scheduler")
```

リポジトリIDには、model_idで指定した"stabilityai/stable-diffusion-2"を指定します。subfolderには、"scheduler"とフォルダ名を指定しておきました。

続いて、StableDiffusionPipelineでパイプラインを作成します。

```
pipe = StableDiffusionPipeline.from_pretrained(
  model_id,
  scheduler=scheduler)
```

リポジトリIDとschedulerを引数に指定します。これで、StableDiffusionPipelineによるパイプラインが作成できました。ただし、これで終わりではありません。デフォルトで作成されたパイプラインは、CPUを利用してすべての処理を行います。このままでは、イメージ生成に非常に長い時間がかかってしまうでしょう。そこで、すべての処理をGPUで行うようにパイプラインを変更します。

```
pipe = pipe.to("cuda")
```

このto("cuda")は、CUDAにすべての処理を送るパイプラインを取得するものです。CUDAはNVIDIAが開発したGPU向けの汎用並列コンピューティング用プラットフォームです。このCUDAを利用することで、高速な並列演算処理を行うことができます。これにより、パイプラインでGPUを使った高速演算が行えるようになります。

from_pretrainedで作成したパイプラインをそのまま使うと、1枚のイメージを生成するのに数十分もかかってしまいますが、to("cuda")で得られたパイプラインを利用すると、ColabのT4 GPUならば1分前後で生成できるようになります。

パイプラインでイメージを生成する

さあ、ようやくパイプラインができました。後は、これを使ってイメージを生成するだけです。パイプラインの使い方は基本的に同じですが、得られる値がテキスト生成とイメージ生成では違っているので注意が必要です。

では、イメージを作成する処理を用意しましょう。新しいセルに以下を記述して下さい。

▼リスト4-19

```
prompt = "" # @param {type:"string"}
image = pipe(prompt).images[0]
image
```

図4-58：プロンプトを書いて実行すると、イメージが生成され表示される。

セルに表示されたフォーム項目にプロンプトを記述し、セルを実行して下さい。イメージが生成されて表示されます。

ここではpipe(prompt)でプロンプトを実行していますが、その戻り値からimages[0]という値を取り出しています。戻り値のオブジェクトには「images」という値が用意されており、そこに生成イメージがリストとして保管されているのです。このため、pipの戻り値からimages[0]の値を取り出すことで、生成された最初のイメージを得られるようになります。

得られるイメージはPILというモジュールにあるImageオブジェクトになっており、これはそのままColabで表示することができます。

Hugging Faceで最新モデルをいち早く試す

AIモデルは、今や一部のIT企業が作るものではなくなっています。オープンソースによるモデル開発が本格化してきており、大学や企業などからプロプライエタリに匹敵する新しいモデルがオープンソースとしてリリースされるようになってきました。AIモデルについて学習するなら、オープンソースモデルの学習は必須といえるでしょう。

Hugging Faceは、そうしたオープンソースでAIを学ぶ人にとってまさにオアシスとなるプラットフォームです。そこにはあらゆるモデルとデータセットがあり、モデルで作られたアプリケーションがあり、そしてコミュニティがあります。AI開発で必要なものはすべてここにある、と言ってもいいくらいです。

これから先、AIの世界の話題は、GPT-4やGeminiだけで終わることはないでしょう。既にGoogleのGemma、MetaのLlama-2、CohereのAya、Stable AIのStable Diffusionなど、十分実用レベルで使うことのできるモデルがオープンソースで公開されるようになっています。オープンソースは、これからのAI開発の主力となるかもしれません。

Hugging Faceを使えば、最先端のAIモデルをいち早く試すことができます。そのスピード感こそがHugging Faceの最大の魅力とも言えるでしょう。

Chapter 5

OpenRouter

OpenRouterはプロプライエタリモデルからオープンソースモデルまで、
幅広いモデルをシンプルなAPIで提供するプラットフォームです。
ここではサイトで提供されるプレイグラウンドの使い方からAPIによるコーディングまで、
一通りの使い方を説明します。

Chapter
5

5.1.

OpenRouterの基本

OpenRouterとは？

これまで、AIプラットフォームとしてReplicate、Hugging Faceといったものを紹介しました。これらはモデルの説明やコーディングの説明などは詳しいのですが、「とりあえず試したい」というのはあまり得意ではありません。モデルによっては、その場でプロンプトを実行するフォームを用意していることもありましたが、そうしたものが用意されていないモデルも多数ありました。「その場で試せるかどうかはモデル次第」という感があります。

「OpenRouter」は、これらと同じようにさまざまなベンダーのモデルを利用できるAIプラットフォームです。これはどのような特徴を持つプラットフォームなのでしょうか。簡単にまとめてみましょう。

1. テキスト生成モデルに特化している

最近のAI開発ではテキスト生成だけでなく、イメージ生成やオーディオ生成などさまざまなモデルが誕生しています。OpenRouterは、そうした中でも、テキスト生成モデルに特化しています。

テキスト生成モデルには言語（Language）モデルとチャット（Chat）モデルがありますが、OpenRouterはチャットモデルを対象としています。つまり、「チャット方式で利用するテキスト生成モデル」だけを提供しています。

2. プロプライエタリモデルに対応

さまざまなモデルが自由に使えるプラットフォームというのは、オープンソースに限定されているところが多いものです。ReplicateやHugging Faceなどがそうでしたね。

しかしOpenRouterは、オープンソースのモデルに加えてOpenAIのGPT-4やAnthropicのClaudeなど、商業ベースでチャットサービスを展開している企業の開発するモデルも利用することができます。

3. プレイグラウンドを持っている

OpenRouterでは、モデルをその場で試せるプレイグラウンドを標準で持っています。これにより、さまざまなパラメータなどを調整しながら実際にプロンプトを実行して、モデルからの応答を確認することができます。

4. 専用ライブラリを持っていない

多くのAIプラットフォームは独自にライブラリを開発し、それを使ってアクセスすることを前提に設計されていますが、OpenRouterはそうした専用ライブラリを持っていません。ではどうするのかというと、普通にrequestsでHTTPアクセスして利用できるようになっているのです。

また「それじゃ不便だ」という場合、OpenAIのパッケージを利用してアクセスできるようにもなっています。つまり、新たに独自のパッケージの使い方を覚える必要がありません。

このように、OpenRouterは「メジャーなテキスト生成モデルをすぐに試したい」という人のためのサービスと言えます。商業ベースで開発されているものでも、オープンソースでも、「これはすごいぞ」と名のしれたものは一通り揃っていてその場で試すことができる。そういうサービスなのです。

このOpenRouterは、以下のURLで公開されています。

https://openrouter.ai/

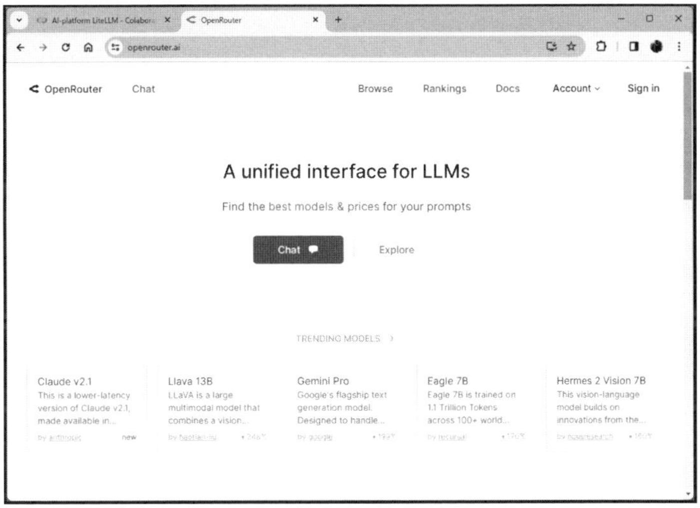

図5-1：OpenRouterのサイト。

アカウント登録をする

まずは、アカウントを登録しましょう。多くのAIプラットフォームは基本的に有料サービスであり、利用時にクレジットカードなどを設定する必要がありますが、OpenRouterはアカウント作成だけすれば、すぐに使うことができます。

では、OpenRouterサイトのトップページの右上に見える「Sign in」をクリックして下さい。画面にサインインのためのパネルが開かれます。

ここでアカウントの登録を行います。メールアドレスでも登録できますが、Googleアカウントで登録することもできるので、こちらを使いましょう。「Continue with Google」ボタンをクリックして下さい。

図5-2：サインインのパネルが表示される。

Googleアカウントの選択画面が表示されます。ここで利用するアカウントを選択すれば、そのアカウントで登録を行います。

図5-3：Googleアカウントを選択する。

プレイグラウンドの利用

OpenRouterには、多数のモデルが用意されています。これらは、プレイグラウンドを使って実際に試すことができます。

サインインしたら、トップページにある「Chat」ボタンをクリックして下さい。プレイグラウンドに移動します。それ以外のページを開いている場合でも上部の左側にある「Chat」リンクをクリックすれば、いつでも移動できます。

このプレイグラウンドは、各種モデルのチャット機能を利用するためのものです。左側にはチャットのエリアがあり、一番下にある入力フィールドにメッセージを書いて送信すると、選択したAIモデルから応答が返ってきます。やり取りした内容はチャットのエリアに表示されていきます。

右側には「Model」というボタンがあり、その下に利用したいモデルが並びます。初期状態では「GPT-3.5 turbo」などいくつかのモデルが並んでいることでしょう（もしなかった場合は、この後の説明に従って自分で追加して下さい）。ここにあるモデルを使ってチャットを行えます。

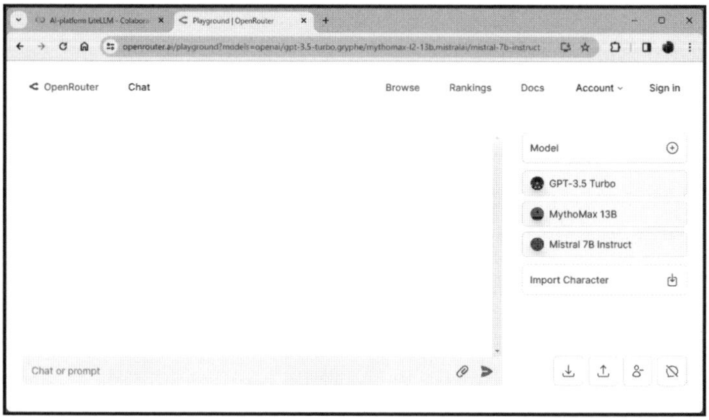

図5-4：プレイグラウンドの画面。左側にチャットのエリアがあり、右側に使用するモデルが並ぶ。

モデルの追加

表示されているモデルの中に使いたいものがない場合は、自分で追加することができます。「Model」ボタンをクリックすると、モデルを選択するためのメニューがプルダウンで現れます。

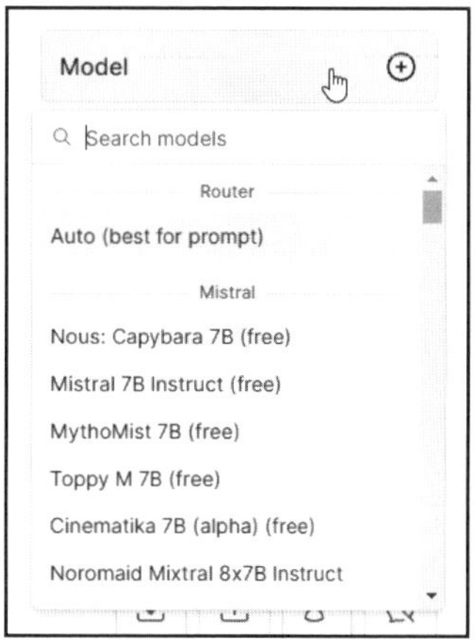

図5-5：「Model」をクリックするとモデルを選択するメニューが現れる。

その一番上のフィールドに、使いたいモデル名の一部を記入して下さい。そのテキストを含むモデルが検索されます。そこからモデルをクリックして選べば、そのモデルが追加されます。

例として、「open」とタイプしてみて下さい。すると、「OpenChat」というモデルがいくつか見つかります。その中から「OpenChat 3.5(free)」という項目を選んで追加しましょう。

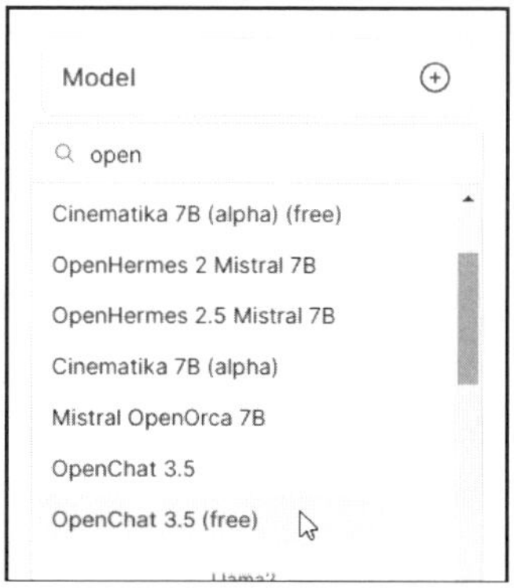

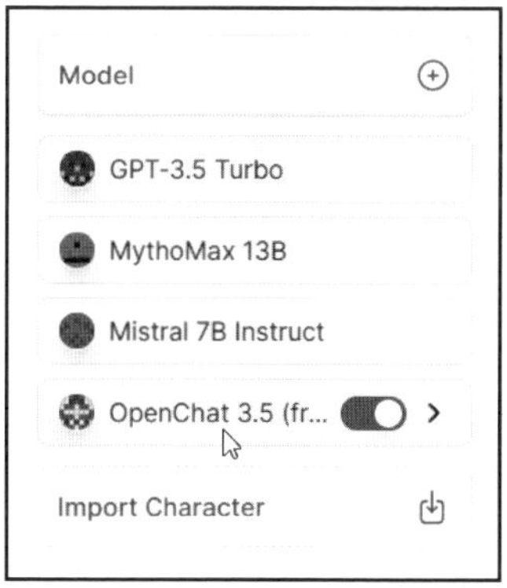

図5-6：テキストを記入してモデルを検索してクリックすると、そのモデルが追加される。

モデルのON/OFF

「Model」のところには、複数のモデルを用意できます。この中から使いたいモデルを選択します。モデルの項目にマウスポインタを移動すると、値をON/OFFするスイッチが表示されます。これをクリックすることで、そのモデルを使用するかどうかを指定できます。

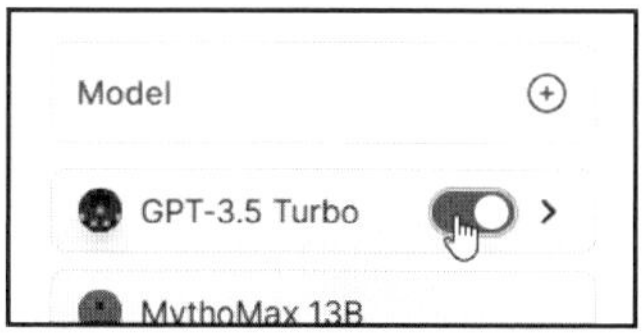

図5-7：モデルのスイッチをON/OFFして利用できるかどうかを設定する。

チャットを試そう

では、プレイグラウンドで実際にチャットを行ってみましょう。チャットエリアの下部にある入力フィールドに適当にテキストを書いて[Enter]してみて下さい。モデルからの応答がチャット欄に表示されます。

実際に結果が表示されると、ちょっと驚いたかもしれません。用意されているモデルすべてから応答が返ってくるのです。3つのモデルがあれば3つの応答が表示されます。各応答の上にはモデル名が表示されており、それぞれがどのモデルからのものかがわかるようになっています。

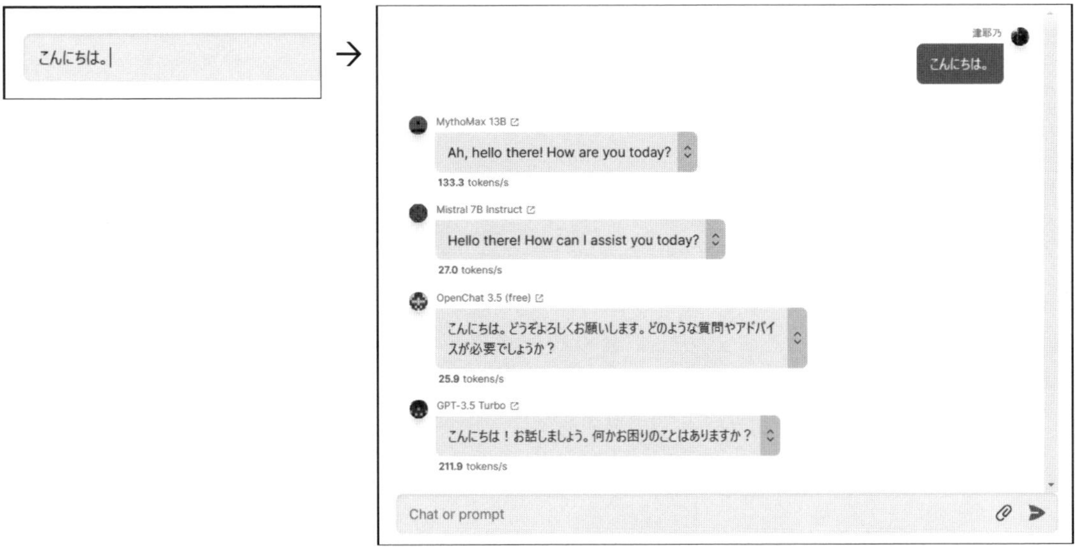

図5-8：メッセージを書いて[Enter]すると、すべてのモデルから応答が表示される。

モデルを絞る

多数のモデルからの応答を一度にまとめて受け取れるのが、OpenRouterのプレイグラウンドの優れたところです。ただし、毎回いくつもの応答が表示されるとちょっとわかりにくいでしょう。そこで、使いたいモデルを絞りましょう。

右側に表示されているモデルのスイッチをクリックして、追加した「OpenChat 3.5 (free)」だけONにし、それ以外のものをすべてOFFにして下さい。これで、OpenChat 3.5のみ使えるようになります。

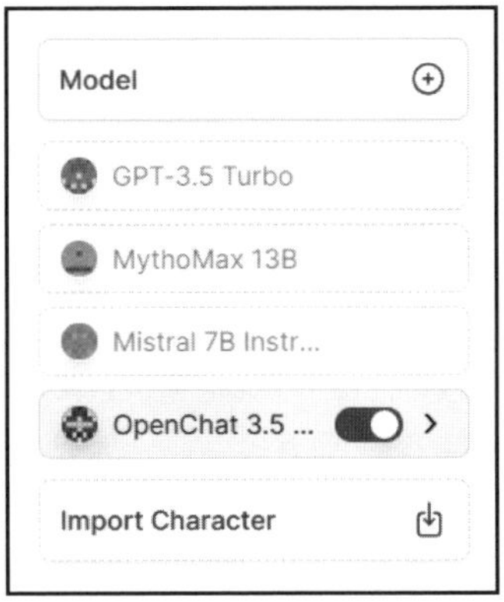

図5-9：使わないモデルのスイッチをOFFにしておく。

では、実際にチャットを行ってみましょう。スイッチをONにしたOpenChat 3.5からのみ応答が返るようになります。ただしOFFにすると、それまでの会話もすべて消去されるので注意して下さい。

図5-10：選択したモデルだけが応答するようになった。

C O L U M N

OpenRouterの無料モデルについて

ここでは、OpenChat 3.5 (free)というモデルを使ってみました。OpenRouterでは多数のモデルが用意されており、それぞれに料金が設定されています。これは、送信したプロンプトと生成された応答のトークン数で換算されます。現時点では支払いの設定などをしていないのに各モデルが利用できますが、利用料金が1ドル未満の場合は請求されないためです。
しかし、しばらく使っていれば、いずれ料金は1ドル以上となり支払いが生じるでしょう。が、これを回避する方法があります。
実を言えば、OpenRouterには無料のモデルもいくつか用意されているのです。こうしたものを使えば、使っても料金は発生しません。
OpenChat 3.5 (free)は、OpenChatというモデルの無料版です。OpenChatはオープンソースのモデルで、ChatGPTの無料版で使われているGPT-3.5とほぼ同程度の性能を実現しています。もちろん、日本語もちゃんと使えます。無料版は1分当たり10リクエストまでという制限がありますが、とりあえず試すだけならこれで十分でしょう。

モデルのパラメータ設定について

プレイグラウンドでは、モデルごとに細かくパラメータを設定することができます。右側に表示されているモデルの項目で、モデル名の右側にある「v」をクリックして下さい。パラメータ関係の表示が現れます。これで細かくパラメータを調整してプロンプトを送ることができます。

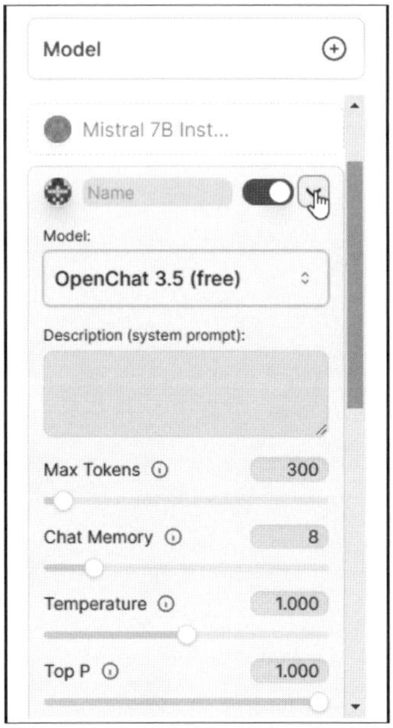

図5-11：モデルの「v」をクリックするとパラメータが表示される。

では、どのようなパラメータが利用可能でしょうか。以下にパラメータをまとめておきましょう。

Description	システムプロンプト。文字列で指定。
Max Tokens	最大トークン数。整数で指定。
Chat Memory	チャットの記憶数。整数で指定。
Templerature	温度。実数で指定。
Top P	上位P。実数で指定。
Top K	上位K。整数で指定。
Frequency Penalty	頻度のペナルティ。実数で指定。
Presence Penalty	プレゼンスペナルティ。実数で指定。
Repetition Penalty	繰り返しのペナルティ。実数で指定。
Min P	下位P。候補の最小確率の設定。実数で指定。
Top A	上位A。十分に高い確率の上位トークンのみを考慮する。実数で指定。
Seed	乱数のシード。整数で指定。

ほとんどのものは、既に何度か登場しているので改めて説明は不要でしょう。初めて登場したものとしては「Min P」があります。これは、考慮されるトークンの最小確率を表します。また、「Top A」も初めて登場しますが、これは十分に高い確率を持つ上位のトークンのみを考慮するもので、「ダイナミックな上位P」といったものです。値が低いほど、最も確率の高いトークンに基づいて選択肢が集中します。

これらは、基本的にOpenRouterで使えるすべてのモデルで利用できます。他のAIプラットフォームのように「このモデルでは、これとこれは使えない」といったことはありません（ただし、実際にそのパラメータがモデルで活用されているかは別です）。

モデルをブラウズする

プレイグラウンドの基本的な使い方がわかったところで、用意されているモデルに目を向けましょう。

プレイグラウンドでは、さまざまなモデルを選択して試すことができます。これはこれで便利ですが、そもそもどんなモデルがあるのかわからないと使いようがありません。そこで使われるのが「Browse」です。上部に見える「Browse」リンクをクリックして下さい。Browseの画面に切り替わります。

Browseはモデルの検索ページです。用意されているモデルのリストが表示されており、その一番上には検索フィールドが用意されています。このフィールドにテキストを記述すると、そのテキストを含むモデルだけが検索されます。

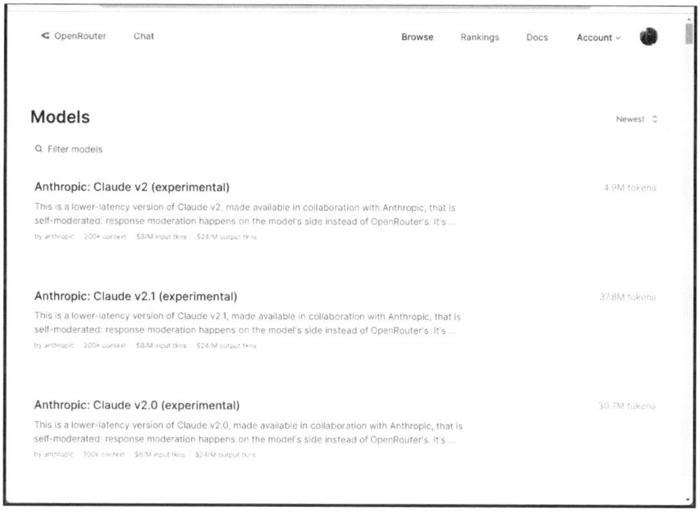

図5-12：「Browse」リンクをクリックすると、モデルを検索するページに移動する。

では、実際に検索してみましょう。入力フィールドに「gpt」とタイプすると、OpenAIのGPT-3.5/4のモデルが検索されます。その中から「OpenAI: GPT-4 Turbo (preview)」という項目をクリックして選んでみます（これは2024年3月時点のプレビュー版であり、正式リリース後は名前からpreviewが消去されます）。

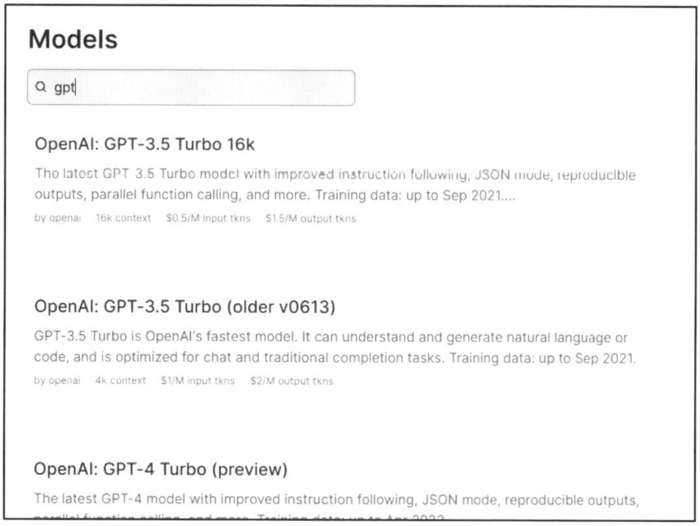

図5-13：フィールドに文字をタイプするとモデルが検索される。

モデルの詳細ページ

選択したモデルの詳細情報が表示されます。モデルの簡単な説明の下に、いくつかの表示を切り替えるリンクが表示されているでしょう。このリンクで各種の情報が切り替え表示されるようになっています。

●「Status」表示

開いた状態で選択されています。下に、モデルの入出力に関する基本情報が表示されます。ここで、そのモデルの費用が表示されています。InputとOutputにそれぞれ金額が表示されていますが、これらは100万トークン当たりの課金額です。これで、利用した際のだいたいの費用がわかるでしょう。

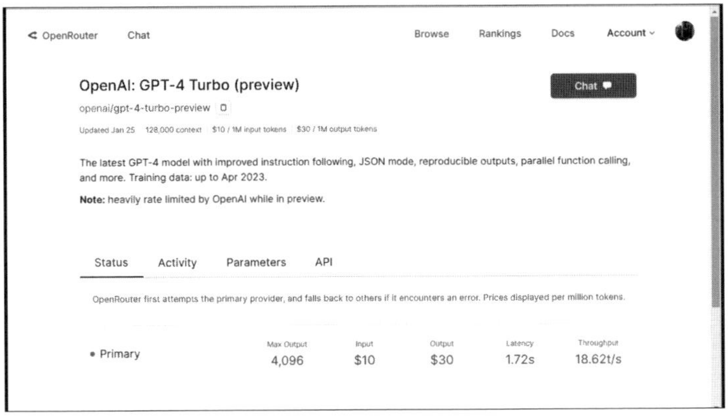

図5-14：モデルのページ。「Status」では下部に費用が掲載されている。

●「Activity」表示

このモデルの入出力量がグラフで表示されます。これにより、どのぐらいモデルが使われているかが視覚的にわかります。

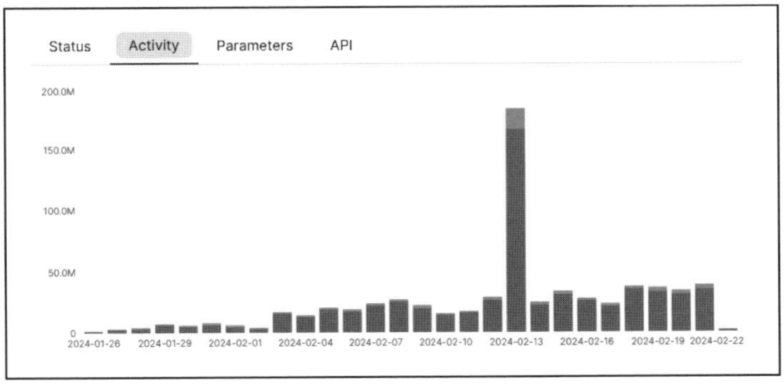

図5-15：「Activity」の表示。

●「Parameters」表示

そのモデルのパラメータの説明が表示されます。右側にはp10, p50, p90という値が表示されています。これらは生成されるトークンの確率分布で10%かそれ以下、50%、90%かそれ以上となる値を示しています。通常、パラメータの値はこの範囲内で調整されることになるでしょう。

また、パラメータ名の右側にある「v」をクリックすると詳細情報が展開表示され、値のタイプ、範囲、デフォルト値を確認できます。

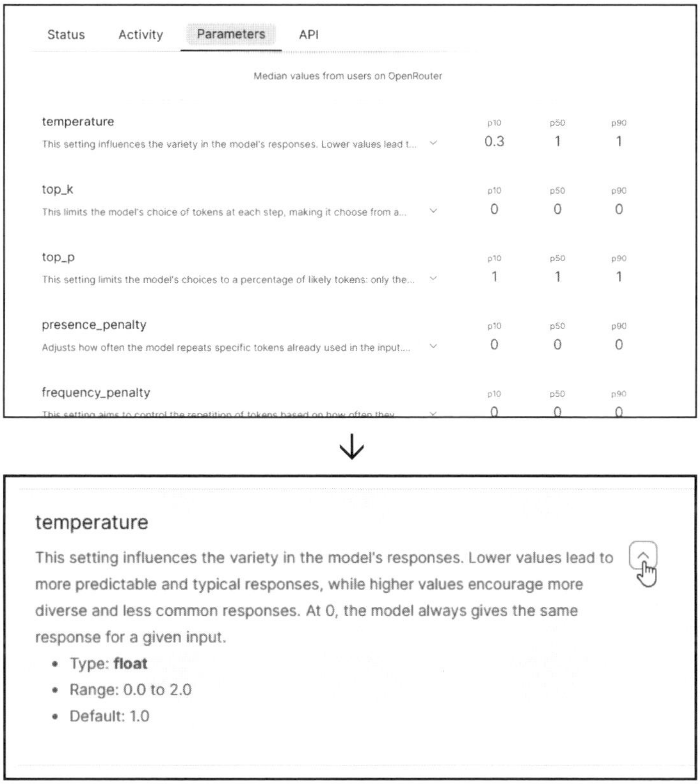

図5-16：「Parameters」の表示。「v」をクリックすると詳細情報が現れる。

●「API」表示

API利用のサンプルコードが用意されています。用意されているのはTypeScript、Python、シェル(curl)で、それぞれの簡単なサンプルコードが表示されます。コードはHTTPでアクセスするものと、OpenAIのパッケージを利用するものが用意されています。

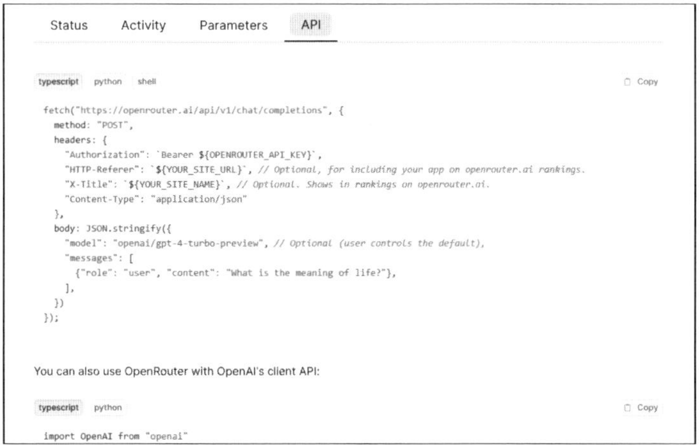

図5-17：「API」はサンプルコードが用意されている。

APIキーを準備する

OpenRouterのAPIを利用する場合、必要となるのがAPIキーです。プレイグラウンドとモデルのブラウズがわかったところで、最後にAPIキーの作成を行っておきましょう。

APIキーの管理ページは、右上に見える「Account」というところからメニューを選んで移動します。ここにある「Keys」というメニュー項目を選んで下さい。APIキーの管理ページに移動します。

このページでは、キーの作成、作成したキーの表示、編集、削除などを行うことができます。ページを開くと、既に作成してあるキーがリスト表示されます（まだ作ってないので、何も表示されません）。

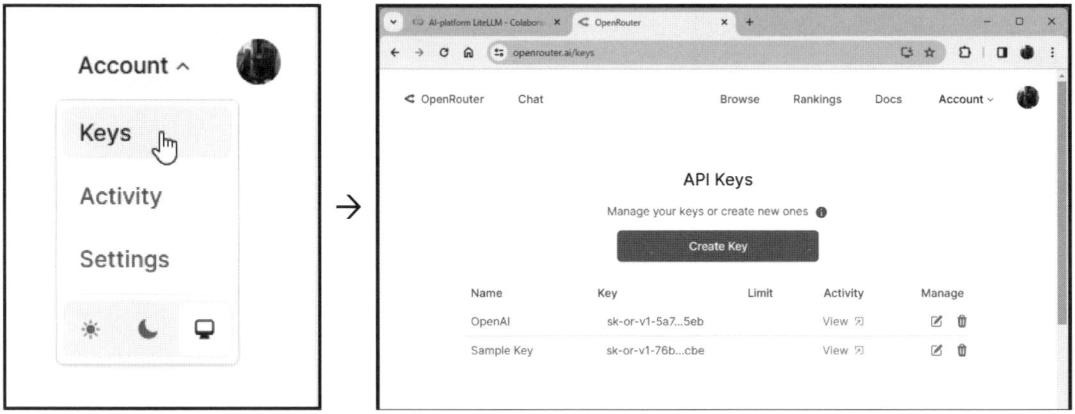

図5-18：APIキーの管理ページ。これはいくつかのキーを作成した状態の画面。

APIキーを作る

では、APIキーを作りましょう。「Create Key」ボタンをクリックして下さい。画面に「Create a Key」というパネルが表示されます。ここでキーの名前を記入して下さい。また、下には「Credit limit」という項目がありますが、これは、このキーで利用可能なクレジット（料金）の上限を指定するものです。これを設定しておけば、例えばAPIキーが流出し知らない人間から猛烈なアクセスが行われたりしても、指定の金額以上が使われることはありません。

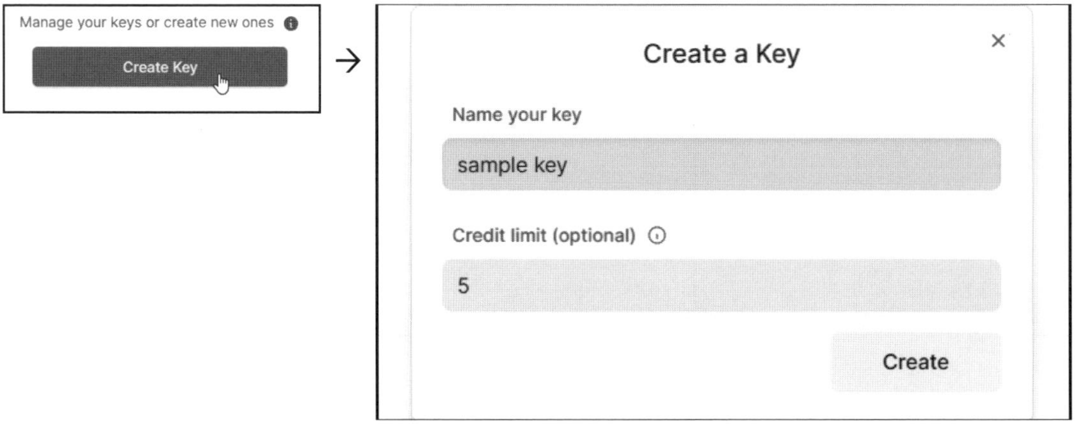

図5-19：キーの名前と料金の上限を設定できる。

これらを入力して「Create」ボタンをクリックするとAPIキーが生成され、表示されます。このキーの値はコピーして、どこか安全なところに保管しておきましょう。キーの値は作成後には取り出せなくなるので、必ずここでコピーしておいて下さい。

キーをコピーしたら、右上の「×」をクリックしてパネルを閉じれば作業完了です。

図5-20：作成されたAPIキーは必ずコピーしておくこと。

Chapter 5

5.2. APIからモデルを利用する

HTTPリクエストによるアクセス

では、OpenRouterにアクセスしてモデルを利用してみましょう。OpenRouterのAPIの特徴は「HTTPでアクセスする」という点にあります。これまで利用したReplicateやHugging Faceなどはいずれも専用のライブラリを開発しており、それらを使ってアクセスするようになっていました。

しかしOpenRouterは、「こういう仕様でアクセス先を公開しているのでそこにアクセスして下さい」というやり方をしているのです。Hugging Faceなどのエンドポイント（モデルへアクセスする場所）と同じものですね。Webによる公開ですから、仕様さえわかれば後はどんな環境からでもアクセスすることができます。

では、どのような形でアクセスするのか、基本的な仕様を簡単にまとめておきましょう。

アクセス先	https://openrouter.ai/api/v1/chat/completions
メソッド	POST
認証	Authorizationヘッダー
コンテンツタイプ	application/json

このような形でエンドポイントが用意されています。利用するモデルやプロンプトなどの情報はボディコンテンツとして用意します。これは以下のようなJSONデータになります。

```
{
  "model": モデル名,
  "messages": [……メッセージ……]
}
```

この他にもパラメータ情報などを用意できますが、modelとmessagesは必須項目として必ず用意して下さい。モデル名は「組織名/モデル名」という形で指定します。これは、Hugging FaceなどのリポジトリIDと同じ方式です。

なお、modelはモデル名をテキストで指定するだけですが、messagesはメッセージを配列（Pythonのリスト）にまとめた形で用意します。各メッセージは以下のような形にします。

```
{ "role": ロール, "content": コンテンツ }
```

roleには「user」「system」「assistant」といった値が指定されます。ユーザーのメッセージを送るなら"role":"user"としておけばいいでしょう。

curlを利用する

HTTPでエンドポイントにアクセスする方法はいろいろありますが、どんな環境でも利用できるものとして、「curl」コマンドによるアクセス方法を理解しておくとよいでしょう。

既に何度か登場していますが、curlは、URLにアクセスしてコンテンツをダウンロードするコマンドです。これは、以下のような形で実行します。

```
curl 《URL》
```

非常に単純ですね。「curl」の後にアクセスするURLを記述すれば、そのURLにアクセスしてコンテンツを取得し、出力します。

もちろん、OpenRouterのエンドポイントにアクセスする場合は、こんな単純ではありません。ヘッダー情報やボディコンテンツなども用意する必要があります。こうした場合のために、curlには以下のようなオプションが用意されています。

▼ヘッダー情報の追加

```
-H "キー: 値"
```

▼ボディコンテンツの追加

```
-d "……コンテンツ……"
```

ヘッダー情報には、APIキーを使った認証情報を用意する必要があります。これは、以下のような形で記述すればいいでしょう。

```
-H "Authorization: Bearer 《APIキー》"
```

Authorizationというキーに、「Bearer ○○」という形でAPIキーを指定します。Bearerは、これがOAuth 2.0による認証情報であることを示します。

もう1つ、コンテンツタイプがJSONデータのコンテンツであることを示す以下のヘッダー情報も用意しておいたほうがいいでしょう。

```
-H "Content-Type: application/json"
```

ヘッダー情報は以上の2つがあれば問題ありません。後はボディコンテンツです。これは、-d "○○"という形でテキストとして値を指定します。ボディコンテンツの中身は既に説明したように、modelとmessagesという値を持ったJSONデータのテキストになります。

OpenChatモデルにプロンプトを送る

では、実際にcurlコマンドでプロンプトを送信してみましょう。ターミナルなどのコマンドが実行できるツールを起動し、次のようにコマンドを実行して下さい。なお、《APIキー》にはそれぞれが作成したAPIキーを記述して下さい。

▼リスト5-1

```
curl https://openrouter.ai/api/v1/chat/completions -H "Content-Type: application/
json" -H "Authorization: Bearer 《APIキー》"  -d '{ "model":"openchat/openchat-7b:
free", "messages":[ {"role": "user", "content": "あなたは誰？"}  ] }'
```

非常に長いコマンドなので、なんだかよくわからないかもしれませんね。適時改行してわかりやすく整理すると、以下のようになります。

```
curl https://openrouter.ai/api/v1/chat/completions
  -H "Content-Type: application/json"
  -H "Authorization: Bearer 《APIキー》"
  -d '{ "model":"openchat/openchat-7b:free",
    "messages":[
      {"role": "user", "content": "あなたは誰？"}
    ]
  }'
```

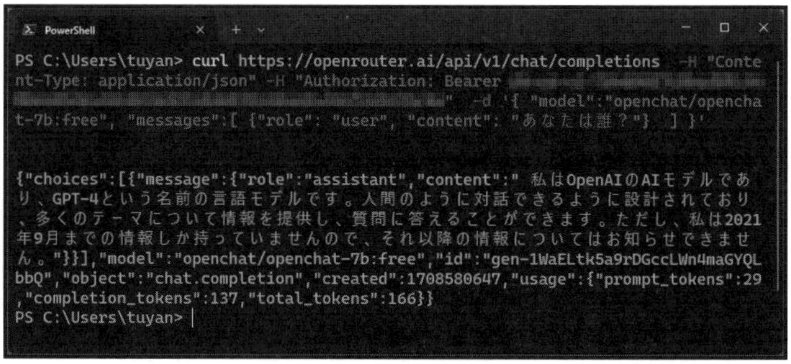

図5-21：curlコマンドを実行してモデルから応答を得る。

このコマンドを実行するとOpenRouterにアクセスし、以下のような形で応答が返ってきます。

```
{
  "choices":[
    {"message":{"role":"assistant","content":"……応答……"}}
  ],
  "model":"openchat/openchat-7b:free",
  "id":"……ID……",
  "object":"chat.completion",
  "created":タイムスタンプ,
  "usage":{
    "prompt_tokens":29,
     "completion_tokens":137,
    "total_tokens":166
  }
}
```

どこかで見たような構造ですね。そう、先にLM StudioにOpenAIのライブラリでアクセスしたときの戻り値とほぼ同じです。choicesの中にメッセージが配列にまとめて収められているのがわかります。

Colabでcurlコマンドを実行する

curlは利用は簡単ですが、OpenRouterのようにいくつもオプションを指定する場合、とにかく長くなってしまうため非常にわかりにくくなりがちです。

もっとわかりやすくコマンドを書いて実行する方法はないのか？　実はあります。Colabを利用するのです。ColabはPythonの実行環境ですが、シェルコマンドも実行することができます。新しいセルに以下のコードを記述して実行しましょう。

▼リスト5-2

```
!curl https://openrouter.ai/api/v1/chat/completions \
  -H "Content-Type: application/json" \
  -H "Authorization: Bearer 《APIキー》" \
  -d '{ \
  "model":"openchat/openchat-7b:free", \
  "messages":[ \
    {"role": "user", "content": "あなたは誰？"} \
  ] \
}'
```

図5-22：Colabでcurlコマンドを実行する。

これを実行すると、先ほどと同様に応答が返ってきて出力されます。Colabの場合、Pythonのコードで使われる「\」記号で改行することができます。このように改行して書くと、curlコマンドもだいぶわかりやすくなりますね。

requestsを利用する

curlでエンドポイントへのアクセスの基本がわかったところで、これらの知識を元に、Pythonからエンドポイントにアクセスをしてみましょう。Pythonの場合、requestsパッケージを利用するのが一般的です。Colabではデフォルトでrequestsが組み込まれているため、インストールなどの作業は不要です。もしColab以外の環境で使う場合は、以下のようにパッケージをインストールしておきましょう。

```
pip install requests
```

では、最初にOpenRouterのAPIキーを変数として用意しておきましょう。新しいセルを作成し、以下を実行して下さい。《APIキー》にはそれぞれのAPIキーの値を記述します。

▼リスト5-3

```
OPENROUTER_API_KEY = "《APIキー》"
```

これで、変数OPENROUTER_API_KEYをAPIキーとして利用するようになりました。では、requestsを使ったコードを作成しましょう。新しいセルに以下を記述して下さい。

▼リスト5-4

```
import requests
import json

prompt = "" # @param {type:"string"}

response = requests.post(
  url="https://openrouter.ai/api/v1/chat/completions",
  headers={
    "Authorization": f"Bearer {OPENROUTER_API_KEY}",
    "Content-Type": "application/json"
  },
  data=json.dumps({
    "model": "openchat/openchat-7b:free",
    "messages": [
      {"role": "user", "content": prompt}
    ]
  })
)
response
```

セルに表示されるフォーム項目にプロンプトを記入して実行して下さい。OpenRouterのモデル（ここではOpenChat）にアクセスし、モデルからの応答を受け取ります。

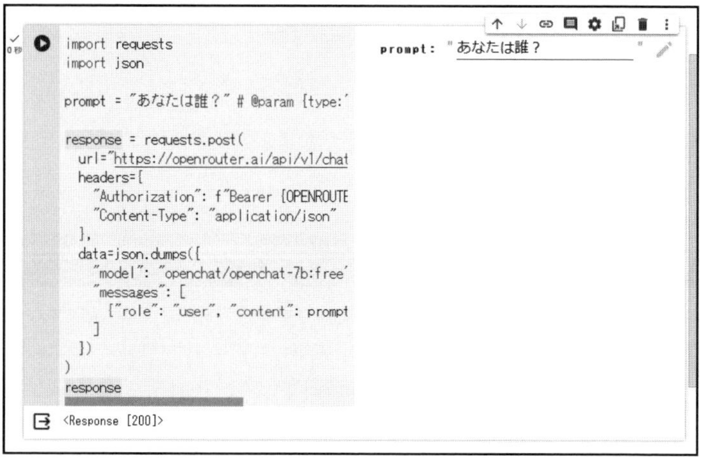

図5-23：プロンプトを書いて実行するとOpenRouterのモデルにアクセスし応答が返る。

Responseについて

返される応答は、Responseというオブジェクトになっています。これはrequestsの戻り値で、ここからコンテンツを取り出します。戻される値はJSONデータになっているので、Responseの「json」というメソッドでJSONデータをオブジェクト（辞書）として取得し、そこから必要な値を取り出し利用します。

では、新たなセルに次を記述して実行しましょう。

▼リスト5-5

```
json_data = response.json()
json_data['choices'][0]["message"]
```

戻り値のResponseからjsonで応答のコンテンツを辞書として取り出し、そこからchoicesの最初の要素のmessageを取り出します。これで、{'role': 'assistant', 'content': '……'}というように応答のメッセージが表示されます。roleがロール、contentに応答のテキストが保管されているのがわかるでしょう。

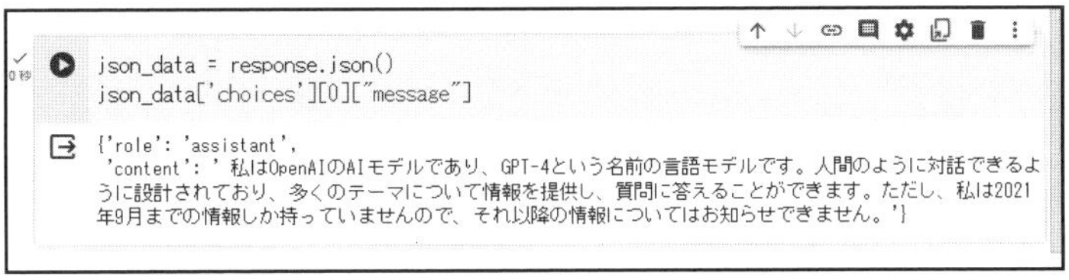

図5-24：応答のメッセージが表示される。

OpenAIパッケージを利用する

OpenRouterのもう1つの利用方法は、OpenAIのパッケージを利用する方法です。OpenAIのパッケージは、基本的にOpenAIのAPIにアクセスすることを前提に作られていますが、ベースURLを設定することでAPI以外のURLにアクセスできるようになっています。これにより、API側がOpenAIと同じ方式でモデルとやり取りするように設計されていれば、まったく同様にアクセスし応答を取り出すことができるのです。

では、実際に使ってみましょう。まず新しいセルを作成し、以下を記述してOpenAIパッケージをインストールして下さい。

▼リスト5-6

```
!pip install openai --q -U
```

OpenAIのパッケージは「openai」という名前で用意されています。これで、Pythonからopenaiモジュールが利用できるようになりました。

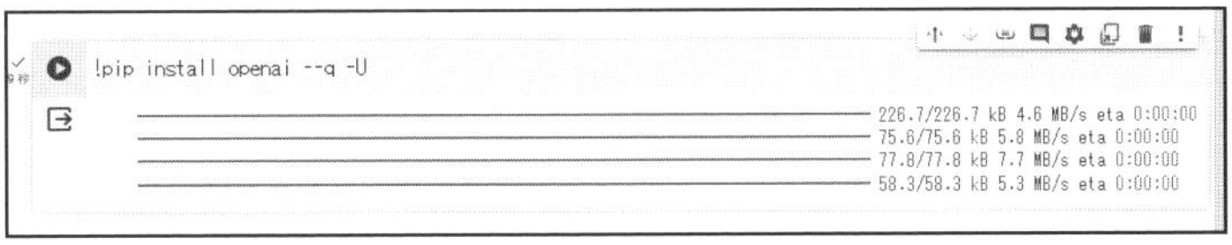

図5-25：OpenAIのパッケージをインストールする。

OpenAIインスタンスを作成する

では、OpenAIパッケージを使いましょう。このライブラリでは、「OpenAI」というクラスが用意されています。これはAIモデルにアクセスするための機能をまとめたもので、まずは、このクラスのインスタンスを作成しておきます。

では、新しいセルを用意し、次を記述して実行しましょう。

▼リスト5-7

```
from openai import OpenAI

client = OpenAI(
  base_url="https://openrouter.ai/api/v1",
  api_key=OPENROUTER_API_KEY
)
client
```

これで、OpenAIインスタンスが作成されます。

図5-26：OpenAIインスタンスを作成する。

OpenAIクラスのインスタンスは、以下のようにして作成をします。

```
OpenAI(base_url=《エンドポイント》, api_key=《APIキー》)
```

base_urlでAPIのエンドポイントとなるURLを、そしてapi_keyでAPIキーをそれぞれ指定します。このapi_keyは、OpenRouterで作成したものを使います（OpenAIでAPIキーを作る必要はありません）。

こうして作成されたOpenAIインスタンスを使ってモデルにアクセスを行います。

OpenAIでモデルにアクセスする

では、作成したOpenAIを使ってOpenRouterのモデルにアクセスをしましょう。これは、以下のようなメソッドを利用します。

```
変数 =《OpenAI》.chat.completions.create(
  model=モデル,
  messages=[……メッセージ……],
)
```

OpenAIのchatには、チャットのためのオブジェクトがあります。その中のcompletionsに応答をやり取りするためのオブジェクトがあり、そこから「create」メソッドを呼び出してモデルへのアクセスを作成します。

messagesのメッセージは、これまでと同様に{"role":ロール, "content":プロンプト}という形の辞書として用意します。

モデルにアクセスする

では、実際にOpenAIパッケージでOpenRouterのモデルにアクセスしましょう。新しいセルに以下を記述して下さい。

▼リスト5-8

```
prompt = "" # @param {type:"string"}

completion = client.chat.completions.create(
  model="openchat/openchat-7b:free",
  messages=[
    {
      "role": "user",
      "content": prompt
    },
  ],
)
completion.choices[0].message.content
```

セルのフォーム項目にプロンプトを書いて実行すると、応答が表示されます。

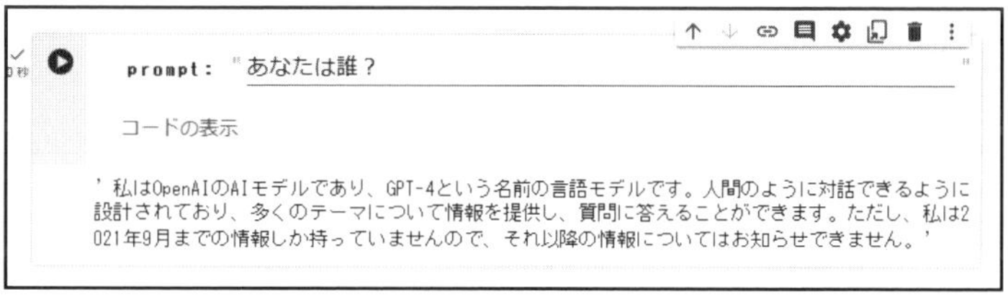

図5-27：プロンプトを書いて実行すると応答が表示される。

今回のchat.completions.createで返される戻り値は、「ChatCompletion」というクラスのインスタンスになっています。これはだいたい以下のような構造になっています。

```
ChatCompletion(
  id='……ID……',
  choices=[
    Choice(message=ChatCompletionMessage(……))
  ],
  created=1708595190,
  model='openchat/openchat-7b:free',
  object='chat.completion',
  ……略……
)
```

値の構造としては、requestsで取得したものとだいたい同じ構造になっていることがわかりますね。リストでは、戻り値のcompletionからchoices[0].message.contentというように値を取り出していますね。choicesにリストがあり、その中にあるオブジェクトのmessageの値からさらにcontentを取り出しています。データの構造は、HTTPアクセスでもOpenAIによるアクセスでもほぼ同じなのです。

パラメータの指定

OpenRouterのモデルには多数のパラメータが用意されていました。これらは、もちろんアクセスする際に指定することができます。まずは、requestsでアクセスする場合から考えましょう。requestsでは、パラメータはbodyコンテンツに用意されます。

```
{
  "model": モデル,
  "messages": [……メッセージ……],
  "パラメータ": 値,
  ……略……
}
```

このように、パラメータ名をキーとして値を設定します。これをボディコンテンツとして送信すれば、用意したパラメータがモデルに送られて使われます。

では、利用例を挙げておきましょう。

▼リスト5-9

```
import requests
import json

prompt = "" # @param {type:"string"}
response = requests.post(
  url="https://openrouter.ai/api/v1/chat/completions",
  headers={
    "Authorization": f"Bearer {OPENROUTER_API_KEY}",
  },
  data=json.dumps({
    "model": "openchat/openchat-7b:free",
    "max_tokens":300,
    "temperature":0.7,
    "top_p":0.7,
    "messages": [
      {"role": "user", "content": prompt}
    ]
  })
)
json_data = response.json()
json_data['choices'][0]["message"]["content"]
```

これを実行すると、プロンプトの応答が表示されます。ここでは以下のような形でボディコンテンツの値を用意していますね。

```
{
  "model": "openchat/openchat-7b:free",
  "max_tokens":300,
  "temperature":0.7,
  "top_p":0.7,
  "messages": [……略……]
}
```

max_tokens, temperature, top_pといったパラメータを用意しました。同様にして、必要なパラメータを個々に追記していくことができます。

OpenAIパッケージ利用の場合

では、OpenAIパッケージを利用する場合はどうでしょうか。これは、chat.completions.createを呼び出す際、引数にパラメータの値を指定します。先ほどのサンプルコードを、OpenAI利用の形に書き換えてみましょう。

▼リスト5-10

```
from openai import OpenAI

prompt = "" # @param {type:"string"}

# gets API Key from environment variable OPENAI_API_KEY
client = OpenAI(
  base_url="https://openrouter.ai/api/v1",
  api_key=OPENROUTER_API_KEY
)

completion = client.chat.completions.create(
  model="openchat/openchat-7b:free",
  messages=[
    {
      "role": "user",
      "content": prompt,
    },
  ],
  max_tokens=300,
  temperature=0.7,
  top_p=0.7
)
completion.choices[0].message.content
```

こうなりました。createメソッド内にmax_tokens, temperature, top_pといったパラメータが引数として用意されているのがわかります。

どちらのやり方でも、このように簡単にパラメータを指定することができます。ただし、1つ注意しておきたいのは「OpenAIパッケージを利用する場合、使えないパラメータがある」という点です。

OpenAIパッケージは、OpenAIのモデルを利用するためにOpenAI自身によって開発されています。このため、用意されているパラメータもOpenAIのモデルにあるものだけなのです。例えば、top_kやtop_a、min_p、repetition_penaltyといったパラメータは、OpenAIでは使うことができません。

OpenAIパッケージは非常に便利ですが、OpenAI以外のモデルを利用する場合、このように問題があることを知っておいて下さい。

複数モデルを使ったフォールバック

同時に多数のモデルを指定して利用するOpenRouterならではの機能として、「フォールバック」というものがあります。フォールバックは、何らかの理由でモデルアクセスに失敗した場合のリカバリ機能です。

OpenRouterへのアクセスでは複数のモデルを指定しておき、1つ目のアクセスに失敗したら、自動的に次のモデルでアクセスするようにできます。これは、requestsでアクセスする際に、以下のようにボディコンテンツを用意するのです。

```
{
  "model": [モデルA, モデルB, ……],
  "route": "fallback",
  "messages": [……略……]
}
```

このような形ですね。"route": "fallback"という値を用意し、modelに複数のモデルを配列として指定するのがポイントです。

では、実際に試してみましょう。セルに以下のコードを記述して下さい。

▼リスト5-11

```
import requests
import json

prompt = "こんにちは。あなたは誰？" # @param {type:"string"}
response = requests.post(
  url="https://openrouter.ai/api/v1/chat/completions",
  headers={
    "Authorization": f"Bearer {OPENROUTER_API_KEY}",

  },
  data=json.dumps({
    "model": [
      "openchat/openchat-7b:free",
      "mistralai/mistral-7b-instruct:free",
      "huggingfaceh4/zephyr-7b-beta:free"
    ],
    "route": "fallback",
    "messages": [
      {"role": "user", "content": prompt}
    ]
  })
)
response.json()
```

ここでは、modelに3つのモデルを用意しておきました。そして"route": "fallback"を用意してフォールバックを使えるようにしています。

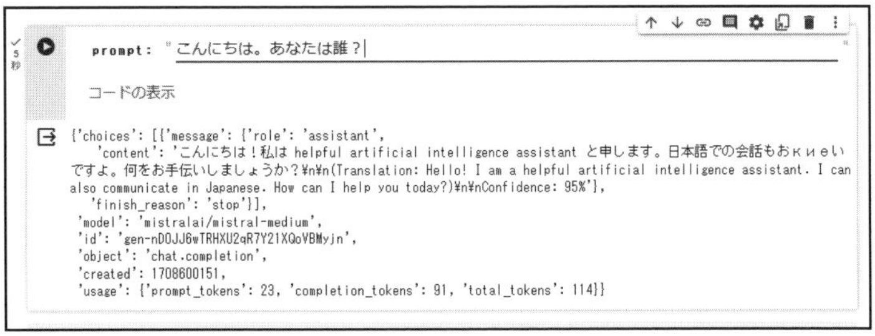

図5-28：実行すると用意したモデルのいずれかで実行される。

ここでは、response.json()でレスポンスの値をすべて出力させています。これで書き出されるJSONデータの中から'model'という項目を探して下さい。ここに、応答を生成したモデル名が記録されています。openchat-7b:freeがリストの最初にありますが、それ以外のモデルが使われているケースもあるでしょう。

フォールバックは、さまざまなケースで作動します。サーバー側のトラブルなどだけでなく、例えば無償モデルならば1分当たり10リクエストという制限に引っかかってエラーになることもあります。こうした場合も複数のモデルを指定しておくことで、別のモデルから応答を得られるようになります。

このフォールバック機能は、requestsなど直接エンドポイントにアクセスする場合には使えますが、OpenAIパッケージを利用している場合は使えない（OpenAIパッケージにその機能がないため）ので注意して下さい。

ストリームによるリアルタイム出力

多くのAIチャットは、リアルタイムに応答を出力しています。OpenRouterでこのようなやり方を取るには、OpenAIパッケージを利用する必要があります。createメソッドを呼び出す際、「stream」という引数を指定しておくのです。

```
変数 =《OpenAI》.chat.completions.create(
  model=モデル,
  messages=[……メッセージ……],
  stream=True
)
```

streamはストリーム出力の利用に関する引数で、Trueにするとストリーム出力を行うようになります。デフォルトはFalseです。

streamをTrueに設定すると、createの戻り値はopenaiの「Stream」というクラスのインスタンスに変わります。これがストリームを管理するためのもので、ジェネレータとして機能します。ここからforで順にオブジェクトを取り出して処理していくことができるのです。

```
for 変数 in《Stream》:
  ……変数(ChatCompletionChunk)を処理……
```

このStreamから順に取り出される値は、「ChatCompletionChunk」というクラスのインスタンスになっています。このクラスは以下のような構造をしています。

```
ChatCompletionChunk(
  id='……ID……',
  choices=[
    Choice(delta=ChoiceDelta(
      content=トークン,
      role='assistant'),
   ],
  created=タイムスタンプ,
  model=モデル,
  object='chat.completion',
  system_fingerprint=None)
```

通常のcreateで返されるResponseと非常に似ていますね。choicesにChoiceのリストが保管されており、ここに応答のトークンの情報がまとめてあります。この中のdeltaという項目に「ChoiceDelta」というオブジェクトがあり、その中にcontentとしてトークンが保管されています。このあたりを取り出して順に出力していけば、リアルタイムに応答が表示できます。

ストリームを利用する

では、実際にストリームを利用してみましょう。新しいセルに以下のコードを記述して下さい。

▼リスト5-12

```
import time
from openai import OpenAI

# gets API Key from environment variable OPENAI_API_KEY
client = OpenAI(
  base_url="https://openrouter.ai/api/v1",
  api_key=OPENROUTER_API_KEY
)

completion = client.chat.completions.create(
  model="openchat/openchat-7b:free",
  messages=[
    {
      "role": "user",
      "content": "こんにちは。あなたは誰？",
    },
  ],
  stream=True
)
for item in completion:
  time.sleep(0.1)
  print(item.choices[0].delta.content, end="")
```

セルのフォーム項目にプロンプトを書いて実行すると、応答がリアルタイムに出力されていきます。ここでは0.1秒間隔で表示させていますが、もっと遅くすることも（速くすることも）できます。

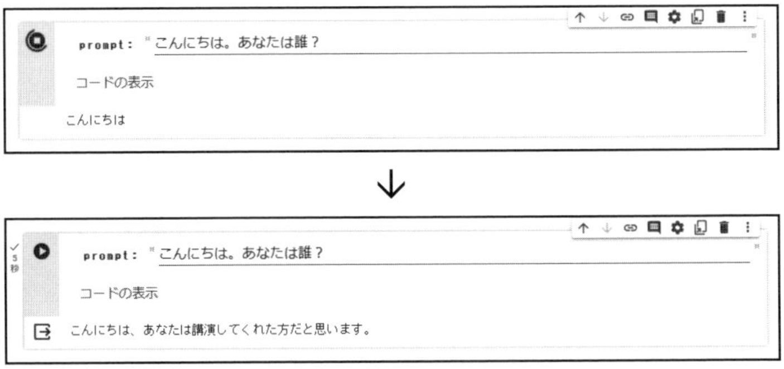

図5-29：少しずつ応答が出力されていく。

ここでは、createの引数にstream=Trueを指定し、戻り値のcompletionを以下のような形で処理しています。

```
for item in completion:
  time.sleep(0.1)
  print(item.choices[0].delta.content, end="")
```

time.sleep(0.1)で0.1秒待ち、それから取り出したitemのchoices[0].delta.contentの値を出力しています。

通常の戻り値とは微妙に違う（choices[0]にある値はmessageではなくdeltaになる）のですが、基本的な構造は変わらないので、慣れればすぐに使えるようになるでしょう。

OpenRouterはLLMのためのもの

以上、OpenRouterの基本的な使い方を説明しました。OpenRouterは、非常にシンプルなAPIを提供します。

また、モデルの価格もその他のAIプラットフォームと比較しても割安ですし、さらには無料で使えるモデルも用意しています。個人や少人数のチームで「とりあえずモデルを試しながら開発したい」というのには最適でしょう。

ただし、シンプルであるため、高度な機能は持っていません。また、用意されているモデルもテキスト生成中心であり、話題のマルチモーダルなモデルなどは2024年3月の時点で対応していません。テキスト生成は生成AIの基本と言えますが、イメージや動画、オーディオなどの生成モデルが次々と登場するのを見ていると、テキストだけではちょっと物足りない、という人も多いかもしれません。

このあたりの「さまざまなものを切り捨ててとにかくシンプルに提供する」という方針を受け入れられるかどうか、をよく考えた上で利用するとよいでしょう。

C O L U M N

OpenRouter で無料で使えるモデル（2024 年 4 月現在）

OpenRouter は、基本的にアクセス料に応じて料金が決まるシステムになっています。が、多数用意されているモデルの中には無料で利用できるものもいくつかあるのです。本書では無料で使えるモデルとしてOpenChat を利用しましたが、その他にも無料モデルはあります。
OpenRouter のドキュメントにある「Supported Models」を見ると、Prompt cost が「$0(100% off)」となっているものが見つかります（https://openrouter.ai/docs#models）。これらが無料で利用できるモデルです。「OpenChat」「Mistral」「Gemma」といったものがすべて無料で使えるようになっていることが確認できるでしょう。
なお、この無料モデルは常に使えるかどうかはわかりません。変更される可能性もありますので、利用の際は「Supported Models」の表示機を確認して下さい。

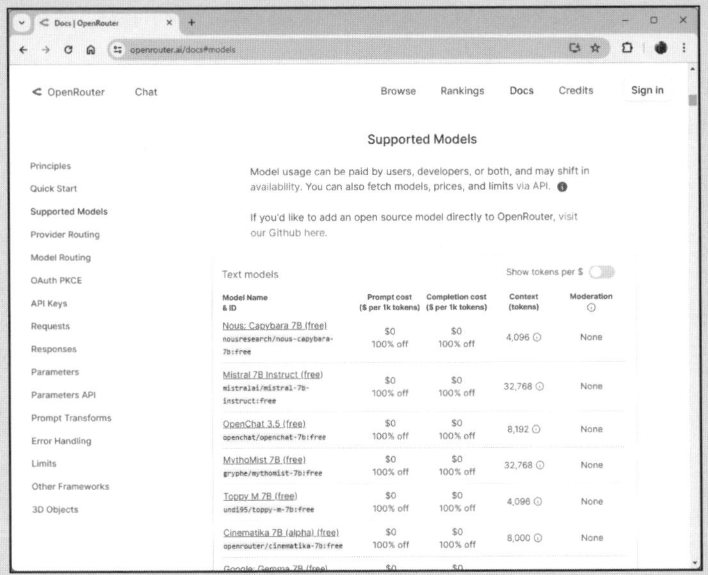

図5-30：OpenRouterのドキュメントにあるSupported Modelsの表示。

Chapter 6

Together AI

Together AIはオープンソースモデルに特化したAIプラットフォームです。
ここではWebサイトに用意されているプレイグラウンドを使ったモデルの利用、
curlによるモデルアクセス、
requestやOpenAI/Togetherパッケージを活用したモデルアクセスまで、
一通り説明をします。

Chapter
6

6.1. Together AIの基本

Together AIとは？

前章で使った「OpenRouter」のようなAIプラットフォームは、他にも多数存在します。どういうプラットフォームかというと、以下のようなものです。

- LLMを中心とした生成モデルに特化している。
- 簡単なプレイグラウンドを用意して、その場でモデルを試すことができる。
- シンプルなAPIにより、短いコードで簡単にモデルにアクセスできる。
- モデルの利用料金が非常に安価である。

要するに、「生成モデルをとにかく簡単に利用できるようにするプラットフォーム」ですね。こうしたものの中で、OpenRouterと並んで注目を集めているのが「Together AI」です。

Together AIは、Together Computer Inc.が提供するAIプラットフォームです。OpenRouterのようにプレイグラウンドを持っており、その場でプロンプトを送信してモデルを使うことができます。ただし、いくつか違いがあります。

- 用意されているモデルは、オープンソース中心です。商業ベースで開発されているプロプライエタリなモデル（GPT-4やGemini、Claudeなど）には対応していません。
- OpenRouterはテキスト生成モデルだけでしたが、Together AIはイメージ生成モデルにも対応しています。
- 用意されているモデルをファインチューニングし、カスタマイズすることが可能です。

GPT-4やGeminiなどが使えないのは、Together AIがオープンソースの利用に特化しているためです。その代わり、イメージの生成やモデルのファインチューニングなど、OpenRouterにはない機能も揃っています。

OpenRouterが「広く利用されているメジャーなモデル全般を簡単に使えるようにする」ことに主眼を置いているならば、Together AIは「メジャーなオープンソースモデルを手軽に使えるようにする」ということを考えて作られていると言っていいでしょう。

このTogether AIは、以下のURLで公開されています。

https://www.together.ai/

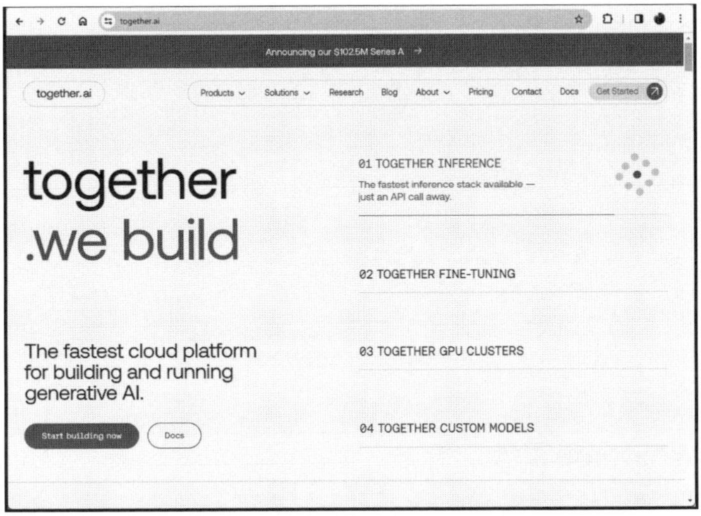

図6-1：Together AIのWebサイト。

アカウントを登録する

では、Together AIのアカウント登録を行いましょう。Together AIのサイトのトップにある「Start building now」ボタンをクリックして登録を開始します。

クリックすると、「together .sign in」と表示されたページが開かれます。ここでアカウントを登録します。自分でメールアドレスでアカウントを登録することもできますが、GoogleやLinkedIn、GitHubといったソーシャルアカウントを利用できるので、これらを使って登録をしましょう。

ここでは、Googleアカウントを利用します。右側に見える「Sign in with Google」ボタンをクリックして下さい。

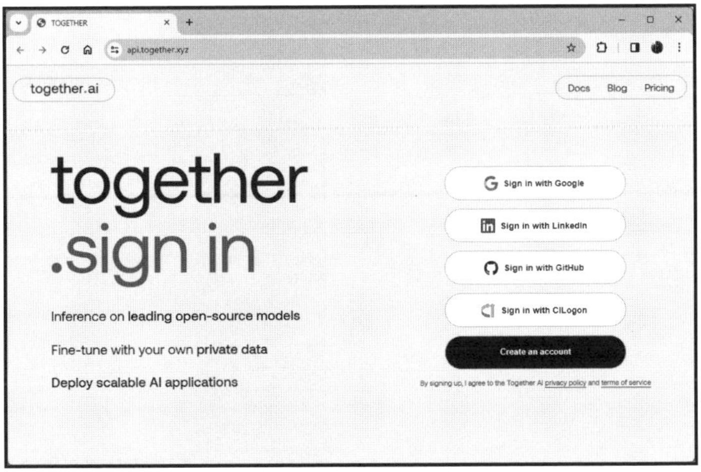

図6-2：アカウント登録のページ。「Sign in with Google」ボタンをクリックする。

Googleアカウントの選択画面が現れます。ここで、登録に利用するアカウントを選択します(図6-3)。

「together.aiにログイン」という表示が現れます。ここで、「次へ」ボタンをクリックすればGoogleアカウントでTogether AIにアカウントが登録され、ログインされます(図6-4)。

図6-3:登録に使うGoogleアカウントを選ぶ。

図6-4:表示を確認し、「次へ」ボタンをクリックする。

Welcome表示

登録されると、画面に「Welcome ○○」とアカウントのユーザ名が表示されます。その下に、「xxxxxxx……」とxがズラッと並んだ表示が見えるでしょう。これは、あなたに割り当てられたAPIキーです。

これまでのサービスでも、アカウントを登録したらAPIキーを用意しましたが、Together AIでは、アカウントの登録と同時にAPIキーが割り当てられます。重要なのは、「使えるAPIキーは、これ1つだけ」という点です。複数のAPIキーを作ったりすることはできません。キーを再生成することはできますが、使えるAPIキーは常に1つだけなのです。

では、表示されているAPIキーをコピーし(右端にコピーのアイコンがあります)、どこか安全な場所にペーストして保管しておいて下さい。それができたら、下部にある「Get started」ボタンをクリックしてパネルを閉じて下さい。

図6-5:アカウントが作成され、APIキーが表示される。

C O L U M N

Together AIは25ドルまで無料！

アカウント登録すると、すぐにTogether AIを使い始めることができます。「まだ支払いなどの登録をしていないけど、使っていいの？」と思った人もいるかもしれません。
いいんです、すぐに使って。Together AIでは、アカウント登録をすると25ドル分のクレジットが無料で送られます（2024年4月現在）。これにより、25ドル分は支払いなど一切考えずに使えるのです。
25ドルで利用できるアクセス量というのは相当なもので、さまざまなモデルを一通り試してみても、まだまだ余裕があるでしょう。「ちょっと試してみたいだけならタダでいいよ。本気で利用する気になったらお金を払ってね」という運営方針なんでしょうね。

チャットプレイグラウンドについて

登録が完了すると、プレイグラウンドの画面が現れます。プレイグラウンドは、その場でモデルにプロンプトを送信し応答を表示する簡単なツールです。Together AIにはいくつかのプレイグラウンドがあり、デフォルトで表示されるのはチャット方式のプレイグラウンドになります。

画面の中央には広いエリアがあり、その下部に「Enter text here」と表示されたフィールドがあります。ここにメッセージを書いてEnterすれば、それがモデルに送られて応答が表示されるようになっているのです。右側にはモデルを選択したり、モデルに送るパラメータを調整するための項目が一通り用意されています。

上部の「Chat」というところには、現在設定されているモデル名が表示されています。モデルの設定は、右側の「Model」というところで設定することができます。

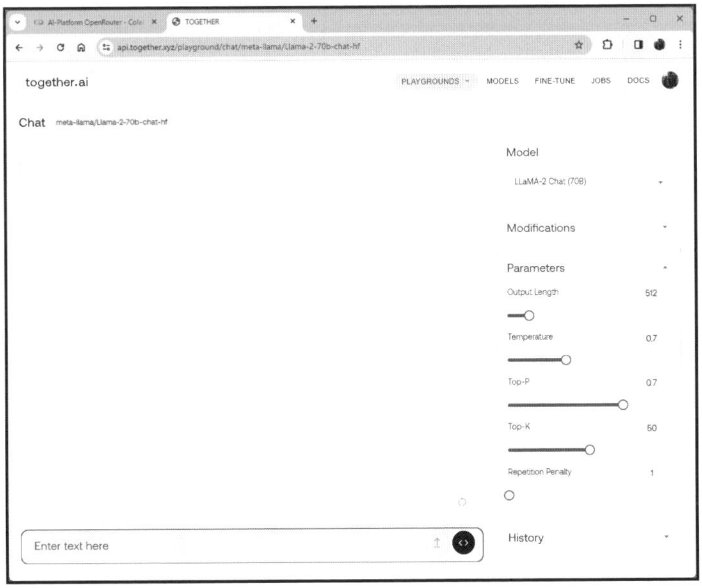

図6-6：チャットプレイグラウンドの画面。

細かな説明は脇において、実際にプレイグラウンドを使ってみましょう。下部に見えるプロンプトの入力フィールドにテキストを記入し、Enterして下さい。メッセージが送られ、モデルから応答が返ってきます。

AIモデルとやり取りした内容は、中央の広いエリアにチャットの形で表示されていきます。何度かメッセージを送って、応答を試してみましょう。

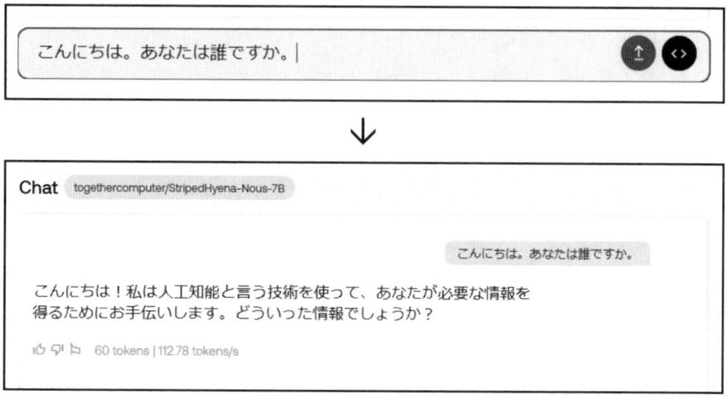

図6-7：メッセージを書いてEnterすると応答が表示される。

モデルを変更する

プレイグラウンドで使われるモデルは、右側に見えるパラメータ関係のところで設定します。一番上にある「Model」という項目をクリックすると、利用可能なモデルが一覧表示されます。ここから使いたいものを選択すればそのモデルが設定され、利用できるようになります。

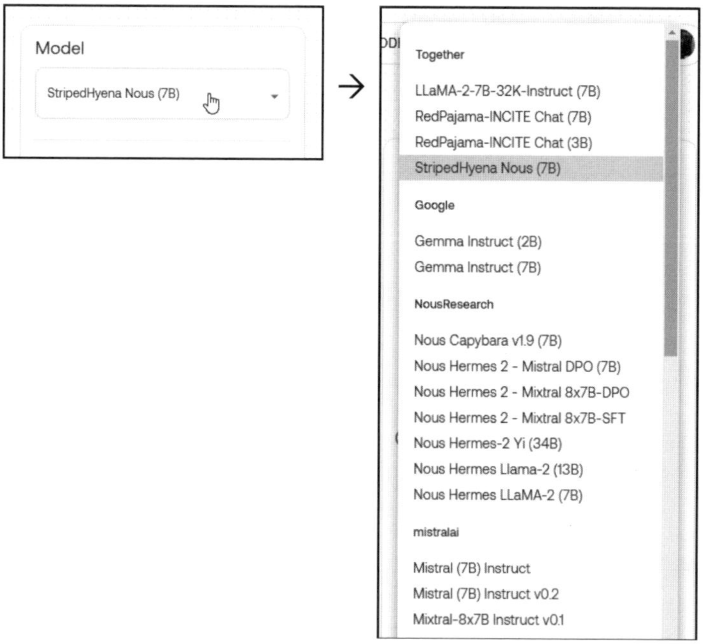

図6-8：「Models」をクリックすると、モデルのリストが現れる。

利用可能なパラメータ

Modelsの下の方にある「Parameters」というところには、モデルに送信できるパラメータが用意されています。この種のパラメータはモデルによって対応が異なるものですが、Together AIではすべてのモデルで同じパラメータが用意されています。チャットで使えるモデルに用意されているパラメータは以下のようになります。

Output length	応答の最大トークン数。整数で指定。
Temperature	温度。0 ～ 2の実数で指定。
Top-P	上位P。0 ～ 1の実数で指定。
Top-K	上位K。1 ～ 100の整数で指定。
Repetition Penalty	繰り返しのペナルティ。1 ～ 2の実数で指定。

これらのパラメータは、一部名前が違っているものもありますが、今まで何度も登場したものですから働きはだいたいわかるでしょう。これ以外のパラメータはTogether AIでは利用できません。

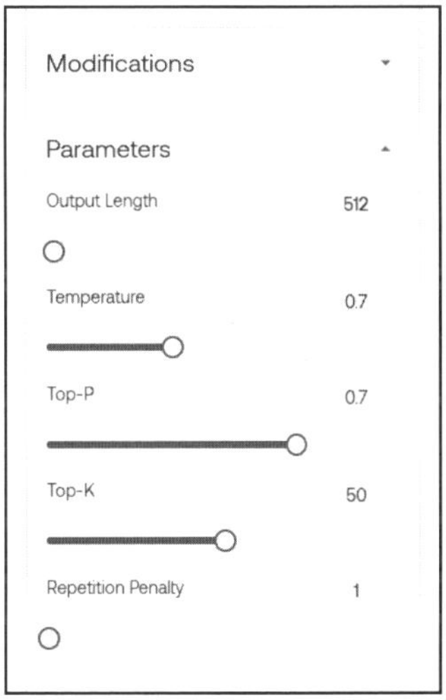

図6-9：Parametersに用意されているパラメータ。

複数のプレイグラウンド

デフォルトで表示されているプレイグラウンドは、「チャット(Chat)」方式のものです。プレイグラウンドは、この他にもいくつか用意されています。上部に見える「PLAYGROUNDS」という表示をクリックすると、プレイグラウンドのリストが現れます。ここで使いたいものを選択することで、そのプレイグラウンドに切り替えることができます。

では、チャット以外のプレイグラウンドを見てみましょう。

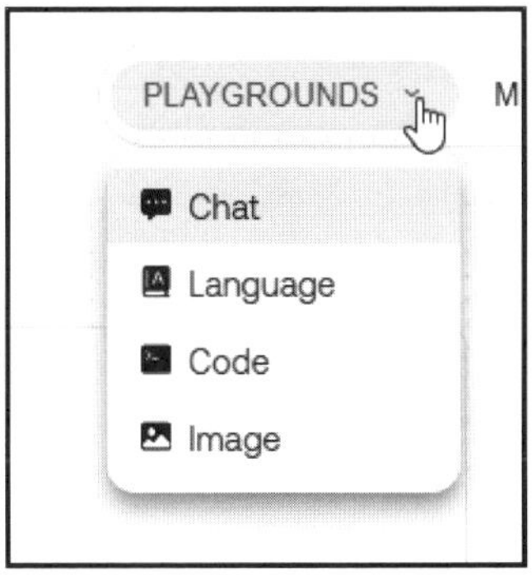

図6-10：「PLAYGROUNDS」には複数のプレイグラウンドが用意されている。

言語(Language)プレイグラウンド

「PLAYGROUNDS」から「Language」を選ぶと、言語プレイグラウンドに切り替わります。これはプロンプトを送ると、その続きを生成するものです。画面には、長いテキストを扱うためのテキストエリアが1つだけ表示されています。ここにプロンプトを記述して送信すると、モデルはその続きとなるテキストを考えて出力します。

チャット方式が主流となる前、LLMはこの言語方式が基本でした。今でも、単純に「なにかプロンプトを送ったら結果が返ってくる」というようなシンプルなやりとりならば、チャット方式よりこちらのほうが単純で使いやすいでしょう。

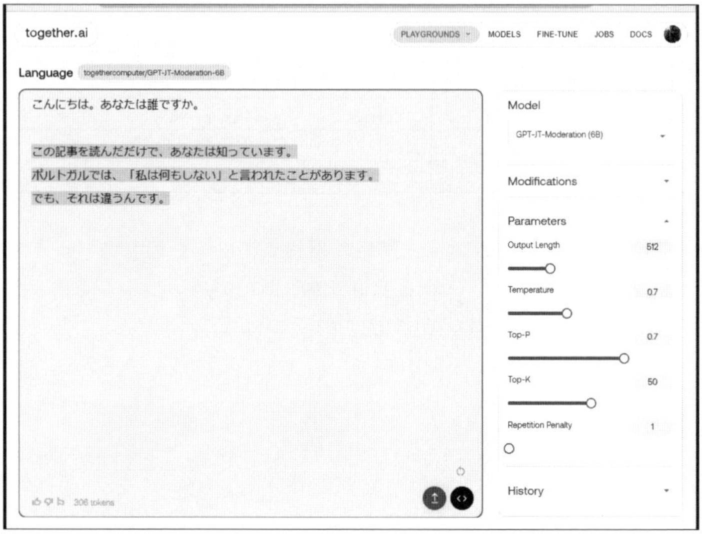

図6-11：言語プレイグラウンド。テキストを書いて送るとその続きを出力する。

コード(Code)プレイグラウンド

通常のテキスト生成モデルとは少し役割が異なるものとして、「コード生成」のモデルというのもあります。コードの生成は、それだけで専用のモデルを用意するほど重要視されているのです。

コードプレイグラウンドのUIは、言語プレイグラウンドとほぼ同じです。中央に大きなテキストの編集エリアがあり、そこにプロンプトを書いて実行すると、応答がその後に出力されます。実行する応答は、基本的に何かのコードを生成するためのものです。それ以外の応答を書いても思うような返事はもらえないでしょう。

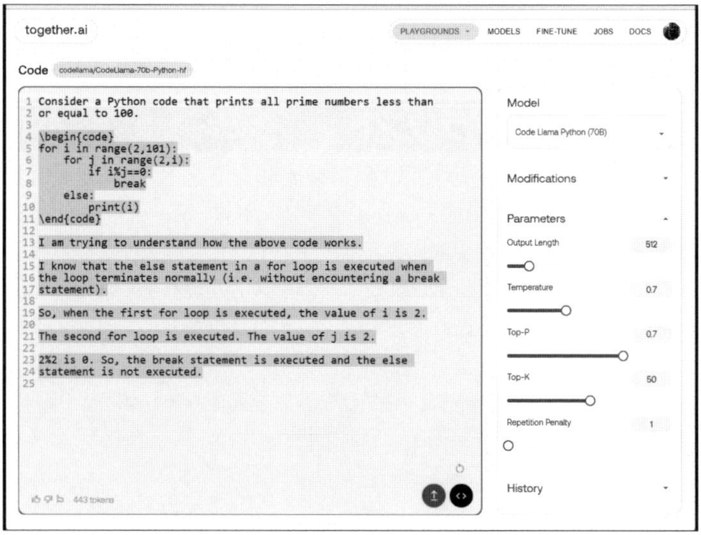

図6-12：コードプレイグラウンド。コードを生成する。

画像(Image)プレイグラウンド

Together AIではテキスト生成だけでなく、イメージ生成モデルもいろいろと用意されています。これらを試せるのが「画像(Image)」のプレイグラウンドです。

これは、言語やチャットとは微妙に異なるUIになっています。中央の上部にプロンプトを入力するフィールドが用意されており、ここにプロンプトを書いて送信すると、イメージを生成して下の空白のエリアに表示をします。

用意されているパラメータを利用することで、一度に複数のイメージを生成させたり、イメージのサイズを調整することもできます。

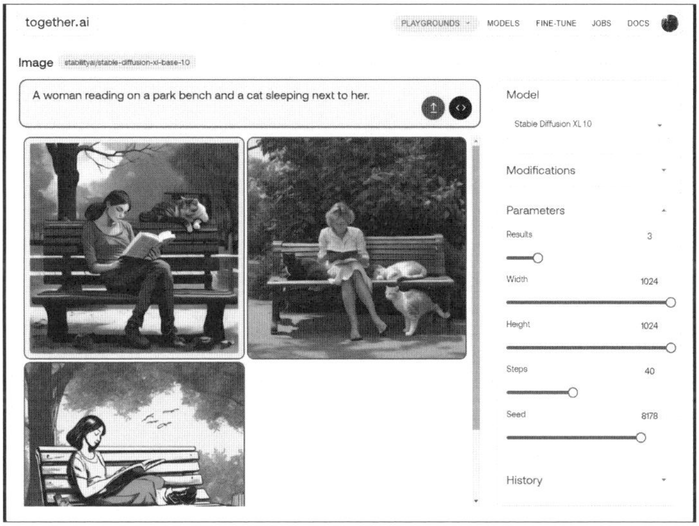

図6-13:画像プレイグラウンド。イメージを生成する。

画像のパラメータ

プレイグラウンドで使えるパラメータは、テキスト関係はすべて共通しています。チャット、言語、コードのいずれも「Parameters」には同じパラメータが表示されます。しかし、画像プレイグラウンドだけは別です。これには画像専用のパラメータが以下のように用意されています。

Results	生成するイメージ数。1 ~ 12の整数で指定。
Width	イメージの横幅。64 ~ 1024の整数で指定。
Height	イメージの高さ。64 ~ 1024の整数で指定。
Steps	ノイズ除去のステップ数。1 ~ 100の整数で指定。
Seed	乱数のシード。1 ~ 10000の整数で指定。

これも、すべてのイメージ生成モデルで同じものが用意されており、これ以外のパラメータは使えません。

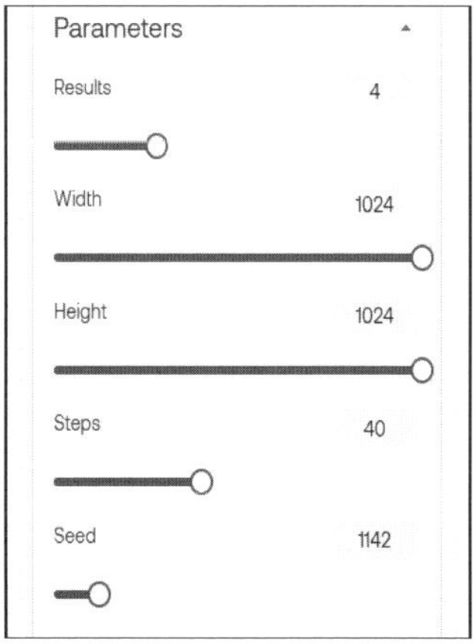

図6-14:画像プレイグラウンドのパラメータ。

「Models」について

プレイグラウンドの使い方は、実際に試してみればすぐにわかるでしょう。では、プレイグラウンド以外の機能についても見ていきましょう。Together AIで利用できるモデルに関する情報をまとめているのが「Models」です。これは、上部に見える「Models」リンクをクリックすると表示されます。

「Models」では、利用可能なモデルの一覧リストが表示されます。上部には「My model instances」という表示があり、ユーザがファインチューニングで作成した自分のモデルが表示されます。その下の「Serverless endpoints」というところには、すぐに利用可能なモデルの一覧リストが表示されます。ここには、モデル名、作者、種類、金額といったものが表示されています。金額は、100万トークンあたりの金額になります。

このリスト表示は、モデルの作者ごとにまとめられて表示されています。また上部にある「All」「Chat」「Language」「Code」「Image」といったボタンで、特定の種類のモデルのみを表示することができます。ただし、検索機能などは現時点で用意されていません。Together AIに用意されているモデルはHugging Faceのように登録されれば何でもアリといったものではなく、厳選されたものです。2024年4月の時点で100強しかないため、高度な検索機能などは必要ないということでしょう。

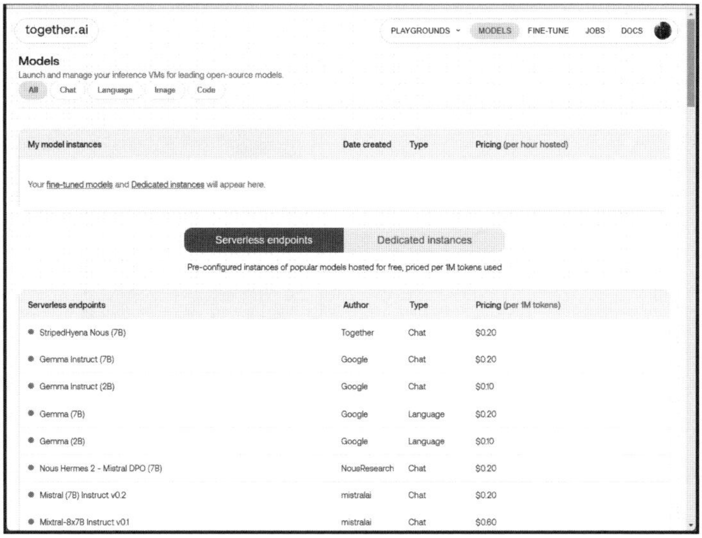

図6-15：「Models」では、利用可能なモデルの一覧が表示される。

モデルの情報を見る

リストに表示されているモデルは、クリックすると詳細情報のパネルが開かれます。モデル名と簡単な説明、費用といったものがあるだけで、詳しい情報を知りたい人のためにはHugging Faceのモデルカードへのリンクが用意されています。「これ以上はHugging Faceを見て」ということなのですね。

また、パネルには「Open」というボタンもあり、これをクリックするとそのモデルがプレイグラウンドで開かれます。そのままプロンプトを送ってモデルを使ってみることができるようになっているのです。

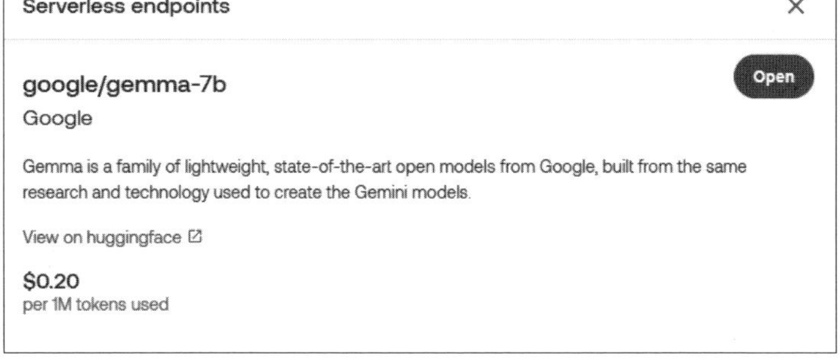

図6-16：モデルの詳細パネル。

アカウント設定とAPIキー

Together AIのサイトの重要な機能は、ここまで説明した「プレイグラウンド」と「Models」によるモデル情報のページです。この他、モデルのファインチューニングを行うためのページもありますが、これらは本格的にTogether AIを活用するようになるまでは使うことがないでしょう。

この他に覚えておきたいのは、「APIキーの管理」です。既に説明したように、Together AIではアカウント作成時にAPIキーが1つ割り振られます。その際にAPIをバックアップしておくのを忘れたり、あるいはどこかでAPIキーが流出してしまい、新たにAPIキーを生成したいような場合を考え、そのための方法を知っておく必要があるでしょう。

APIキーは、アカウントの設定ページで管理されています。画面の右上に、アカウントのアイコンが表示されていますね。これをクリックするとメニューが現れます。ここから「Settings」を選択して下さい。これで、アカウントの設定ページに移動します。

図6-17：アカウントのアイコンから「Settings」を選ぶ。

アカウントの設定ページ

アカウントの設定ページでは左側に設定の項目がリスト用意されており、ここで項目を選ぶと、その内容が右側に表示されるようになっています。

デフォルトでは、「PROFILE」という項目が表示されています。ここにはアカウント名や登録メールアドレスの他、組織名や役職、プライバシー関係（入力した個人情報の扱い）などが用意されています。これらは特に設定しないままでも利用に影響はありません。

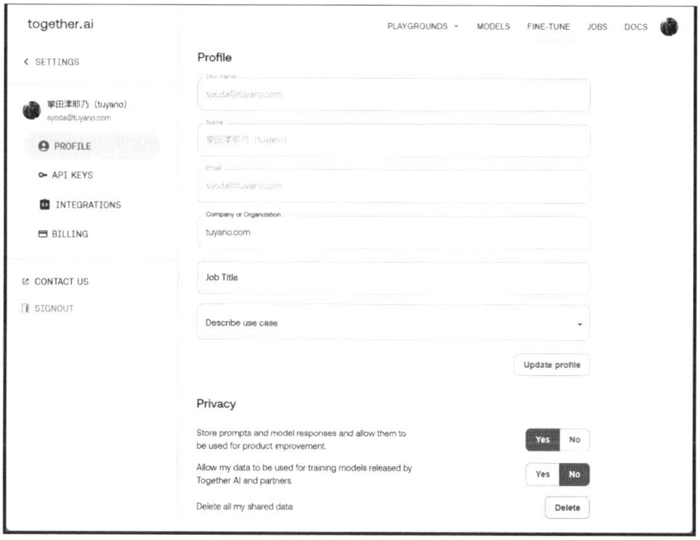

図6-18：アカウントの設定ページ。デフォルトではプロフィール関係が表示される。

APIキーは、左側のリストから「API KEYS」をクリックします。このページには、生成されているAPIキーが表示されます。ここのキーの右端にあるアイコンをクリックすることで、キーをコピーできます。

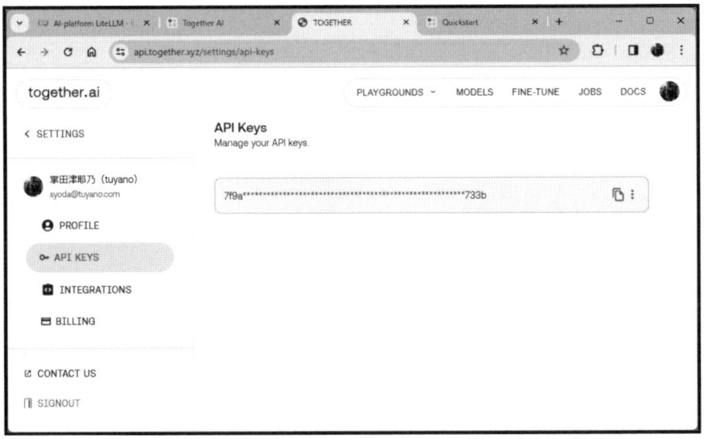

図6-19：APIキーのページ。

APIキーの再生成

もし、何らかの理由でAPIキーが流出してしまった場合は、APIキーを再生成することができます。APIキーの右端にある「：」をクリックし、現れた「Regenerate API key」というメニューをクリックして下さい。

画面に、APIキーを再生成するか確認するアラートが表示されます。ここにある「Regenerate API key」ボタンをクリックすれば、APIキーを再生成します。再生成すると、それまであったAPIキーはもう使えなくなります。既にAPIキーを利用していた場合は、すべてのAPIキーの値を新しいものに変更する必要があります。

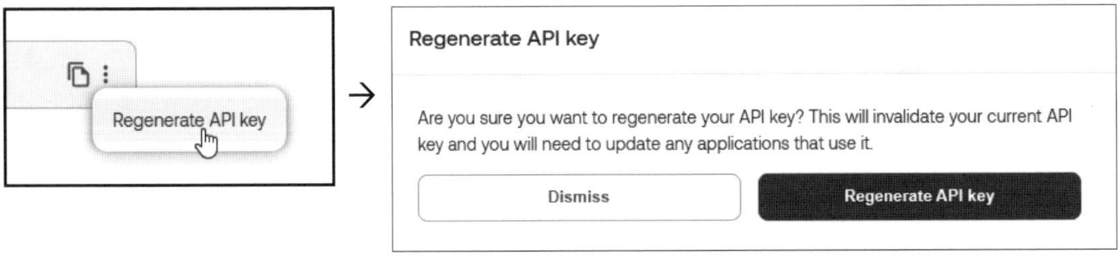

図6-20：「Regenerate API key」を選び、アラートで再度「Regenerate API key」をクリックする。

Chapter 6

6.2. APIからアクセスする

curlによるアクセス

では、Together AIのモデルにアクセスを行いましょう。アクセス方法はいくつかあります。Together AIでは、APIにアクセスするためのエンドポイントが公開されており、curlやプログラミング言語のHTTPアクセス機能を使ってアクセスして使うことができます。

もう1つ、OpenAIが公開しているライブラリを利用することもできます。この方式は、OpenRouterでも使いましたね。OpenAIが開発しているライブラリは、ベースとなるURLを設定することができるため、Together AIのエンドポイントを指定してモデルにアクセスすることが可能です。

まずは、HTTPベースでのアクセスから行ってみます。Together AIのモデルにアクセスするための基本HTTP情報を整理すると以下のようになります。

アクセス先	https://api.together.xyz/inference
メソッド	POST
認証	Authorizationヘッダー
コンテンツタイプ	application/json

アクセス先は、https://api.together.xyz/inferenceになります。これが、Together AIのモデルのエンドポイントです。すべてのモデルは、このURLにアクセスすることで利用できます。

これらに加えて、ボディコンテンツとしてモデルに送信する情報を用意します。この部分は、モデルのタイプによって内容が異なります。

Completionsのボディコンテンツ

Together AIでは、いくつものプレイグラウンドが用意されていましたが、これらはそれぞれ異なるタイプのモデルを使います。言語プレイグラウンドとチャットプレイグラウンドでは、使用するモデルも、またアクセスの際に用意する情報も異なります。まずは、言語プレイグラウンドで使ったモデルの利用を考えましょう。言語プレイグラウンドのテキスト生成は「Completions」と呼ばれます。Completionsを利用する場合、用意するボディコンテンツは以下のようになります。

```
{
  "model": モデル名,
  "prompt": プロンプト
}
```

modelにモデル名を指定し、promptに送信するプロンプトを用意します。modelに指定するモデル名は、「組織名/モデル名」という形（Hugging FaceのリポジトリIDと同じ方式）で指定します。promptは、そのまま文字列を指定するだけです。

curlでCompletionsモデルにアクセスする

では、実際に試してみましょう。ここでは、curlコマンドを使ってモデルにアクセスしてみます。ここでは、Colabのセルから実行する形で掲載しておきます。《APIキー》には、各自のAPIキーを指定して下さい。

ここでは、togethercomputer/StripedHyena-Nous-7Bというモデルに日本語のプロンプトを送信しています。このモデルは、StripedHyenaというTogether Computer（Together AIの運営元）が開発するオープンソースのLLMです。

▼リスト6-1

```
!curl -X POST "https://api.together.xyz/inference" \
  -H "Authorization: Bearer 《APIキー》" \
  -H "Content-Type: application/json" \
  -d '{"model": "togethercomputer/StripedHyena-Nous-7B", ↲
    "prompt": "Q: あなたは誰ですか。\nA:"}'
```

図6-21：curlを実行すると、Together AIのモデルから応答が返る。

実行すると、かなり長い応答が出力されます。Together AIからの応答にはさまざまな情報が組み込まれています。内容を整理すると、だいたい次のようになるでしょう。

```
{
  "id": ID値,
  "status": "finished",
  "prompt": [ プロンプト ],
  "model": モデル名,
  "model_owner": "",
  "num_returns": 1,
  "args": {
    "model": モデル名,
    "prompt": プロンプト
  },
  "subjobs": [],
  "output": {
    "finish_reason": "eos_token",
    "usage": { トークン情報 },
    "result_type": "language-model-inference",
    "choices": [
      {
        "text": 応答のテキスト,
        "finish_reason": "eos"
      }
    ],
    "prompt": [ プロンプト情報 ]
  }
}
```

応答の"output"というところに、モデルからの出力情報が用意されています。この中の"choices"というところに、配列の形で応答が保管されます。各応答は"text"と"finish_reason"という値を持つ辞書になっており、この"text"の値がモデルからの応答テキストになります。

Pythonのrequestsを利用する

curlでHTTPアクセスの基本がわかったところで、Pythonからモデルを利用してみましょう。Pythonでも、基本的な考え方は同じです。エンドポイントにPOSTアクセスし、必要な情報はボディコンテンツにまとめて送るだけです。

では、Colabに新しいセルを用意しましょう。まず、APIキーを変数に格納しておきます。

▼リスト6-2

```
TOGETHER_API = "《APIキー》"
```

このように実行して、TOGETHER_APIにAPIキーを代入しておきます。では、新しいセルを作成して、モデルにアクセスするコードを記述しましょう。

▼リスト6-3

```
import requests
import json

prompt = "" # @param {type:"string"}
model_id = "togethercomputer/StripedHyena-Nous-7B"
```

```
response = requests.post(
  url="https://api.together.xyz/inference",
  headers={
    "Authorization": f"Bearer {TOGETHER_API}",
    "Content-Type": "application/json"
  },
  data=json.dumps({
    "model": model_id,
    "prompt": prompt
  })
)
response
```

セルに表示されるフォーム項目にプロンプトを書いてセルを実行すると、Together AIのエンドポイントにアクセスし、モデルから応答を取得します。

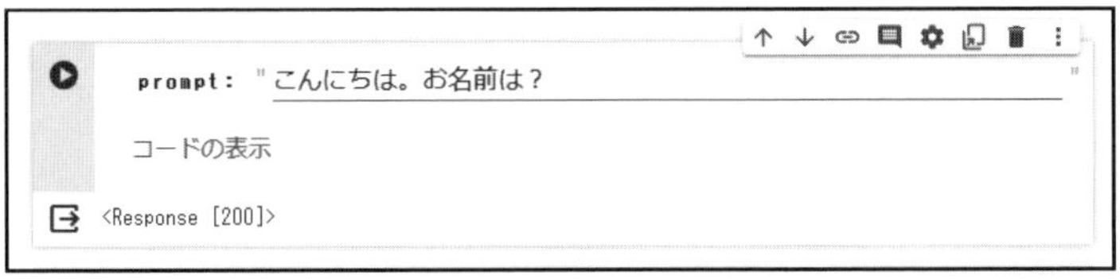

図6-22：フォーム項目にプロンプトを書いて実行する。

ここではpromptにプロンプトを、そしてmodel_idに利用するモデル名をそれぞれ用意してあります。これらを使い、requestsを利用して以下のようにアクセスを行っています。

```
requests.post(
  url="https://api.together.xyz/v1/completions",
  headers={ ヘッダー情報 },
  data= ボディコンテンツ )
```

requests.postで、urlに指定したアドレスにPOSTアクセスを行っています。urlの値は、今回は"https://api.together.xyz/v1/completions"となっていますね。先ほどのapi.together.xyz/inferenceは、すべてのアクセスを受け付けるものですが、このapi.together.xyz/v1/completionsはCompletionsモデルへのアクセスを行うためのものです。api.together.xyz/inferenceはすべてのモデルへのアクセスを受け付けますが、それとは別にそれぞれのモデルのタイプごとにエンドポイントが用意されているのですね。

headersには、ヘッダー情報を用意してあります。ここには、以下のようにしてAPIキーを用意しておきます。

```
"Authorization": f"Bearer {TOGETHER_API}"
```

重要なのは、ボディコンテンツです。これはJSONフォーマットのテキストとして用意しておきます。ここでは、以下のようにしてdataに値を割り当てています。

```
data=json.dumps({
  "model": model_id,
  "prompt": prompt
}
```

json.dumpsを使って引数内の辞書をJSONフォーマットのテキストに変換してあります。これで、送信のための情報は一通り用意できました。

Responseから応答テキストを得る

これで得られるのは、Responseというオブジェクトです。ここから応答のテキストを探して表示してみましょう。新しいセルに以下を記述して下さい。

▼リスト6-4

```
import json

resopnse_json = response.json()
resopnse_json['choices'][0]['text']
```

実行すると、先ほどのアクセスで作成されたResponseから応答のテキストを取り出します。Responseにはjsonというメソッドがあり、これにより、サーバーから送信されたJSONフォーマットのテキストをPythonのオブジェクト（辞書）に変換して取り出せます。

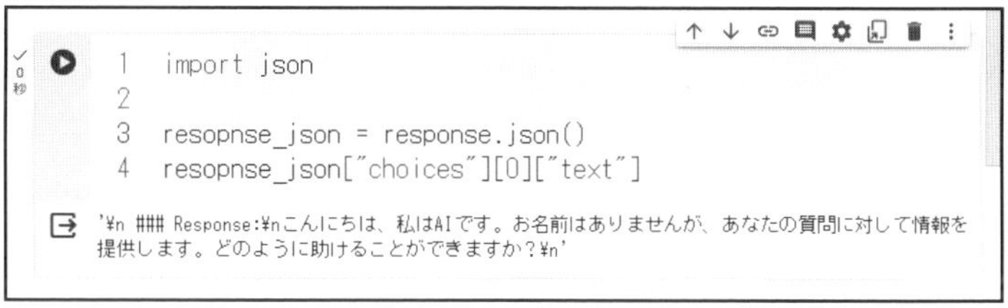

図6-23：Responseから応答のテキストだけを取り出す。

後は、その中から必要な値を指定して取り出すだけです。ここでは応答のchoicesから最初の項目を指定し、その中のtextにテキストが保管されています。これを取り出しているのですね。

先に、api.together.xyz/inferenceのエンドポイントにアクセスしたときは、戻り値から応答のテキストを取り出すには['output']['choices'][0]['text']と指定する必要がありました。api.together.xyz/v1/completionsでは、['output']はなくなり、['choices'][0]['text']だけで応答が取り出せるようになっています。

パラメータの送信

モデルにはさまざまなパラメータが用意されていました。これらの値を指定してモデルにアクセスするにはどうすればいいのでしょうか。

これは、ボディコンテンツにそのまま値を用意していきます。例えば、このような具合です。

```
json.dumps({
  "model": モデル名,
  "prompt": プロンプト,
  "max_tokens": 最大トークン数,
  "temperature": 温度,
  "top_p": 上位P,
  "top_k": 上位K,
  ……以下略……
}
```

これで、指定したパラメータがモデルに渡され、その値を元に応答が生成されます。例として、先ほどのサンプルでrequests.postを呼び出していた部分を以下のように書き換えてみましょう。

▼リスト6-5

```
response = requests.post(
  url="https://api.together.xyz/v1/completions",
  headers={
    "Authorization": f"Bearer {TOGETHER_API}",
    "Content-Type": "application/json"
  },
  data=json.dumps({
    "model": model_id,
    "prompt": prompt,
    "max_tokens": 200,
    "temperature": 0.7,
    "top_p": 0.5,
    "top_k": 30
  })
)
```

これで、max_tokens, temperature, top_p, top_kといったパラメータを指定してモデルを呼び出すことができます。用意されているパラメータの名前さえきちんとわかっていれば使うのはとても簡単です。

Chat Completionsの利用

Completionsによるモデルへのアクセスはだいたいわかりましたね。続いて、Chat Completionsモデルへのアクセスを行ってみましょう。

チャットの場合、いくつか変更する点があります。1つはエンドポイントのURL、もう1つはボディコンテンツの内容です。以下に整理しておきます。

▼エンドポイント

```
https://api.together.xyz/v1/chat/completions
```

▼ボディコンテンツ

```
{
  "model": モデル名,
  "messages": [
    {"role":"user", "content":メッセージ}
  ]
}
```

エンドポイントは単純にURLを変更するだけですが、ボディコンテンツは用意する内容自体が変わっているので注意が必要です。"prompt"はなくなり、代わりに"messages"という項目が用意されます。これは、メッセージをリストにまとめたものです。メッセージは、"role"と"content"という値を持つ辞書として用意されます。

この"messages"には、いくつものメッセージを用意しておくことができます。それまでのやり取りの履歴などをここにまとめておいてアクセスすれば、それらを踏まえて新たな応答を受け取ることができます。

Chat Completionsにアクセスする

では、実際にChat Completionsモデルを利用してみましょう。新しいセルに以下のコードを記述して下さい。

▼リスト6-6

```
import requests
import json

prompt = "" # @param {type:"string"}
model_id = "togethercomputer/StripedHyena-Nous-7B"

response = requests.post(
  url="https://api.together.xyz/v1/chat/completions",
  headers={
    "Authorization": f"Bearer {TOGETHER_API}",
    "Content-Type": "application/json"
  },
  data=json.dumps({
    "model": model_id,
    "messages": [
      {"role":"user", "content":prompt}
    ]
  })
)
response
```

基本的な使い方は、Completionsのときと同じです。フォーム項目に送信するプロンプトを記述して実行すれば、モデルにアクセスして戻り値のResponseを受け取ります。今回も、利用するモデルはStripedHyena-Nous-7Bを使っています。このモデルはCompletionsにも、Chat Completionsにも対応しています。

Chatの戻り値

では、戻り値のResponseから応答を取り出しましょう。返される値の内容も、CompletionsとChat Completionsでは微妙に違っています。では、新しいセルに以下を記述して実行してみましょう。

▼リスト6-7

```
import json

resopnse_json = response.json()
resopnse_json["choices"][0]["message"]["content"]
```

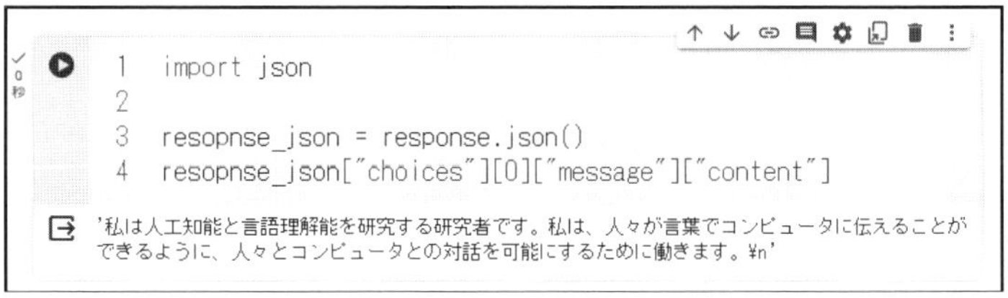

図6-24：Responseから応答のメッセージを取り出す。

応答の情報が"choices"にリストとして保管されているのはCompletionsと同じです。問題は、その内容です。choicesに保管されているオブジェクトには"message"という値があり、ここにメッセージの値がまとめられています。

メッセージの値は、送信時にボディコンテンツに用意した"messages"の値と同じです。すなわち、"role"と"content"という値を持つ辞書として返されるのです。"role"の値は"assistant"となっており、これがAIモデルからのメッセージを示す値になります。

OpenAIパッケージを利用する

Togetherパッケージは非常にシンプルで使いやすいものです。しかし、「プラットフォームが独自に作っているものは不安だ」という人もいることでしょう。また、「いちいちプラットフォームごとにライブラリをインストールしたりしたくない」という人も多いはずです。

こうした人には、別のアプローチも用意されています。それは、「OpenAI」のパッケージを利用する方法です。

先にOpenRouterでも使いましたが、OpenAIのパッケージはベースとなるURLを設定することで、OpenAI API以外のエンドポイントにもアクセスできるようになっています。これを利用し、Together AIのエンドポイントにアクセスしてモデルを利用することができるのです。

では、実際に試してみましょう。まずOpenAIのパッケージをインストールします。新しいセルを用意し、以下を記述して実行して下さい。これでOpenAIパッケージが利用できるようになります。

▼リスト6-8

```
!pip install openai --q -U
```

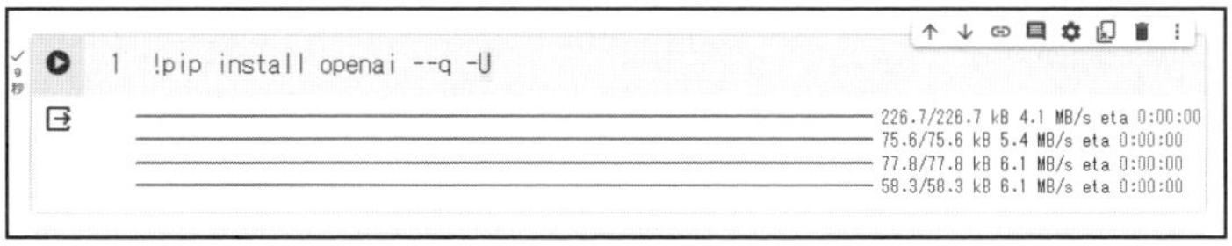

図6-25：openaiパッケージをインストールする。

OpenAIの使い方

では、OpenAIの基本的な使い方を整理しておきましょう。OpenAIはクラスとして用意されています。まず最初に、以下のようにしてインスタンスを作成しておきます。

```
変数 = OpenAI(api_key=《APIキー》, base_url=《ベースURL》)
```

api_keyには、Together AIのAPIキーを指定します（OpenAIのAPIキーではないので注意して下さい）。そしてbase_urlに、Together AIのベースURLを指定します。これは、エンドポイントのURLではありません。アクセスするドメインを指定するもので、Together AIの場合は、'https://api.together.xyz'と指定をしておきます。

インスタンスを作成したら、その中のメソッドを呼び出してモデルにアクセスをします。ここでは、チャットとしてアクセスするメソッドを使ってみましょう。

```
変数 = 《OpenAI》.chat.completions.create(
  model=モデル名,
  messages=[ メッセージ ]
)
```

OpenAIのchat.completionsにあるcreateメソッドを使います。引数にmodelとmessagesを用意して呼び出せば、モデルにアクセスして結果を返します。これらの値は、requestsの場合と同じものを用意すればOKです。

OpenAIでTogether AIにアクセスする

では、実際にOpenAIパッケージを使ってTogether AIにアクセスしてみましょう。新しいセルを作成し、以下のコードを記述して下さい。

▼リスト6-9

```
from openai import OpenAI

message = "" # @param {type:"string"}
model_id = "togethercomputer/StripedHyena-Nous-7B"

client = OpenAI(api_key=TOGETHER_API,
  base_url='https://api.together.xyz',
)

response = client.chat.completions.create(
  model=model_id,
  messages=[
    {
      "role": "system",
      "content": "あなたは日本語のAIアシスタントです。",
    },
    {
      "role": "user",
      "content": message,
    }
  ]
)
response
```

これまでと同様、セルに表示されるフォーム項目にプロンプトを記入し、セルを実行します。これでモデルからの応答が得られ、出力されます。

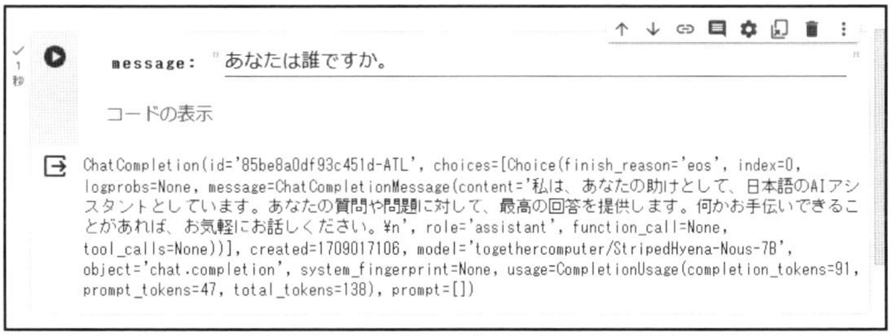

図6-26：フォーム項目に入力し実行すると応答が出力される。

ここでは、messagesに以下の2つのメッセージを用意してあります。

```
{"role": "system", "content": "あなたは日本語のAIアシスタントです。"}
{"role": "user", "content": message}
```

"system"のロールは、チャットモデルに初期設定を行うためのものです。これにより、モデルを日本語のAIモデルとして認識させています。そして2つ目に、"user"ロールで入力されたメッセージを追加してあります。

ChatCompletionsから応答を得る

実行すると、セルの下にChatCompletionというオブジェクトの内容が出力されます。これが、OpenAIでChat Completionsにアクセスした際の戻り値です。このオブジェクトは、requestsで得られるResponseとはまったく別のものです。ただし、モデルから受け取る応答のデータ構造はほぼ同じなので、まったく同じやり方で応答を取り出すことができます。

▼リスト6-10

```
response.choices[0].message.content
```

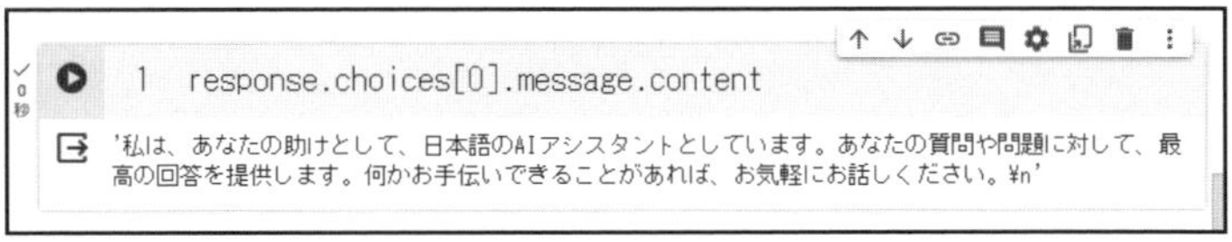

図6-27：ChatCompletionから応答を取り出す。

このように実行すると、responseから応答のテキストを取り出すことができます。choicesにあるリストから最初の項目を指定し、その中のmessageからcontentを取り出しています。値の構造はまったく同じであることがわかりますね。

ただし、取り出し方は少し違います。requestsの場合、値は辞書ですから、respoponse["choices"][0]というように添え字（[]の部分）を使って値を取り出していく必要がありました。しかしChat Completionでは、これらの値はすべてオブジェクトのプロパティとして用意されているため、response.choices[0]というようにプロパティ名で指定していくことができます。こちらのほうがより記述しやすいし、わかりやすいですね。

Togetheパッケージを利用する

OpenAIパッケージは簡単にChat Completionモデルにアクセスすることができます。では、Completionモデルへのアクセスはどうするのでしょうか。

実は、これは微妙な問題をはらんでいます。OpenAI APIでは、CompletionsはLegacy（旧方式）となっており、推奨されていません。テキスト生成モデルの利用にはChat Completionの利用が推奨されているのです。

したがって、OpenAIパッケージを利用する場合、Chat Completionを利用するべきです。Completionは利用すべきではありません。

では、Completionへのアクセスはrequestsを使って直接エンドポイントにHTTPアクセスするしかないのか？　いいえ、そうではありません。Completionモデルへは、Togetherパッケージを利用すればいいのです。

Together AIでは独自にライブラリの開発を行っており、専用パッケージをインストールすることで、さらに簡単にモデルへのアクセスが行えるようになっています。こちらはCompletionモデルのみで、Chat Completionモデルへのアクセス機能はありません。

つまり、「OpenAIパッケージではCompletionモデルへのアクセスが非推奨なので、そこだけTogether AIが独自にパッケージを作成した」ということなのでしょう。

では、このTogetherパッケージを利用してみましょう。新しいセルを用意し、以下を記述し実行して下さい。これでパッケージがインストールされます。

▼リスト6-11

```
!pip install together --q -U
```

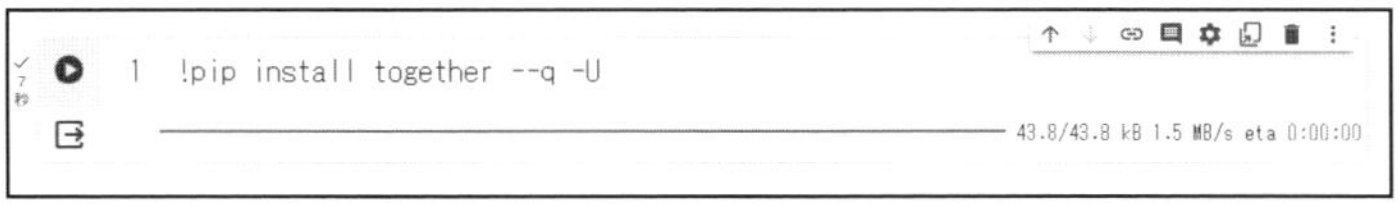

図6-28：Togetherパッケージをインストールする。

Togetherパッケージは、togetherというモジュールとして用意されています。利用の際はまず最初に、以下のようにしてAPIキーを設定しておきます。

```
together.api_key = 《APIキー》
```

これで、togetherモジュールにある機能を呼び出してアクセスを行えるようになります。

togetherからCompletionを利用する

Togetherパッケージで Completionモデルへのアクセスは以下のように行います。

```
変数 = together.Complete.create(model=モデル名, prompt=プロンプト)
```

非常にシンプルですね。together.Completeというのが、Completion関係の機能をまとめたクラスです。この中にある「create」メソッドでCompletionモデルにアクセスすることができます。

引数には、モデル名とプロンプトを用意します。最低限、この2つを用意すれば、指定のモデルで応答を得ることができます。

では、実際に使ってみましょう。新しいセルに以下のコードを記述して下さい。

▼リスト6-12

```
import together

prompt = "" # @param {type:"string"}
model_id = "togethercomputer/StripedHyena-Nous-7B"
```

```
together.api_key = TOGETHER_API

response = together.Complete.create(
  model=model_id,
  prompt=prompt)
response
```

セルのフォーム項目にプロンプトを書いて実行すると応答が得られます。セル下に出力される内容を見ればわかりますが、これはcurlでapi.together.xyz/inferenceエンドポイントにアクセスしたときの戻り値とほぼ同じものです（ただし、こちらは辞書オブジェクトになっています）。

図6-29：プロンプトを書いて実行すると応答が得られる。

応答の中の"output"内に"choices"があり、その中に応答がリストにまとめられています。それぞれの応答の値には"text"というキーで応答テキストが保管されています。この値を取り出して利用すればいいのです。

▼リスト6-13

```
response['output']['choices'][0]["text"]
```

例えばこのように実行すると、responseから応答のテキストが取り出せます。output内にデータがまとめられているなど多少の違いはありますが、requests利用の場合とデータの基本的な構造はだいたい同じなことがわかります。

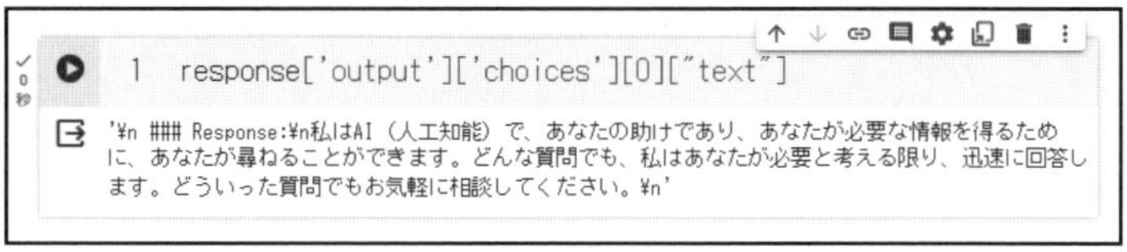

図6-30：応答のテキストを取り出す。

イメージ生成の利用

Together AIではテキスト生成モデルだけでなく、イメージ生成モデルも用意されています。これも、もちろんコードからアクセスすることができます。

イメージ生成モデルへのアクセスは、先ほどインストールしたTogetherパッケージに用意されています。これは以下のように呼び出します。

```
変数 = together.Image.create(
  model= モデル名 ,
  prompt= プロンプト ,
  ……パラメータ関係……)
```

ほとんどCompletionとかわらないのがわかりますね。together.Imageからcreateを呼び出しているだけで、引数に用意するmodelやpromptはまったく同じです。イメージ生成の場合、その他にパラメータを指定することが多いですが、それらも引数として追加していくだけです。

では、実際にイメージ生成を行ってみましょう。新しいセルに以下のコードを記述して下さい。

▼リスト6-14

```
import together

prompt = "" # @param {type:"string"}
model_id = "stabilityai/stable-diffusion-2-1"

response = together.Image.create(
  model=model_id,
  prompt=prompt,
  height=512, width=512,
  results=1)
response
```

図6-31：プロンプトを書いて実行する。

フォーム項目にプロンプトを記述して実行します。なお、プロンプトは英語で記述して下さい。日本語は正しく理解できません。また、ここではheight, width, resultsといったパラメータを用意してありますが、これらは必須と考えておいて下さい。特にheightとwidthは、512または1024に設定しておきましょう。これらの値は適当に設定するとイメージが崩れ、まともに表示できない場合があるので注意して下さい。

イメージ生成の戻り値

実行すると、応答の値が下に出力されます。イメージ生成の戻り値は、テキスト生成とはかなり内容が違っています。整理すると、だいたい以下のようになるでしょう。

```
{
  'status': 'finished',
  'prompt': [ プロンプト ],
  'model': モデル名,
  'model_owner': '',
  'tags': {},
  'num_returns': イメージ数,
  'args': {
    'model': モデル名,
    'prompt': プロンプト,
    'n': イメージ数,
    'mode': 'text2img',
    'steps': ステップ数,
    'seed': シード,
    'height': 高さ,
    'width': 横幅,
    'negative_prompt': ネガティブプロンプト
  },
  'subjobs': [],
  'output': {
    'choices': [
      {'image_base64': データ}
    ],
    'request_id': ID値,
    'result_type': 'image-model-inference'
  }
}
```

'status' ~ 'num_returns'	実行内容に関する情報です。ステータス、プロンプト、モデル名などの情報が用意されています。
'args'	モデルに送られた情報がまとめられています。モデル名とプロンプト、パラメータ関係がすべてまとめられています。
'output'	モデルからの出力です。この中の'choices'内に、モデルが生成した応答の情報がまとめてあります。

'args'は、生成されたイメージがどのようなプロンプトとパラメータで作られたかを確認するのに役立ちます。また実際に生成されたイメージのデータは'output'の'choices'内にまとめられています。

イメージデータの扱い

'choices'内には、'image_base64'というキーにBase64でエンコードされたイメージデータが保管されています。これは非常に大きなテキスト値になっています。

この'image_base64'のテキストをBase64でデコードすることで、イメージのバイナリデータを作成できるようになっています。これは、以下のように行います。

```
変数 = base64.b64decode(《Base64データ》)
```

Base64というモジュールは、Pythonにデフォルトで用意されています。そのb64decodeでバイナリデータを得ることができます。イメージをファイルに保存するならば、以下のように行えばいいでしょう。

```
with open("ファイル名", "wb") as f:
  f.write(バイナリデータ)
```

これで、イメージをファイルに保存できます。また、Colabでイメージを表示させたい場合は、IPython.displayモジュールにある「Image」というクラスを利用すればいいでしょう。これは、以下のようにインスタンスを作成します。

```
Image(data=バイナリデータ)
```

これで、バイナリデータをイメージとして表示することができます。なお、このImageはWeb上にあるイメージを表示させるのにも使えます。この場合はdataではなく、「url="○○"」というようにしてイメージファイルのURLをテキストで指定します。イメージ表示の基本機能として覚えておくと便利でしょう。

イメージを保存し表示する

では、生成されたイメージを利用するコードを作成しましょう。新しいセルを用意し、以下を記述して実行して下さい。

▼リスト6-15

```
import base64
from IPython.display import Image

image = response["output"]["choices"][0]
b64_decode = base64.b64decode(image["image_base64"])
with open("image.png", "wb") as f:
  f.write(b64_decode)
Image(data=b64_decode)
```

これを実行すると、先ほど生成したイメージを「image.png」というファイルに保存し、セルの下にイメージを表示します。

図6-32：生成イメージをimage.pngファイルに保存し、表示する。

ここではresponse["output"]["choices"][0]で生成イメージのデータがまとめられている辞書を変数に取り出し、そこからimage["image_base64"]でBase64データを取り出して、それをbase64.b64decodeでデコードしています。後は得られたバイナリデータをファイルに保存し、Imageで表示するだけです。

オープンソースを素早く活用する

以上、Together AIの基本的な使い方について一通り説明をしました。Together AIは、オープンソースモデルに特化したAIプラットフォームです。エンドポイントにアクセスするだけでモデルを利用できる手軽さ、また、OpenAIやTogetherのパッケージを利用することでさらにシンプルなコーディングが可能になります。

Together AIを選択する最大の理由は、「オープンソースを素早く活用する」ということでしょう。Hugging Faceは膨大なオープンソースモデルを持っていますが、コーディングはやや難しく、ある程度の理解が必要です。OpenRouterはメジャーなオープンソースモデルの他にプロプライエタリなモデルも持っていますが、テキスト生成に特化しており、イメージの生成などは行えません。

Together AIでは、ここで説明したLLMの基本的な利用だけでなく、ファインチューニングにより独自の学習データを使ってモデルをカスタマイズしたり、Vercel（Next.jsの開発元）との統合機能により、Vercelで作成し公開するNext.jsアプリケーションからTogether AIのAIModelを利用できるようにするなどの機能も提供しています。ただLLMを使うだけでなく、それを利用して新しいプログラムをいかに簡単に開発できるかを重視していることが伺えます。

「Webアプリの中からオープンソースのModelを利用する新しいサービスを作りたい」と考えているような人にとっては、Together AIは最適なプラットフォームといっていいでしょう。

Chapter 7

LangChain

LangChainは商業ベースで使われているAIモデルからオープンソースのモデルまで、
あらゆるモデルを統一したインターフェイスで利用できるようにするライブラリです。
ここではその基本的な使い方を覚え、
OpenAIやGoogle、Anthropic、Hugging Faceなど、
さまざまなバンダーのAIモデルを利用できるようにしてみます。

Chapter 7

7.1. LangChainの基本

LangChainとは？

Hugging Faceはオープンソースによるモデル利用のためのプラットフォームでした。オープンソースは、AIの世界でも大きなウェイトを占めるようになりつつあります。しかし、実際問題として多くの人が利用しているAIチャットなどは、商業ベースで開発されているAIモデルです。こうした商業ベースで開発されているプロプライエタリモデルも、その多くは開発元によりAPIなどが公開されて使えるようになっています。ただし、多くのAPIはそれぞれのモデルでの利用のことだけを考えているため、実装の仕方はモデルによってさまざまであり、新しいAPIを使おうと思ったら、またそのための学習をしなければいけません。

さまざまなモデルを統一されたインターフェイスで利用できるような仕組みがあれば、開発は随分とスムーズになるでしょう。こうした考えのもとに開発されているのが「LangChain」です。

LangChainは、プラットフォームではありません。これは、オープンソースのライブラリです。とはいえ、多くのプロプライエタリなAIモデルがLangChainで対応しており、共通のインターフェイスで利用できるようになっています。OpenAIでもGoogleでもAmazonでも、すべてはLangChainライブラリに共通のインターフェイスを実装する形で組み込まれているため、どのモデルも同じように扱うことができます。

コミュニティも活発であり、さまざまなモデルへの対応も実装されています。こうした点からLangChainは、一種のプラットフォーム的な役割を果たしているといえるでしょう。

LangChainは、以下のURLで公開されています。

https://www.langchain.com/

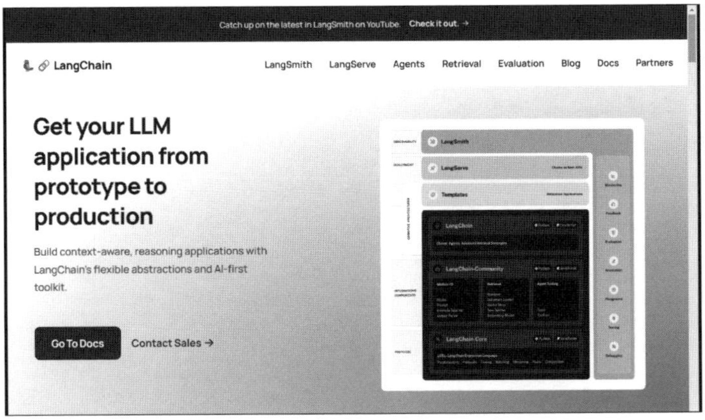

図7-1：LangChainのWebサイト。

ここで、LangChain関係のドキュメントが公開されています。基本的な使い方の他、APIのリファレンスやサンプルコード、チュートリアルなど膨大な量のコンテンツが用意されているので、一度アクセスしてみることをおすすめします。

OpenAI APIのアカウントを取得する

LangChainは、さまざまな商業AIモデルを利用する手段を提供します。ただし、こうしたAIモデルは、そのままでは使えません。それぞれのAPIを公開するサイトでアカウント登録し、利用できるようにしておく必要があります。

ここでは例として、OpenAIのAIモデル（GPT-3.5/4など）をLangChainから利用してみることにしましょう。OpenAIが開発するモデルはAPIで公開されています。利用には、OpenAI APIのアカウントを登録する必要があります。まずは以下にアクセスして下さい。

https://openai.com/product

これは、OpenAIのプロダクトページです。ここにある「Get started」ボタンをクリックしてアカウントの作成を開始します。

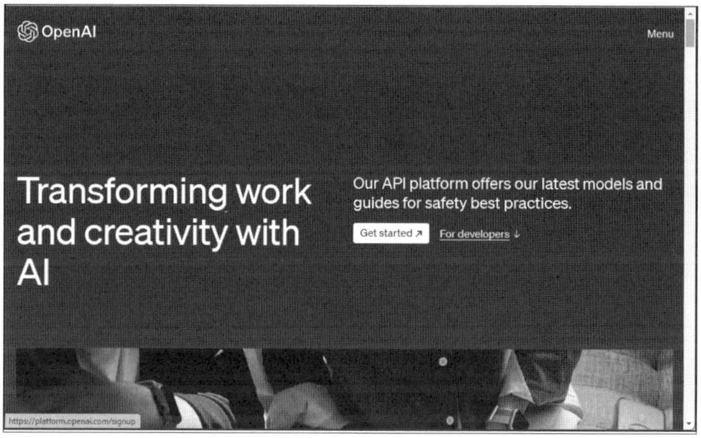

図7-2：OpenAIのプロダクトページ。

1. Create your account

登録するアカウントを入力します。そのままメールアドレスで登録してもいいのですが、GoogleアカウントやMicrosoftアカウント、Appleアカウントなどのソーシャルアカウントが利用できるので、これらを使うのがよいでしょう。

ここでは、Googleアカウントで登録を行うことにしましょう。「Googleで続ける」というボタンをクリックして下さい。

図7-3：アカウントの作成画面。「Googleで続ける」を選ぶ。

2. OpenAIにログイン

Googleアカウントから OpenAIにログインすることを確認する表示が現れます。そのまま「次へ」ボタンをクリックします。

図7-4：確認内容を読んで次へ進む。

3. Tell us about you

アカウントを作成する利用者の情報を入力します。名前、組織名(省略可)、生年月日を入力し、「Agree」ボタンをクリックします。これでアカウントが作成されます。

図7-5：名前、組織名、生年月日を入力する。

OpenAI APIの設定

アカウント登録されると、OpenAI APIのサイトにアクセスされます。デフォルトでは「Overview」というページが現れます。ここでOpenAIのさまざまな設定のページにアクセスできるようになっています。

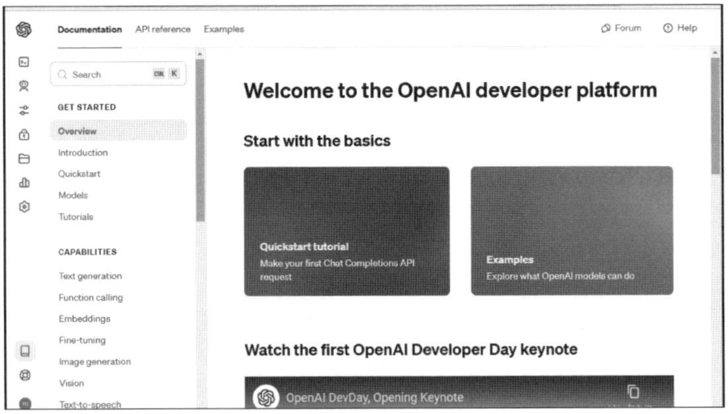

図7-6：OpenAI APIのサイトにアクセスする。

アカウント登録してOpenAI APIが使えるようになったら、必要な設定を行いましょう。まず必要となるのは、APIキーの作成です。APIキーは、プログラムなどからOpenAI APIを利用する際に必要となります。このAPIキーで利用するアカウントを識別するのです。

では、ページの左側にあるアイコンバーから「API keys」という項目をクリックしましょう。

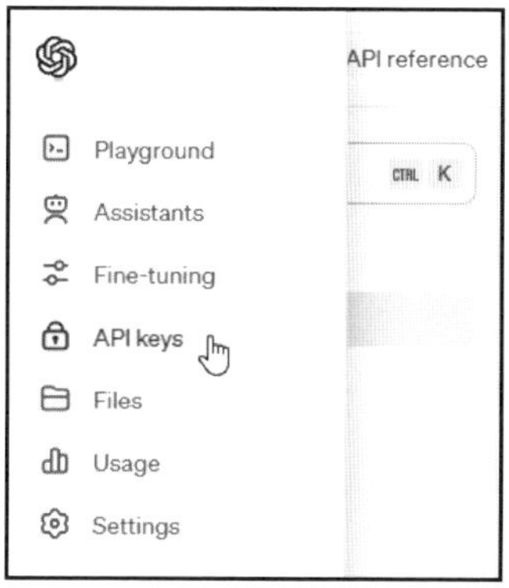

図7-7：「API keys」をクリックする。

「API keys」の画面になります。ここには、作成したAPIキーが一覧表示されます（といっても、まだ作っていないので何も表示されませんが）。APIキーはいくつでも作成できるので、用途に応じて複数作成して利用するとよいでしょう。

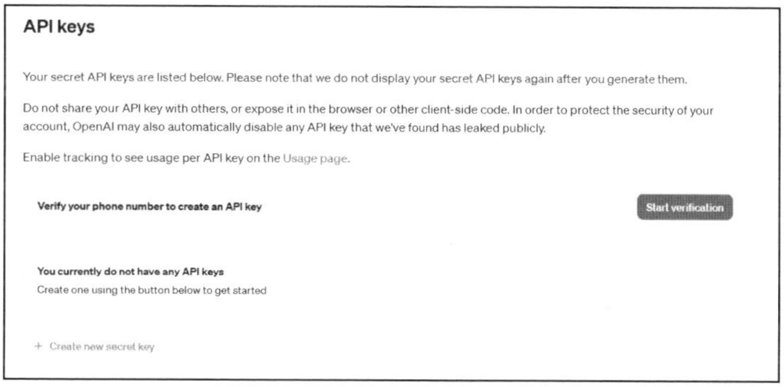

図7-8：API keysの画面。ここでAPIキーを作る。

認証作業を行う

ここでAPIキーを作成するのですが、おそらく今の段階ではAPIキーを作る「Create new secret key」ボタンが選択できなくなっているはずです。これは、ユーザー認証が完了していないためです。

OpenAI APIを実際に利用するには、ユーザー認証を完了する必要があります。画面にある「Start verification」というボタンをクリックして下さい。「Verify your phone number」というパネルが現れます。

ユーザー認証には、携帯電話番号が必要です。ここで番号を記入して「Send code」ボタンをクリックすると、その端末に認証コードが送信されます。これを入力すれば、認証は完了です。

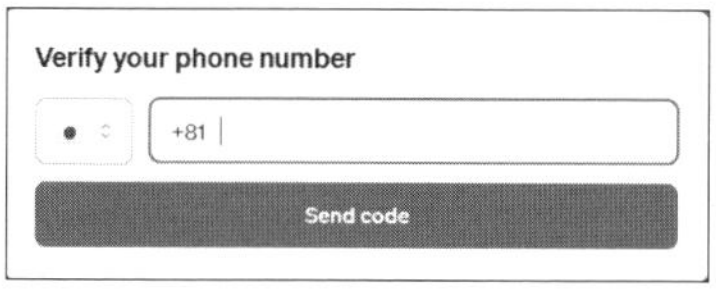

図7-9：「Verify your phone number」で電話番号を入力する。

APIキーを作成する

認証が完了すれば、OpenAI APIの機能が使えるようになります。画面にある「Create new secret key」ボタンが選択可能になっているでしょう。では、このボタンをクリックしてAPIキーを作成しましょう。

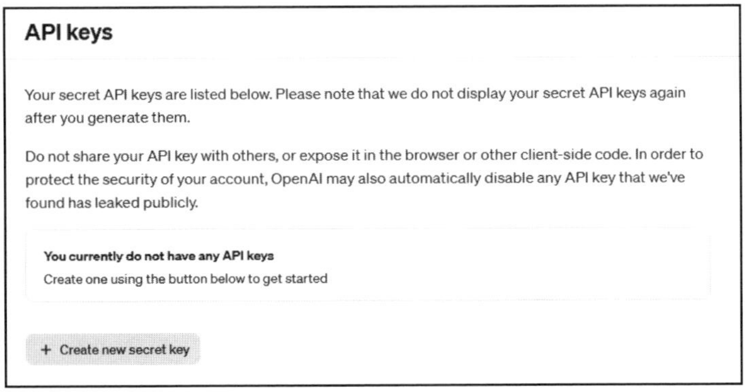

図7-10：API keysページに戻ると、「Create new secret key」がクリック可能となっている。

画面に、「Create new secret key」というパネルが表示されます。ここで、APIキーに名前を付けます。これは省略してもいいのですが、用途ごとにAPIキーを使い分けるような場合は、どういう用途かわかるような名前を付けておくとよいでしょう。

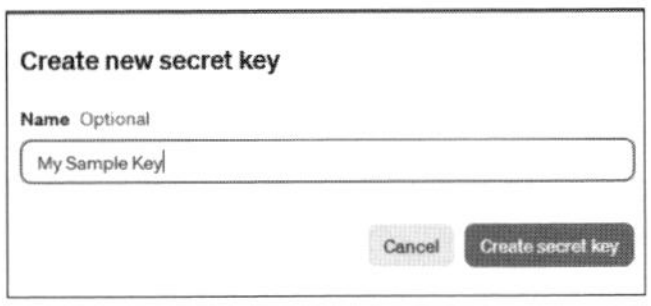

図7-11：APIキーに名前を付ける。

「Create a secret key」ボタンをクリックすると、新しいAPIキーが生成されます。画面に表示されるフィールドに書き出されているのが、生成されたAPIキーです。これをコピーし、どこかにペーストして保管して下さい。このAPIキーは、パネルを閉じると二度と表示できません。必ずここで値を保管するようにして下さい。

値をどこかに保管できたら、「Done」ボタンで作業を終了します。これで、API利用の準備は整いました。

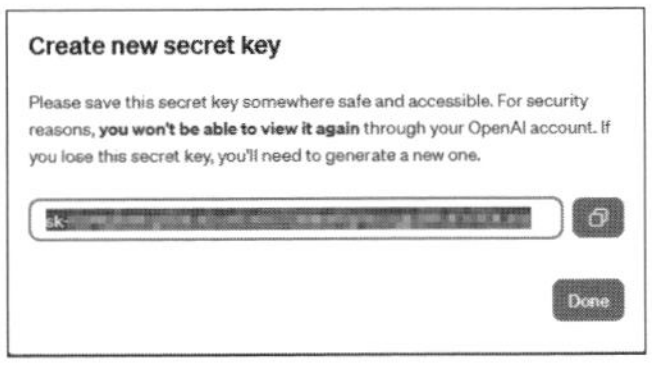

図7-12：作成されたAPIキー。必ずどこかに保管しておくこと。

API利用の支払いについて

これで、OpenAI APIを使えるようになりました。しかし、APIの利用には費用がかかります。本来ならばクレジットカードを登録し、支払いの設定を行わないといけません。

ただし、初めてアカウントを作成したときは5ドル分の利用クレジットが設定されており、このクレジットがある間は無料でAPIを利用できます。5ドルあれば、数千回のAPIアクセスが可能です。したがって、APIを試しに使ってみるだけなら支払いを考える必要はないでしょう。

今後もAPIを利用し続けたいのであれば、支払いの設定を行って下さい。左側のアイコンバーから「Settings」を選び、さらに「Settings」下にある「Billing」を選びます。これで、支払い関係のページが表示されます。ここにある「Payment methods」というボタンをクリックすると、支払い方法の登録画面に移動します。

支払い方法は現在のところ、クレジットカードのみです。登録画面でクレジットカードを登録すれば、利用した分だけカードで支払われるようになります。

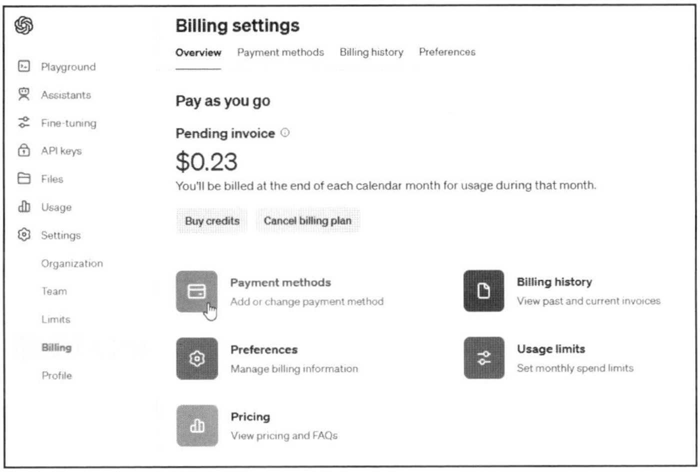

図7-13：「Settings」の「Billing」で支払い情報を管理する。

LangChainからOpenAIを利用する

OpenAI APIの準備が整ったら、LangChainからOpenAIを利用することにしましょう。

ではColabを開き、新しいセルを準備して下さい。まずは、LangChainライブラリをインストールします。以下を記述し実行して下さい。

▼リスト7-1

```
!pip install langchain --q
```

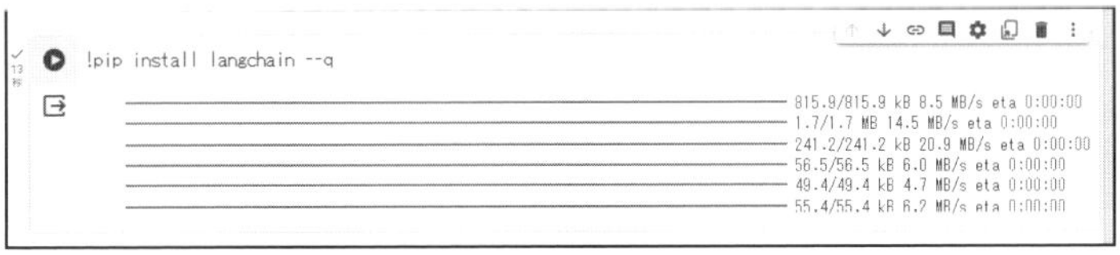

図7-14：langchainライブラリをインストールする。

これで、LangChainライブラリがインストールされます。

ただし、実を言えば、このような形でLangChainだけを単体でインストールして使うことはあまりないでしょう。これでインストールされるのはLangChain本体だけです。OpenAIを利用するためには、別途OpenAIのライブラリもインストールする必要があります。

統合パッケージについて

ただし、OpenAIのライブラリを直接インストールして使うというやり方は、現在のLangChainではしません。LangChainでは、LangChainからOpenAIなどを利用するためのライブラリを統合したパッケージを用意しています。OpenAIのライブラリではなく、この統合パッケージを利用するのが一般的になっています。

OpenAIの統合パッケージは、「langchain-openai」というものです。以下のように実行してインストールをします。

▼リスト7-2

```
!pip install langchain-openai --q
```

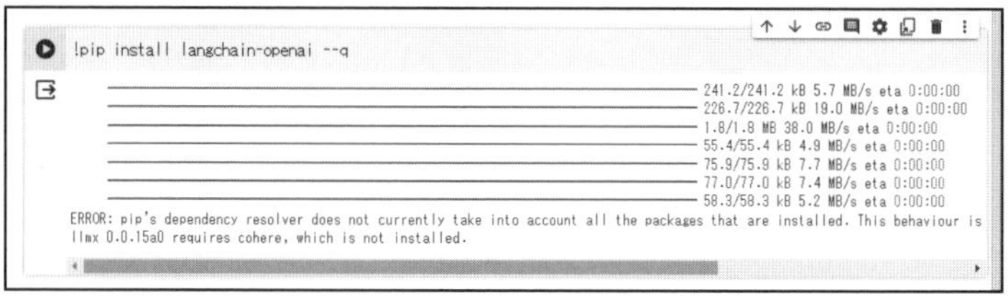

図7-15：OpenAIとの統合パッケージをインストールする。

この統合パッケージをインストールすれば、OpenAIのライブラリは必要ありません（統合パッケージに入っています）。通常は、こちらを利用して下さい。

C O L U M N

LangChain パッケージは必要ない？

統合パッケージを利用すると、LangChain パッケージをインストールしなくとも OpenAI API にアクセスできるようになります。じゃあ、もう LangChain パッケージは必要ないのか？
いいえ、そういうわけではありません。統合パッケージを使っていても、LangChain Core というコアのライブラリ機能が必要となることはよくあります。また LangChain には、OpenAI モデルにアクセスする以外にもさまざまな機能があり、こうしたものを利用するには LangChain パッケージが必要になります。

OpenAIのAPIキーを設定する

LangChainでは、モデルの利用方式は大きく「llm」と「chat」に分けることができます。この場合のllmは大規模言語モデル（LLM）のことではないので注意して下さい。

「llm」はプロンプトを送ると応答が返るという1回だけのアクセスを行うもので、OpenAIなどではCompletionと呼ばれている機能のことです。「chat」は連続したやり取りを行うもので、一般的なAIチャットボットのような使い方をします。

まずは、基本ともいえるllmから使ってみましょう。まず、OpenAIのAPIキーを変数に保管しておきます。セルに以下を記述し実行して下さい。

▼リスト7-3

```
OPENAI_API_KEY = "《APIキー》"
```

値の"……OpenAI APIキー……"の部分には、それぞれが作成したAPIキーを文字列で指定しておきます。これで、APIキーがOPENAI_API_KEYという変数に用意されました。

OpenAIのllmを使う

続いて、OpenAIのllm用クラスのインスタンスを作成します。これは、langchain.llmsというモジュールに「OpenAI」というクラスとして用意されています。以下のようにしてインスタンスを作成します。

```
変数 = OpenAI(openai_api_key="《APIキー》")
```

引数に「openai_api_key」という値を用意し、ここにOpenAI APIで作成したAPIキーを文字列として指定します。これで、指定したAPIキーでOpenAI APIにアクセスするOpenAIオブジェクトが作成されます。

では新しいセルを作成し、以下のコードを実行しましょう。

▼リスト7-4

```
from langchain_openai import OpenAI

llm = OpenAI(openai_api_key=OPENAI_API_KEY)
llm
```

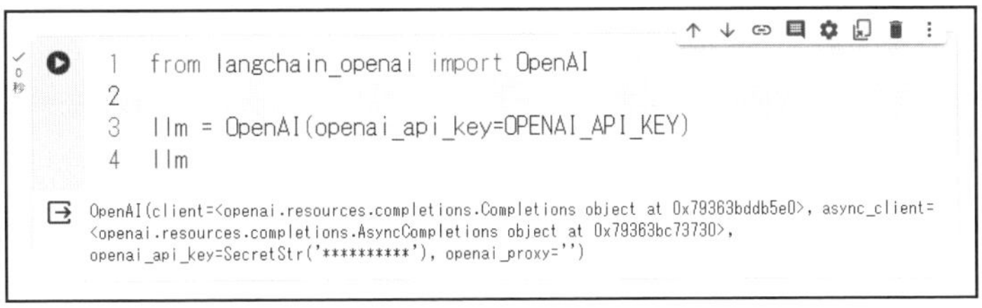

図7-16：OpenAIオブジェクトを作成する。

OpenAIクラスは、langchain_openai という名前空間に用意されています。OpenAI関連のものは基本的にすべてここにあると考えていいでしょう。

invokeでモデルを呼び出す

これでOpenAIオブジェクトが用意できました。このオブジェクトからメソッドを呼び出してモデルを利用します。

呼び出すメソッドは「invoke」というものです。

```
変数 =《OpenAI》.invoke( プロンプト )
```

　このように、送信するプロンプトを文字列として引数に用意します。これでモデルにプロンプトが送られて推論が実行され、生成された応答が文字列として返されます。

　では、実際に試してみましょう。セルに以下のように記述をして下さい。

▼リスト7-5

```
prompt = "" # @param{type:"string"}

llm.invoke(prompt)
```

　セルに表示されるフォーム項目にプロンプトを記述し、セルを実行しましょう。OpenAI APIにアクセスし、応答を生成して表示します。

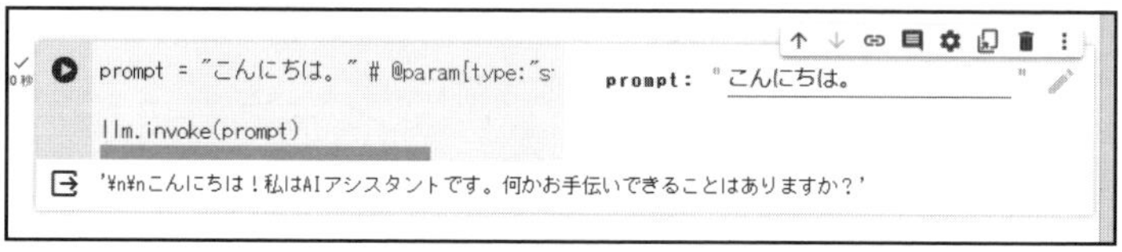

図7-17：プロンプトを書いて実行すると応答が返される。

　これまで使ってきたReplicateやHunging FaceのTransformersなどは、モデルから返されたさまざまな情報をオブジェクトとして返すようになっていました。このため、戻り値から本来の応答テキストを探し出して利用する必要がありました。

　しかしLangChainのinvokeは応答のテキストがそのまま返されるため、受け取った戻り値をそのまま利用できます。非常にシンプルで使いやすいですね！

モデルの指定

　では、OpenAIオブジェクトの作成についてもう少し掘り下げてみましょう。まずは、モデルの指定です。

　OpenAIではインスタンスを作成した際、デフォルトでモデルが指定されます。が、複数のモデルが利用可能な場合、どのモデルを使うかを指定できたほうがいいでしょう。これには、「model_name」というオプションを引数として用意します。

　例えば、gpt-3.5-turbo-instructモデルを使用するコードは以下のようになります。

▼リスト7-6

```
llm = OpenAI(
  openai_api_key=OPENAI_API_KEY,
  model_name="gpt-3.5-turbo-instruct")
llm
```

　これで、モデルを指定してOpenAIを作成できるようになります。

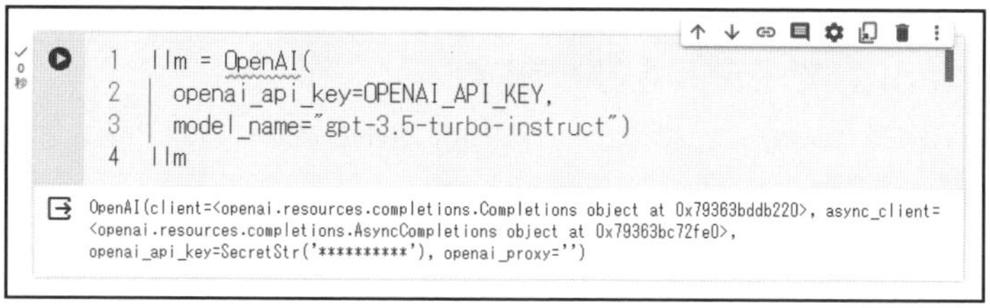

図7-18：モデルを指定してOpenAIを作成する。

なお、2024年４月の時点で、llmで使えるモデルはgpt-3.5-turbo-instructだけなので、model_nameを指定する必要はないでしょう。これは、複数のモデルが使える場合に指定するものと考えて下さい。

パラメータの指定

モデルには、応答の生成に関するさまざまなパラメータが用意されています。これらも、OpenAIインスタンス作成時にオプションの引数として指定することができます。

例えば、最大トークン数、温度、上位Pといったパラメータを指定する例を挙げておきましょう。

▼リスト7-7

```
llm = OpenAI(
  openai_api_key=OPENAI_API_KEY,
  model_name="gpt-3.5-turbo-instruct",
  max_tokens=300,
  temperature=0.7,
  top_p=0.7)
llm
```

これでパラメータを指定して、OpenAIインスタンスを作成できました。後は、llm.invokeでプロンプトを実行するだけです。

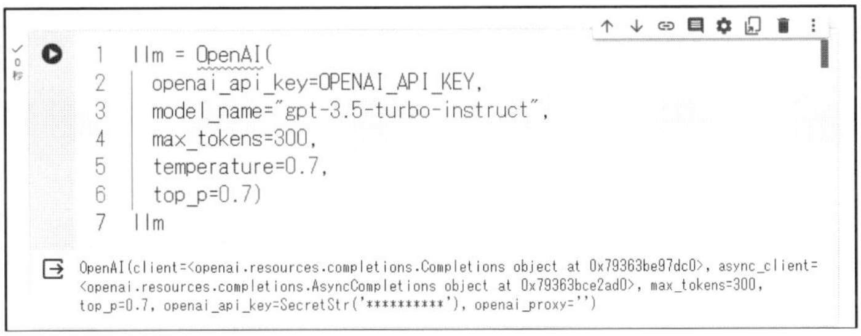

図7-19：最大トークン数、温度、上位Ｐのパラメータを指定する。

LangChainは、このようにモデルのオブジェクトを作成する際にパラメータを指定します。したがって、invokeする際に細かくパラメータを指定はできません。あらかじめ基本的な設定を考えた上でモデルのインスタンスを作成するようにして下さい。

主なパラメータ

OpenAIでは、この他にも応答生成に影響を与える多くのパラメータが用意されています。以下に簡単にまとめておきましょう。

max_tokens	生成する応答の最大トークン数。整数で指定。
temperature	温度。実数で指定。
top_p	上位Ｐ。実数で指定。
n	生成する応答数。整数で指定。
best_of	複数生成した応答からベストを１つ選ぶ。整数で指定。
frequency_penalty	頻度のペナルティ。実数で指定。
presence_penalty	プレゼンスペナルティ。実数で指定。
logit_bias	トークンの出現確率の調整。トークンと実数による辞書で指定。
max_retries	最大リトライ数。整数で指定。

これらのパラメータのほとんどは、既にReplicateやHugging Faceのところで説明済みですので詳細は省略します。先に利用した3つのパラメータが最も重要で多用されるものになるでしょう。まずは、これら3つのパラメータを使って応答を調整してみましょう。

ストリーム出力

invokeによる応答の取得は、すべての応答が生成されるのを待って受け取るようになっていました。しかしChatGPTなど多くのAIチャットは、リアルタイムに応答が生成されていきます。この違いは何でしょうか。

こうしたAIチャットではストリームを利用して応答のトークンが生成されると、リアルタイムに送信し表示するようになっています。こうしたストリームによる出力を使えば、LangChainでもリアルタイムに応答を出力することができます。これにはOpenAIインスタンスを作成する際、「stream」というオプション引数を指定しておきます。OpenAIインスタンス作成のコードを以下のように修正して下さい。

▼リスト7-8

```
llm = OpenAI(openai_api_key=OPENAI_API_KEY, stream=True)
llm
```

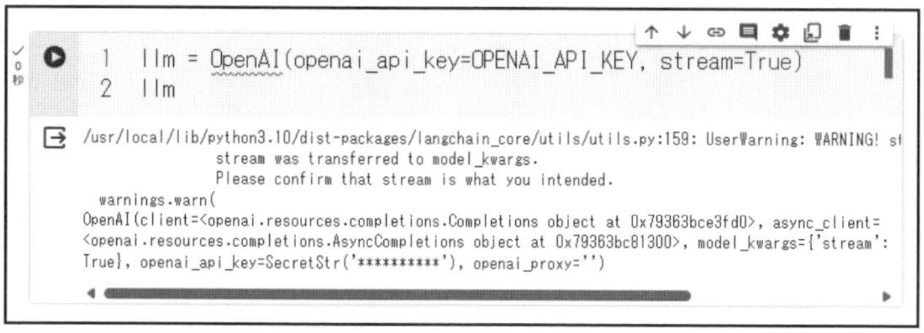

図7-20：streamをONにしてOpenAIを作成する。

これで、ストリームをONにしたOpenAIインスタンスが作成されます。後は、プロンプトを送信しストリームとして受け取るだけです。

ストリームの出力処理

ストリームから値を取得するには、invokeではなく「stream」というメソッドを使います。これは以下のように呼び出します。

```
変数 =《OpenAI》.stream( プロンプト )
```

使い方はinvokeと同様で、引数にプロンプトの文字列を指定するだけです。ただし、戻り値は生成された応答のテキストではありません。streamではジェネレータが返されるのです。

ジェネレータは、イテレータを生成するための関数です。これは内部でyieldキーワードを使い、値を逐次的に生成していきます。streamで得られるジェネレータは、生成された応答のトークンを逐次的にイテレータの値として出力していきます。

これは、forを使ってジェネレータから繰り返し値を取り出して処理していくことになります。

```
for 変数 in ジェネレータ:
    ……変数を処理……
```

ジェネレータから取り出される値はオブジェクトになっており、その中の「content」という値に生成された応答のテキストが保管されています。この値を取り出して処理をしていけばいいのです。

ストリームで少しずつ出力させる

では、実際にストリームを利用してみましょう。新しいセルに以下のコードを記述して下さい。

▼リスト7-9

```
import time

prompt = "" # @param {type:"string"}

response = llm.stream(prompt)
for item in response:
  time.sleep(0.1)
  print(item.content, end="")
```

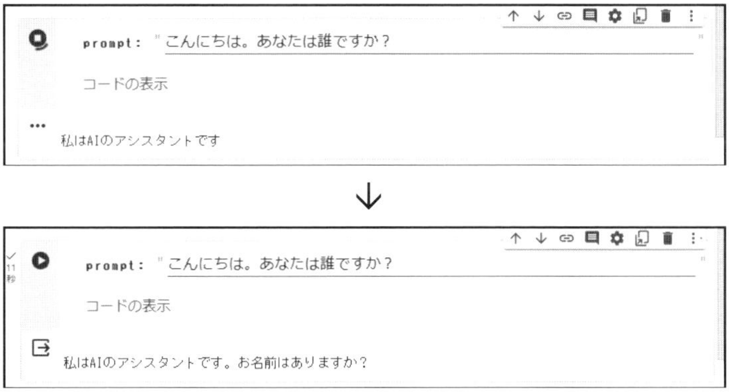

図7-21：プロンプトを送信すると、応答がリアルタイムに出力されていく。

プロンプトを記入して実行すると、応答がリアルタイムに出力されていきます。ここでは、以下のようにしてstreamを呼び出していますね。

```
response = llm.stream(prompt)
```

これで、得られた戻り値からforで繰り返し値を取り出して処理していきます。繰り返し部分を見ると、このようになっていますね。

```
for item in response:
  time.sleep(0.1)
  print(item.content, end="")
```

取り出されたitemからcontentの値を取り出し出力しています。その手前でtime.sleepを実行しているのは、0.1秒待たせるためです。これがないとほとんど瞬時に応答が出力されてしまうため、ストリームから少しずつ出力されるのがわかるようにsleepを入れておきました。少しずつ応答が取り出されていくのがわかるでしょう。

chatを利用する

ここまでは、llmのモデルを使ってきました。しかし、LangChainで使われるモデルはllmだけではありません。「chat」と呼ばれるものも用意されています。今度はこちらを使ってみましょう。

chatのモデルは、メッセージを相互にやり取りしていくチャット方式のモデルです。OpenAIの場合、「ChatOpenAI」というクラスとして用意されています。

```
変数 = ChatOpenAI(openai_api_key=《APIキー》)
```

このように、APIキーを引数に指定してインスタンスを作成します。このあたりはLLMのモデルだったOpenAIクラスと何ら違いはありません。

ChatOpenAIのinvokeメソッド

インスタンスを作成したら、後は「invoke」メソッドでプロンプトをモデルに送って結果を受け取るだけです。ただし、引数に用意するプロンプトの値がかなり違います。

```
《ChatOpenAI》.invoke( [ メッセージ ] )
```

chatモデルのinvokeでは、引数に用意するのは「メッセージのリスト」です。メッセージは、あらかじめ用意されている専用のクラスを使って作成します。例えばユーザーのプロンプトは、以下のようなメッセージとして用意されます。

```
HumanMessage(content=プロンプト)
```

これで、ユーザーが入力したメッセージが作成できます。こうして作成したメッセージをリストにまとめて引数に指定すればいいのです。

利用可能なメッセージ

メッセージにはいくつかの種類があります。メッセージはBaseMessageというクラスを継承して作られており、基本的に同じような働きをします。利用可能なメッセージは以下のようなものです。

HumanMessage	人間が送信するメッセージ。
AIMessage	AIが返送するメッセージ。
SystemMessage	システムメッセージ(モデルの準備をするためのもの)

私たちが送信するプロンプトのメッセージがHumanMessageです。このインスタンスを作成してリストにまとめたものをinvokeの引数に指定すればいいのです。

チャットを実行する

では、実際にchatモデルを使ってみましょう。まず、ChatOpenAIのインスタンスを準備するコードを作成します。

▼リスト7-10

```
from langchain_openai import ChatOpenAI

llm = ChatOpenAI(openai_api_key=OPENAI_API_KEY)
llm
```

これで、変数llmにChatOpenAIインスタンスが代入されました。後はこれを利用して、プロンプトをメッセージとして送信するだけです。

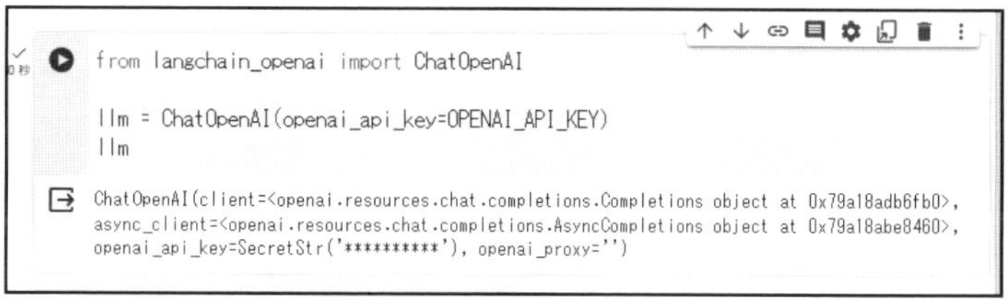

図7-22：ChatOpenAIインスタンスを作成する。

では、新しいセルを作成してコードを作成しましょう。

▼リスト7-11

```
from langchain.schema import HumanMessage

text = "Hello. Who are you?" # @param {type:"string"}
messages = [HumanMessage(content=text)]

llm.invoke(messages)
```

セルに表示されるフォーム項目にプロンプトを書いて実行すると、応答が表示されます。挙動としてはllmの場合と同じですが、とりあえずこれでchatモデルでも応答を得られるようになりました。

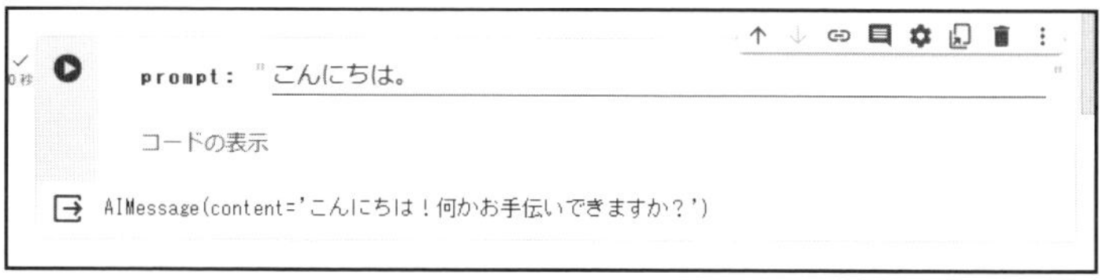

図7-23：プロンプトを書いて送信すると応答が表示される。

会話の履歴

単にメッセージを送って応答を得るだけなら、chatモデルを使う意味は余りありませんね。chatモデルの利点、それは「会話の履歴を保持できる」という点にあります。先ほどinvokeの引数に指定した値は、HumanMessageという値をリストに保管したものでした。chatモデルでは、メッセージのリストを引数に渡してinvokeを呼び出せます。つまり、それまでのやりとりをすべて保ったままメッセージを送信できるのです。これにより、それまでの会話の情報を保持したまま応答を生成できるようになります。

では、実際に試してみましょう。新しいセルを作成して以下を記述して下さい。

▼リスト7-12

```
from langchain.schema import HumanMessage, AIMessage

messages = []

while True:
  prompt = input("prompt: ")
  if prompt:
    messages.append(HumanMessage(content=prompt))
    result = llm.invoke(messages)
    print(f"AI: {result.content}")
    messages.append(result)
  else:
    break
print("***** finished. *****")
```

実行すると、セル下に「prompt:」と表示された入力フィールドが表示されます。ここにプロンプトを書いて Enter すると応答が出力され、再びプロンプトの入力待ちの状態になります。このように、「入力フィールドに書いて Enter すると応答が表示される」というのを繰り返してAIと会話を続けることができます。終了したいときは、入力フィールドに何も書かずに Enter します。

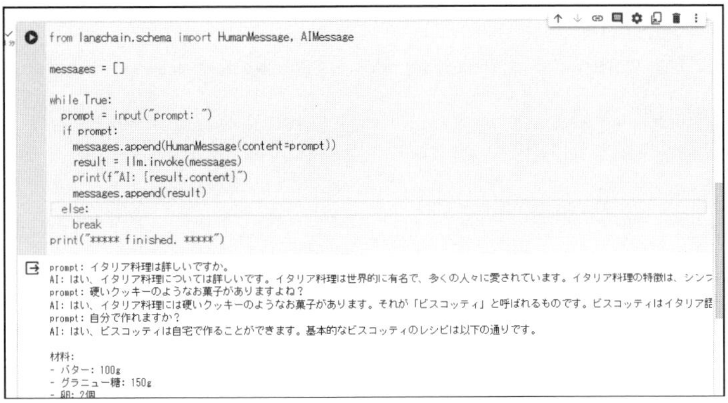

図7-24：AIと会話を続けられる。

ここでは、空のリストを用意したmessagesという変数を作成し、ここにメッセージを追加していきます。while True:で繰り返し実行している処理を見てみましょう。

```
prompt = input("prompt: ")
```

まず、input関数でユーザーからテキストを入力してもらいます。input関数は、Colabでは入力フィールドが表示されるような形で動きます。値を入力したらそれを元にHumanMessageを作成し、messagesに追加します。

```
messages.append(HumanMessage(content=prompt))
```

これで、メッセージがリストに追加されました。このリストを使ってchatモデルにアクセスし、応答を受け取ります。

```
result = llm.invoke(messages)
print(f"AI: {result.content}")
```

これで、応答の表示ができました。出力したら、AIからの応答をmessagesに追加します。

```
messages.append(result)
```

これで、応答が追加できました。invokeによる応答はただのテキストではなく、「AIMessage」クラスのインスタンスとして返されます。ですから、そのままリストにappendするだけで、応答をメッセージとして追加できます。

システムメッセージ

メッセージの中でも、ちょっと特殊な役割を果たすのが「システムメッセージ」です。システムメッセージは、AIに送信する最初のメッセージです。これはユーザーからの入力ではなく、AIの挙動を指定するためのものです。システムメッセージで、AIのモデルがどのような働きをするのかを指定することで、特定の用途に限定したチャットを行わせることができます。

例えば、先ほどのリスト7-12で記述したimport文とmessagesの定義部分（while True:より前の部分）を以下のように修正してみて下さい。なお、↴マークのところは実際には改行せず続けて記述して下さい。

▼リスト7-13

```
from langchain.schema import HumanMessage, AIMessage, SystemMessage

messages = [
  SystemMessage(content="あなたは英訳アシスタントです。ユーザーの↴
    入力を全て英訳して答えなさい。")
]
```

セルを実行し、プロンプトを書いて送信してみましょう。すると、送ったプロンプトをそのまま英訳して表示します。何度プロンプトを送信してもすべて英訳されて表示されるでしょう。

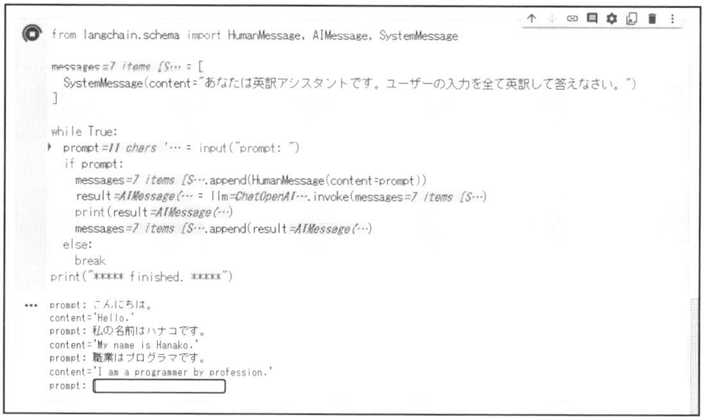

図7-25：プロンプトを入力して送るとすべて英訳されるようになった。

これは、最初に以下のようなメッセージをmessagesに作成してあったからです。

```
SystemMessage(content="あなたは英訳アシスタントです。ユーザーの↲
    入力を全て英訳して答えなさい。")
```

これで、HumanMessageで送られるメッセージはすべて英訳されて返されるようになります。SystemMessageの指示は、それ以後のすべてのメッセージに影響を与えます。

このように、メッセージの使い方次第でchatモデルはLLMにはできなかったことを簡単に実現できるのです。

Chapter 7

7.2. さまざまなベンダーのモデルを使う

GoogleのAIモデル（Gemini Pro）を利用する

OpenAIを使ってLangChainの基本的な使い方がわかりました。LangChainの一番の魅力は商業ベースで開発され、APIが公開されているプロプライエタリなAIモデルをLangChainから利用できる点にあります。OpenAI以外のベンダーが提供するモデルについても試してみましょう。

まずは、Googleからです。2023年末にGoogleが発表した「Gemini」は、AIの勢力図を猛烈な勢いで塗り替えています。このGemini Proは既にGoogleのAIサービスで公開されており、利用できるようになっています。これをLangChainから利用しましょう。

まずは、GoogleのクラウドAIサービスを利用できるようにします。AIを利用するためのサービスは大きく2つあります。1つは、Google Cloudにある「Vertex AI」というもので、Geminiを始めとするさまざまなモデルを利用した開発が行えます。もう1つは「AI Studio」というもので、GeminiによるAIの機能を簡単に試すことができます。

ここでは、扱いが簡単なAI Studioを利用することにしましょう。まずは、AI Studioのサイトにアクセスして下さい。

https://aistudio.google.com/app/

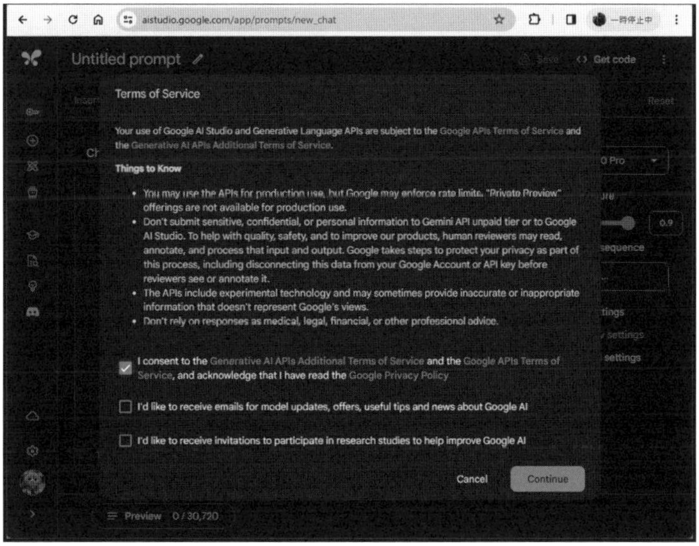

図7-26：Google AI StudioのWebサイトにアクセスする。

初めてアクセスしたときには、「Terms of Service」の表示が現れます。ここにある「I consent to the GenerativeAI APIs Additional Terms of Service ～」と表示されたチェックボックスをONにして「Continue」ボタンをクリックします。これで利用規約を許諾したことになり、サービスが利用できるようになります。

APIキーの作成

AI Studioのページが表示されます。これはその場でプロンプトを書いて実行できるプレイグラウンドになっていて、左端には各機能のアイコンが並んでいます。

AI Studioの使い方はそれぞれで学んでもらうことにして、LangChainからGoogleのAIモデルを利用する際に必要となる「APIキー」を作成しましょう。

左端のアイコンバーから、「Get API key」というアイコン(鍵のアイコン)をクリックして下さい。APIキーの管理を行うページに移動します。ここで、APIキーを作成します。「Create API key」というボタンをクリックして下さい。

図7-27:「Get API key」アイコンをクリックし、現れた画面で「Create API key」ボタンをクリックする。

画面にAPIキーを作成するためのパネルが開かれます。APIキーは、プロジェクトと呼ばれるものに作成されます。既にGoogle Cloudeでプロジェクトを作成している場合は、パネルの下部にあるフィールドから自分のプロジェクトを選択して「Create API key in existing project」ボタンをクリックすれば、指定のプロジェクトにAPIキーが作成されます。

Google Cloudなどを利用していない場合は、「Create API key in new project」というボタンをクリックして下さい。AI Studioのための「Generative Language Client」というプロジェクトを作成し、そこにAPIキーを作成します。

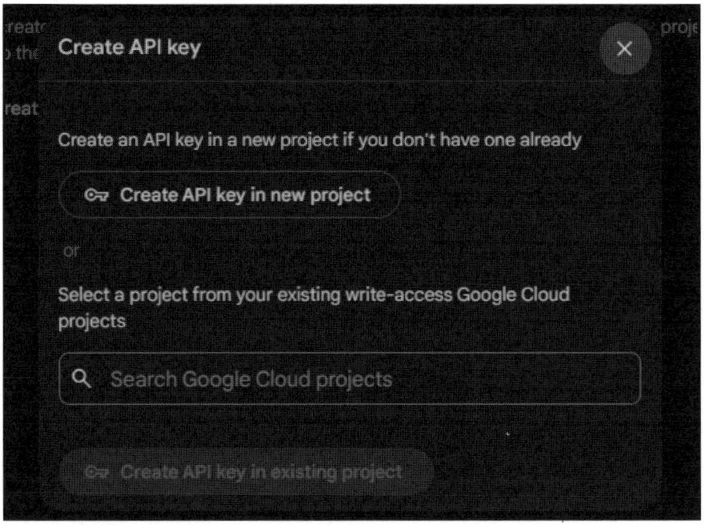

図7-28:「Create API key in new project」ボタンをクリックする。

APIキーが作成されると、パネルにキーが表示されます。「Copy」ボタンがあるので、これをクリックしてAPIキーをコピーしましょう。そして、どこか安全な場所にペーストし保管して下さい。このキーは後ほど必要になります。

図7-29：APIキーが作成される。「Copy」ボタンでコピーしておく。

Google Generative AIを利用する

では、LangChainからGoogleのAIモデルを利用しましょう。まずは、必要なライブラリをインストールします。GoogleのAIモデルを利用する機能は「Google Generative AI」というライブラリとして提供されています。Colabで新しいセルを作成し、以下を実行しましょう。

▼リスト7-14

```
!pip install langchain-google-genai --q -U
```

これで、Google Generative AIの統合パッケージがインストールされます。続いて、取得したAPIキーを変数に代入しておきましょう。

▼リスト7-15

```
GOOGLE_API_KEY = "《APIキー》"
```

《APIキー》には、それぞれが作成したAPIキーの値を記述して下さい。これで、GOOGLE_API_KEYという変数にAPIキーが用意できました。

LLMでGemini Proにアクセスする

では、LLMから利用してみましょう。新しいセルを作成し、以下のコードを記述して実行しましょう。これで、Googleのモデルを利用するLLMのオブジェクトが作成されます。

▼リスト7-16

```
from langchain_google_genai import GoogleGenerativeAI

llm = GoogleGenerativeAI(
  model="gemini-pro",
  google_api_key=GOOGLE_API_KEY)
llm
```

Google Generative AIのLLMモデルは、langchain_google_genaiというモジュールに、「GoogleGenerativeAI」というクラスとして用意されています。まずは、このインスタンスを作成します。引数には、modelとgoogle_api_keyを指定します。これらはどちらも必須項目であり、省略はできません。

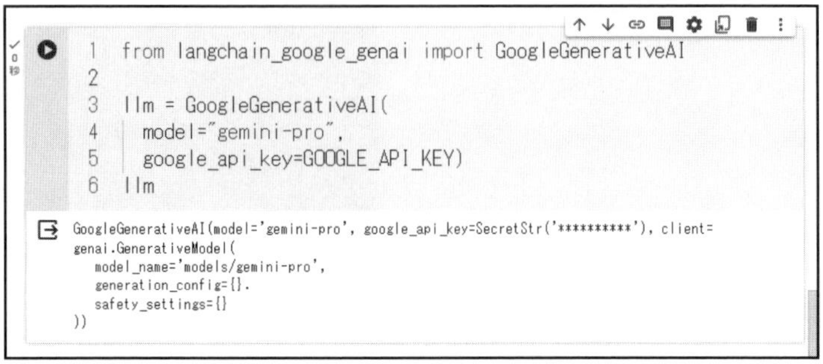

図7-30：実行すると、GoogleGenerativeAIインスタンスが作成される。

modelでは、"gemini-pro"を指定しておきます。これは、2023年12月にリリースされたGemini Pro 1.0のモデルです（現在は最新版の1.5が利用可能となっています）。

google_api_keyには、GOOGLE_API_KEYを指定します。これで、APIキーが指定されるようになります。

LLMを利用する

では、作成されたLLMで推論を行ってみましょう。新しいセルを作成し、以下のコードを記述して下さい。

▼リスト7-17

```
prompt = "" # @param {type:"string"}

llm.invoke(prompt)
```

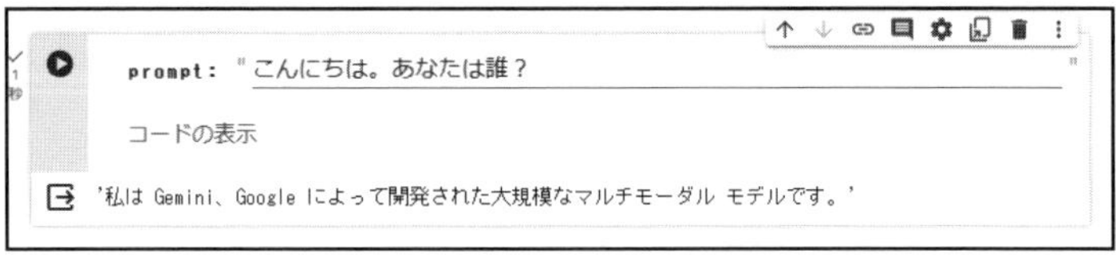

図7-31：プロンプトを書いて実行すると、応答が表示される。

セルに表示されるフォーム項目にプロンプトを記入し実行すると、応答が下に出力されます。ここではpromptにプロンプトの文字列を指定し、「invoke」メソッドでこれを実行しています。これで、Gemini Proによる応答が得られます。

見ればわかるように、LLMでプロンプトを送信する方法は、OpenAIの場合とまったく同じです。これが、LangChainを利用するメリットなのです。モデルのインスタンスさえ作成すれば、その後の使い方はどのモデルでもほぼ同じです。モデルごとに使い方を覚える必要がないのです。

チャットモデルを使う

使い方がわかったら、続いてチャットモデルを利用してみましょう。新しいセルに以下のコードを記述し実行して下さい。

▼リスト7-18

```
from langchain_google_genai import ChatGoogleGenerativeAI

llm = ChatGoogleGenerativeAI(
  model="gemini-pro",
  google_api_key=GOOGLE_API_KEY)
llm
```

チャットモデルは、「Chat Google GenerativeAI」という名前のクラスとして用意されています。これも、modelとgoogle_api_keyの2つの引数を指定してインスタンスを作成します。

図7-32：ChatGoogleGenerativeAIインスタンスを作成する。

インスタンスができたら、これを使ってチャットを行いましょう。

▼リスト7-19

```
from langchain.schema import HumanMessage

prompt = "" # @param {type:"string"}
messages = [HumanMessage(content=text)]
llm.invoke(messages)
```

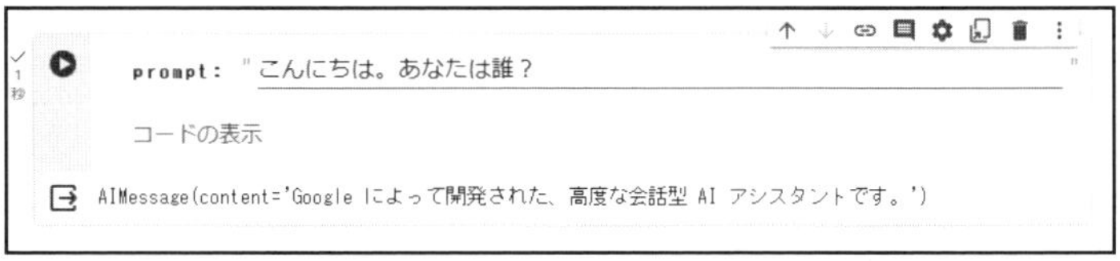

図7-33：実行すると、AIMessageが返ってくる。

フォーム項目にプロンプトを書いてセルを実行すると、AIMessage(content='○○') という形で応答のメッセージが出力されます。HumanMessageをモデルに送ると、AIMessageが返されることが確認できますね。

このように、戻り値のフォーマットも、LangChainを使えばどんなモデルでも同じ形式で得られます。また、先に試したように会話の履歴をリストで用意したり、SysemMessageで指示を用意することも行うことができます。

Anthropicのモデル(Claude)を利用する

商業ベースで開発され、実際にAIチャットなどのサービスを展開しているところというのはけっこうたくさんあります。しかしそうした中で、OpenAIによるChatGPTなどと比べても引けを取らないほどの品質を保っているところはあまりないでしょう。

現在、最も高品質なAIモデルといえば、GoogleのGeminiとOpenAIのGPT-4でしょう。この2大モデルに続くものとして注目されているのが、Anthropicの「Claude」です。AnthropicはOpenAIを退社したメンバーによって設立されたベンチャー企業で、Claudeの最新版はGPT-4に匹敵する性能を持つとも言われています。

このClaudeも開発者としてアカウント登録することでAPIから利用できるようになっており、LangChainで使うことが可能です。

さっそく登録作業を行いましょう。ClaudeをAPIから利用するためには、Anthropicへのアカウント登録と、開発者としての登録が必要です。まずは、Anthropicのアカウント登録から行いましょう。以下のURLにアクセスして下さい。

https://claude.ai/

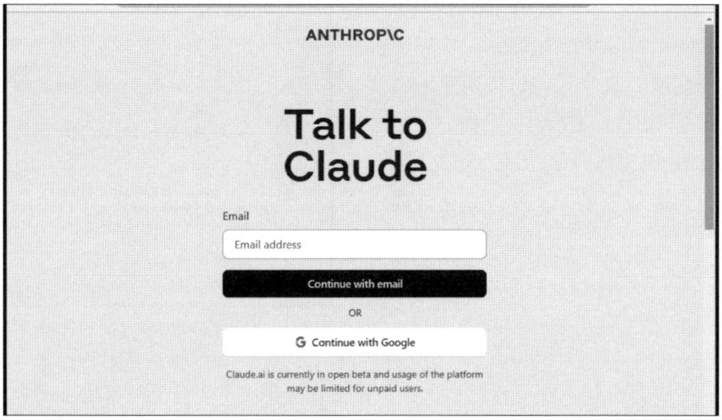

図7-34：Anthropicのログイン画面。

アクセスすると、すぐにログイン画面となります。ここでメールアドレスを入力するか、Googleアカウントを指定します。Googleアカウントを利用したほうが作業は簡単でしょう。「Continue with Google」ボタンをクリックし、GoogleアカウントでAnthropicへのログインを行って下さい。

アカウントがまだない場合、そのまま「Sign up」の画面に進みます。ここでフルネーム、ニックネーム、18歳以上の確認、利用規約の同意といった項目を入力して「Continue」ボタンをクリックすると、アカウントが作成されます。ただし、まだアカウントは使えません。

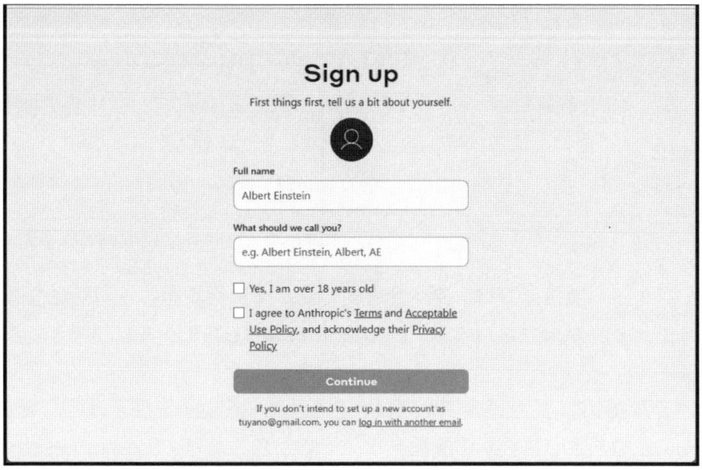

図7-35：アカウントの登録画面。

「Verify Phone」という表示が現れ、携帯電話での認証を行います。「Your phone」の項目で国名から日本を選択し、自分の携帯電話番号を入力して「Send SMS Code」ボタンをクリックします。認証コードが携帯電話に送られてくるので、それを入力すれば認証完了です。これで、アカウントが利用できるようになります。

図7-36：認証コードを携帯電話に送る。

Anthropicコンソールにアクセスする

Anthropicのアカウントが作成できたら、開発者として利用できるようにします。これには、「Anthropicコンソール」にアクセスをします。以下のURLにアクセスして下さい。

https://console.anthropic.com/

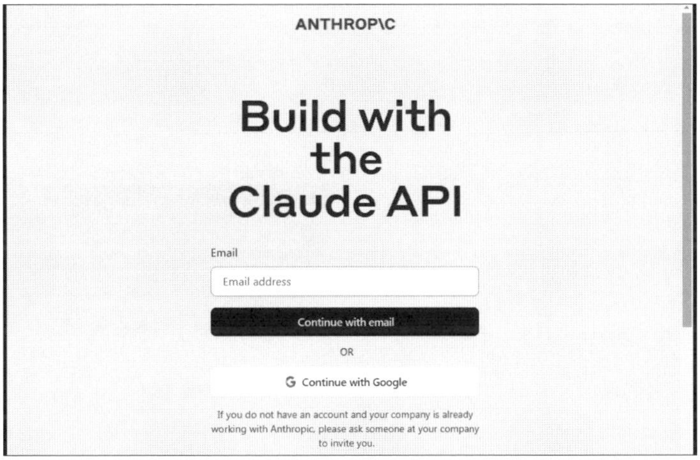

図7-37：Anthropicコンソールにアクセスし、ログインする。

アクセスするとログイン画面が現れるので、先ほどAnthrpicにアカウント登録したGoogleアカウントでログインして下さい。

ダッシュボードでAPIキーを作成する

ログインすると、Anthropicコンソールのダッシュボード画面が現れます。ここで、APIキーの作成を行います。「Get API keys」というボタンをクリックして下さい。

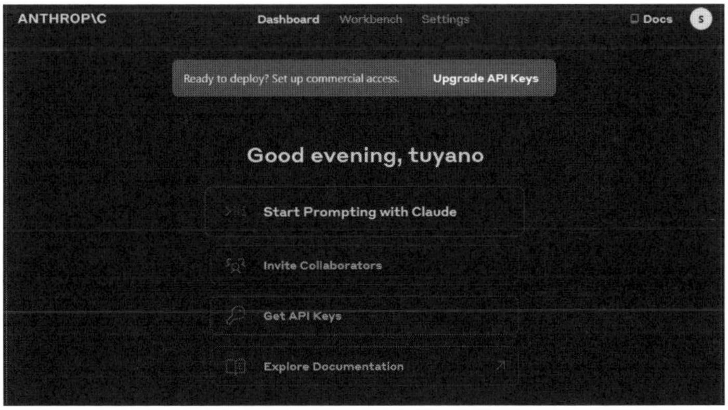

図7-38：ダッシュボード画面。「Get API keys」ボタンをクリックする。

APIキーの管理画面に移動します。作成したAPIキーの一覧が表示され、不要なAPIキーを削除したり一時的に無効にしたりできます。

では、新しいAPIキーを作成しましょう。「Create Key」ボタンをクリックして下さい。

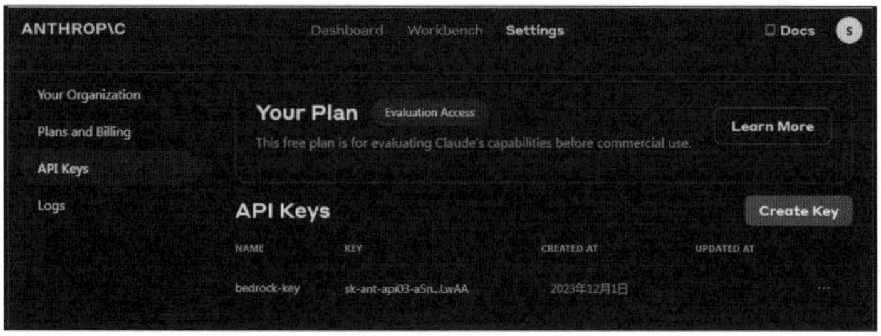

図7-39：APIキーの管理画面。「Create Key」ボタンをクリックする。

画面にAPIキーの名前を入力するパネルが表示されます。適当に名前を付けて「Create Key」ボタンをクリックして下さい。APIキーが作成され、表示されます。

表示されたAPIキーの右下には「Copy Key」というボタンがあります。これをクリックし、APIキーを安全な場所にペーストして保管して下さい。

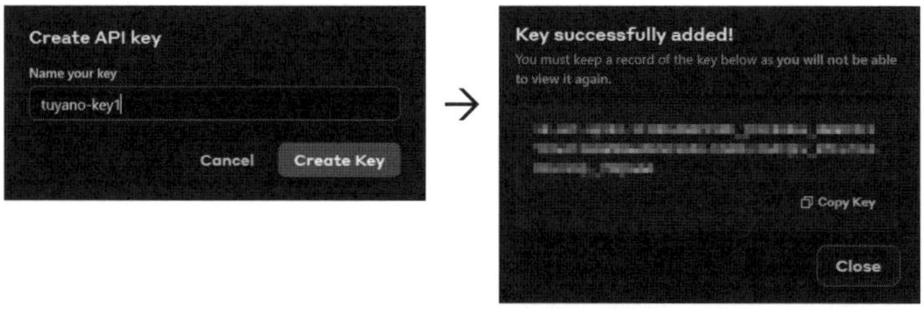

図7-40：キーを作成し、コピーしておく。

Claudeモデルの利用

では、LangChainからAnthropicのモデル「Claude」を利用しましょう。Anthropicの場合、利用の仕方がOpenAIやGoogleとは少し違います。Anthropicの統合ライブラリには現状ではLLMがなく、チャットモデルのみが用意されています。LLMは非推奨となっており使えません。

では、統合ライブラリをインストールしましょう。新しいセルに以下を記述し実行して下さい。

▼リスト7-20

```
!pip install langchain-anthropic --q -U
```

これで、Anthropicの統合ライブラリがインストールされます。続いて、APIキーを変数に用意しておきましょう。

▼リスト7-21

```
ANTHROPIC_API_KEY = "《APIキー》"
```

《APIキー》には、先ほどAnthropicコンソールで作成したAPIキーの値を文字列で指定します。後は、ANTHROPIC_API_KEYを使ってAnthropicのモデルを作成して利用すればいいのです。

ChatAnthropicMessagesを利用する

では、Anthropicのチャットモデルを利用しましょう。チャットモデルは「ChatAnthropicMessages」という名前のクラスとして用意されています。

まず、Anthropicのチャットモデルを用意します。新しいセルに以下を記述し、実行して下さい。

▼リスト7-22

```
from langchain_anthropic import ChatAnthropic

llm = ChatAnthropic(
  model="claude-2.1",
  anthropic_api_key=ANTHROPIC_API_KEY
)
llm
```

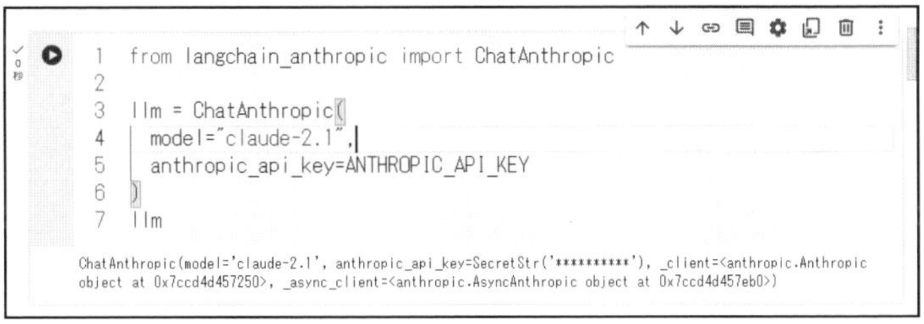

図7-41：ChatAnthropicMessagesを作成する。

Anthropicのチャットモデル「ChatAnthropic」は、langchain_anthropicというところに用意されています。引数には、modelとanthropic_api_keyを指定します。

modelによるモデル名としては、model="claude-2.1"と指定しています。これで、Claude-2.1のモデルが指定されます。Ahthropicは2024年3月に「claude-3」がリリースされています。最新版を使いたい人はAnthropicのサイトで情報を確認して下さい。

anthropic_api_keyには、ANTHROPIC_API_KEYを指定しておきます。これで、指定のAPIキーでChatAnthropicインスタンスが作成されます。

チャットモデルを利用する

ChatAnthropicが作成できたら、後は使い方はこれまでと同じです。簡単な利用例のコードを挙げておきます。

▼リスト7-23

```
from langchain.schema import HumanMessage

text = "" # @param {type:"string"}
messages = [HumanMessage(content=text)]

llm.invoke(messages)
```

チャットモデルのinvokeでHumanMessageを含むリストを送信すると、AIMessageが返ってきます。このあたりの働きはまったく同じです。

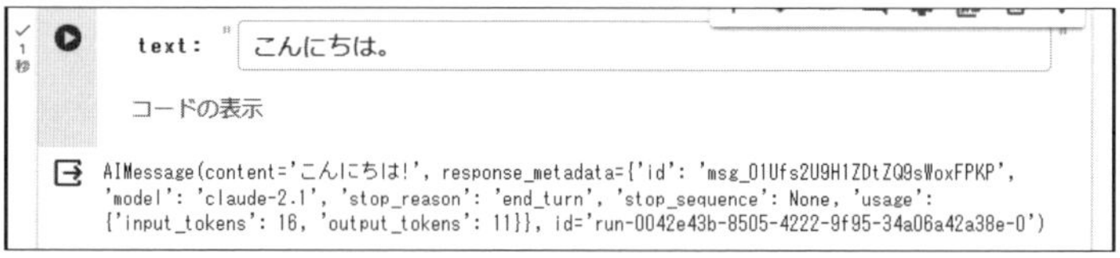

図7-42：Anthropicのチャットモデルで応答を得る。

Hugging Faceを利用する

LangChainでは特定のAIモデルのAPIだけでなく、AIプラットフォームにも対応しています。その代表とも言えるのが「Hugging Face」です。既に説明したように、Hugging FaceはオープンソースAIモデルの拠点となっており、これが利用できればほとんどすべてのオープンソースモデルをLangChainで使えることになります。

Hugging Faceは本書執筆時点で統合パッケージが完成していなかったため、ここではHugging Face提供の「Hugging Face Hub」ライブラリを利用します（その後、統合パッケージがリリースされていますが、本書では説明を割愛します）。

では、Hugging Face Hubのインストールを行いましょう。新しいセルに以下を記述して実行して下さい。これで、ライブラリがインストールされます。

▼リスト7-24

```
!pip install huggingface_hub --q -U
```

APIトークンを設定する

続いて、Hugging FaceのAPIトークンを設定する処理を用意します。セルに以下を記述して下さい。

▼リスト7-25

```
from getpass import getpass
import os

HUGGINGFACEHUB_API_TOKEN = getpass()
os.environ["HUGGINGFACEHUB_API_TOKEN"] = HUGGINGFACEHUB_API_TOKEN
```

実行すると、セル下にAPIトークンを入力するフィールドが現れます。ここに、Hugging Faceで取得したアクセストークンをペーストして[Enter]すれば、設定が行われます。

図7-43：実行するとAPIトークンを入力するフィールドが現れる。

HuggingFaceHubの作成

では、LLMから利用してみましょう。LLMのための機能は「HuggingFaceHub」というクラスとして用意されています。これは、次のようにしてインスタンスを作成します。

```
変数 = HuggingFaceHub(repo_id="《リポジトリID》")
```

インスタンス作成には、「repo_id」という引数を指定します。これは、Hugging Faceのハブで公開されているモデルのリポジトリIDを指定します。

では、実際に作成してみましょう。新たなセルを用意し、以下のようにコードを記述し実行して下さい。

▼リスト7-26

```
from langchain_community.llms import HuggingFaceHub

llm = HuggingFaceHub(repo_id="rinna/japanese-gpt2-medium")
llm
```

図7-44：HuggingFaceHubインスタンスを作成する。

コードを見て気がついたでしょうが、HuggingFaceHubは、これまで使った統合パッケージとはクラスの配置場所が違います。統合パッケージの場合、「langchain_○○」といったモジュールの中にクラス類がまとめられていました。が、Hugging Faceには統合パッケージは用意されていません。このためLLMは、langchain_community.llmsというところに用意されています。langchain_communityというのは、コミュニティによって実装されるコードがまとめられているところです。

invokeを利用する

LLMが作成できたら、これでプロンプトを送信してモデルを使ってみましょう。HuggingFaceHubは、これまで利用してきたOpenAIやGoogleGenerativeAIなどと同様に、「invoke」メソッドでプロンプトを送信できます。では以下のようにセルに記述してモデルを利用してみましょう。

▼リスト7-27

```
prompt = "" # @param {type:"string"}
llm.invoke(prompt)
```

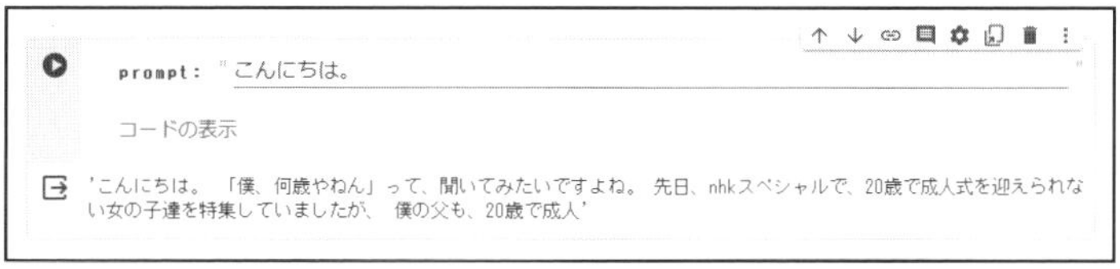

図7-45：プロンプトを書いて実行するとrinnaから応答が返る。

いつものコードですから説明は不要ですね。フォーム項目にプロンプトを書いて実行すれば、応答が出力されます。LangChainを使って、オープンソースのrinna/japanese-gpt2-mediumを利用できました！

パラメータの指定について

LangChainでは、モデルを作成する際に必要なパラメータを指定しましたね。HuggingFaceHubでパラメータを指定する場合、注意が必要です。そのまま引数として用意するのではなく、「model_kwargs」という引数に辞書として用意する必要があるのです。

例えば、先ほど作成したHuggingFaceHubにいくつかパラメータを指定してみましょう。

▼リスト7-28

```
llm = HuggingFaceHub(
  repo_id="rinna/japanese-gpt2-medium",
  task="text-generation",
  model_kwargs={
    "max_new_tokens": 100,
    "temperature": 0.1,
  })
```

このようになりました。ここではrepo_idの他に、タスクを示すtaskという値も用意しておきました。そしてmodel_kwargsの中に、max_new_tokensとtemperatureを用意してあります。パラメータの指定はこのような形で記述をします。

チャットを行うには?

LLMはこれでできました。では、チャットモデルも利用してみましょう。これは、実はいろいろと注意が必要です。

まず、Transformersパッケージをインストールしておきます。これは、以下のように実行すればいいでしょう。

▼リスト7-29

```
!pip install transformers --q -U
```

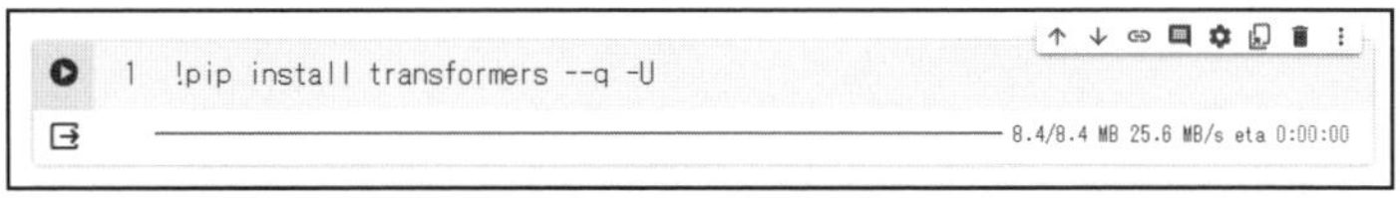

図7-46:Transformersをインストールする。

続いて、Hugging Faceハブへのログインを行います。チャットモデルの場合、あらかじめHugging Faceハブにログインしておく必要があるのです。新しいセルを用意し、以下を記述して実行して下さい。

▼リスト7-30

```
from huggingface_hub import login
login()
```

これを実行すると、Hugging Faceのログイン画面がセル下に表示されます。ここで、Token:のフィールドにAPIトークンを入力します。その下の「Add token as git credential?」のチェックはOFFにしておきます。そして「Login」ボタンをクリックすれば、Hugging Faceハブにログインします。

図7-47：Hugging Faceのログイン画面が現れる。

HuggingFaceHubを利用する

では、チャットモデルを使いましょう。Hugging Faceのチャットモデルは、「ChatHuggingFace」というクラスとして用意されています。これは、以下のようにして作成します。

```
変数 = ChatHuggingFace(llm=《HuggingFaceHub》)
```

チャットモデルでは引数に「llm」というものがあり、LLMのインスタンスを指定します。先ほど作成したHuggingFaceHubインスタンスをここに指定するのです。

では、チャットモデルを作成しましょう。セルに以下を記述し実行して下さい。

▼リスト7-31

```
from langchain_community.chat_models.huggingface import ChatHuggingFace

chat_model = ChatHuggingFace(llm=llm)
chat_model
```

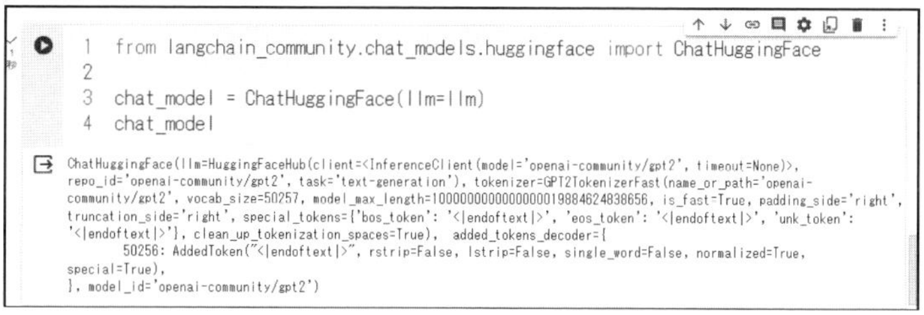

図7-48：実行すると、ChatHuggingFaceインスタンスを作成する。

これで、ChatHuggingFaceインスタンスが作成されました。後は、これを使ってinvokeでメッセージを送り、推論を実行するだけです。

▼リスト7-32

```
from langchain.schema import HumanMessage

prompt = "" # @param {type:"string"}
messages = [
  HumanMessage(content=prompt)
]
chat_model.invoke(prompt )
```

セルのフォーム項目にプロンプトを記入して実行すると、チャットモデルを使って応答が返ります。基本的な使い方はこれまでのOpenAIやAnthropicなどのチャットモデルと同じですが、インスタンスの作り方が少し違うのですね。

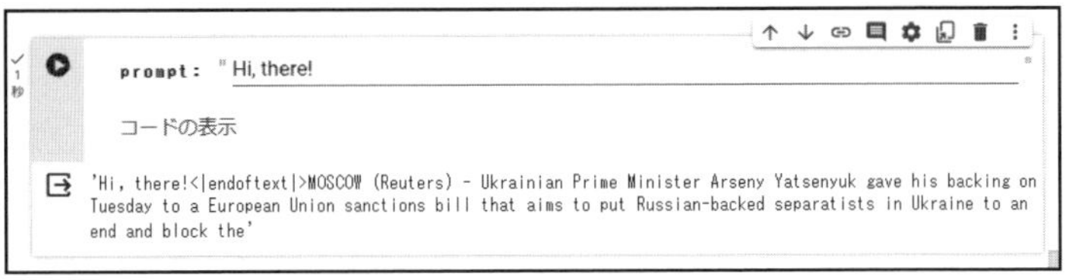

図7-49：プロンプトを書いて実行すると応答が返る。

ただし、このChatHuggingFaceを利用する場合には注意が必要です。LLMを内部で使ってチャットを利用する関係上、モデルによってはうまく応答が得られないこともあるのです。「すべてのモデルがチャットを使えるわけではない」ということは頭に入れておいて下さい。

パイプラインの利用

Hunging Chainには「パイプライン」という機能がありました。これを使うことで、事前処理や事後処理などの一連の流れをまとめて実行できるようになっていましたね。このパイプラインも、LangChainから利用することができます。パイプラインの機能は、「HuggingFacePipeline」というクラスとして用意されています。これは、以下のようにしてインスタンスを作成します。

```
HuggingFacePipeline.from_model_id(
  model_id="モデルID",
  task="《タスク》",
  pipeline_kwargs={……パラメータ情報……},
)
```

from_model_idはモデルID（リポジトリIDではありません。モデルのID、要するにモデル名のことです）を文字列で指定します。また、taskにはタスク名をやはり文字列で用意します。この2つの引数は必須と考えて下さい。その他、モデルに送るパラメータなどの情報がある場合は、「pipeline_kwargs」という引数に辞書の形で用意します。これは、先にmodel_kwargsに記述したのと同じやり方を考えればいいでしょう。

※なお、実行時に「No chat template is defined ～」といったメッセージが出力される場合もあるかもしれません。これはチャット用のテンプレートが見つからないためで、モデルによっては用意されていないため、うまくフォーマットされずにXMLのタグが含まれた形で応答が出力されることがあります。これは出力を成形する際の問題ですので、モデルの動作そのものに問題はありません。なお、テンプレートについては改めて説明します。

HuggingFacePipelineでパイプラインを作る

では、実際に試してみましょう。新しいセルを用意し、以下のコードを記述して実行して下さい。

▼リスト7-33

```
from langchain_community.llms.huggingface_pipeline import HuggingFacePipeline

hf = HuggingFacePipeline.from_model_id(
  model_id="gpt2",
  task="text-generation",
  pipeline_kwargs={"max_new_tokens": 100},
)
```

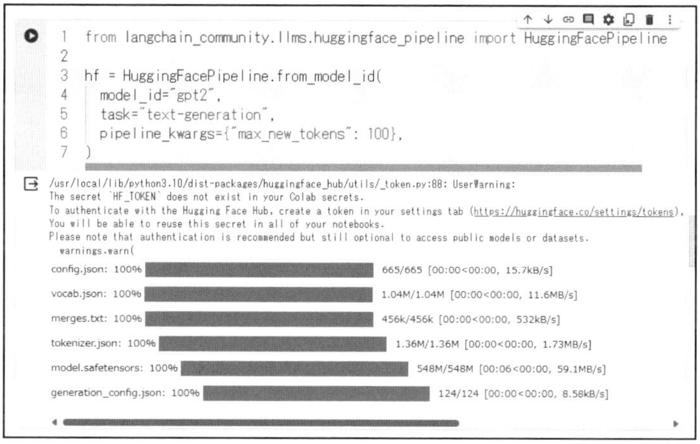

図7-50：HuggingFacePipelineでパイプラインを作成する。

これで、パイプラインのオブジェクトが用意できました。後は、これを使ってプロンプトを送るだけです。パイプラインでもモデルの推論はこれまでと同様、「invoke」で実行できます。

▼リスト7-34

```
prompt = "" # @param {type:"string"}
hf.invoke(prompt )
```

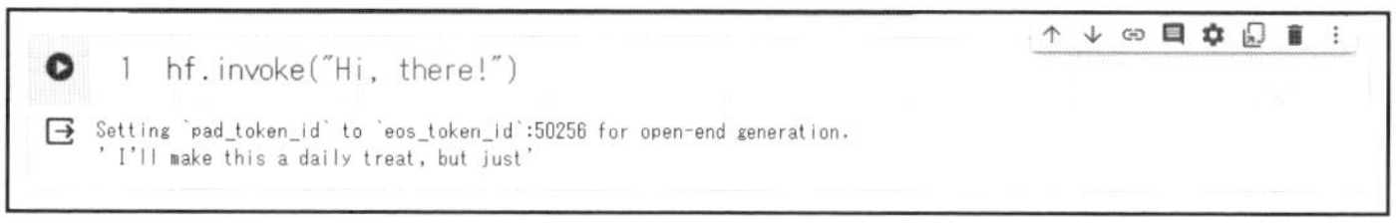

図7-51：実行すると応答が出力される。

プロンプトをフォーム項目に記入して実行して下さい。1行目に「Setting `pad_token_id` to `eos_token_id`:xxxxx for open-end generation.」というような出力がされ、2行目以降にモデルからの応答が出力されます。

モデルとトークナイザーを利用する

Hugging Faceでは、モデルとトークナイザーを作成して利用することもできました。これもLangChainで行えます。

LLM用のモデルとトークナイザーは、それぞれ「AutoModelForCausalLM」「AutoTokenizer」というクラスとして用意されています。事前学習されているなら、モデルやトークナイザーは以下のように呼び出すだけでインスタンスを作成できます。

▼トークナイザーの作成

```
変数 = AutoTokenizer.from_pretrained(《モデルID》)
```

▼モデルの作成

```
変数 =  AutoModelForCausalLM.from_pretrained(《モデルID》)
```

いずれも引数にモデルIDを文字列で指定するだけです。実際にやってみましょう。セルに以下を記述し実行して下さい。

▼リスト7-35

```
from transformers import AutoModelForCausalLM, AutoTokenizer

model_id = "gpt2"
tokenizer = AutoTokenizer.from_pretrained(model_id)
model = AutoModelForCausalLM.from_pretrained(model_id)
```

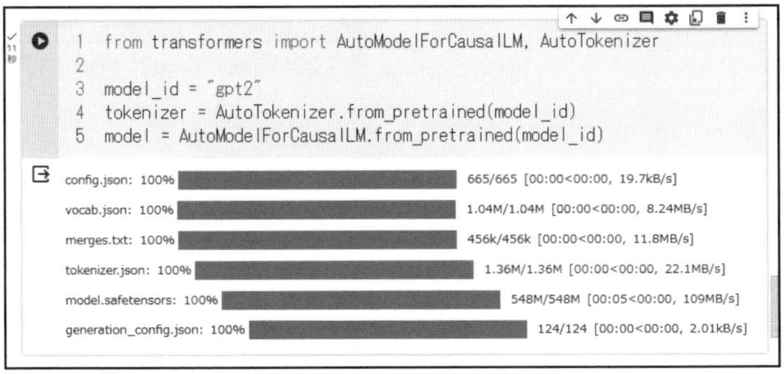

図7-52：実行してモデルとトークナイザーを作る。

これを実行するとトークナイザーとモデルのインスタンスが作成され、それぞれtokenizerとmodelに代入されます。これで利用の準備が整いました。

コードを見て気づいたでしょうが、これらはTransformersのクラスをそのまま使っています。

パイプラインから使う

作成したトークナイザーとモデルは、実はパイプラインで使うこともできます。指定のトークナイザーとモデルを使ってパイプラインを作成するのです。こうすることで、パイプラインの内部でこれらのオブジェクトを利用して推論が行われるようになります。

パイプラインで利用するには、まずpipeline関数を使ってパイプラインを作成します。

```
変数 = pipeline("《タスク》", model=《モデル》, tokenizer=《トークナイザー》)
```

関数の引数にmodelとtokenizerという項目を用意し、これらにモデルとパイプラインを指定するのです。これで、用意したオブジェクトを利用して動くパイプラインができました。

後は、作成したパイプラインを使ってHuggingFacePipelineインスタンスを作成します。先ほどはfrom_model_idというメソッドを使いましたが、今回は以下のようにしてインスタンスを作成します。

```
変数 = HuggingFacePipeline(pipeline=《パイプライン》)
```

これで、用意したパイプラインを利用するHuggingFacePipelineインスタンスができました。後は、これを利用するだけです。

では、実際にやってみましょう。新しいセルを用意し、以下のようにしてパイプラインを作ってみます。

▼リスト7-36

```
from langchain_community.llms.huggingface_pipeline import HuggingFacePipeline
from transformers import pipeline

pipe = pipeline(
  "text-generation",
  model=model,
  tokenizer=tokenizer,
  max_new_tokens=100)
hf = HuggingFacePipeline(pipeline=pipe)
hf
```

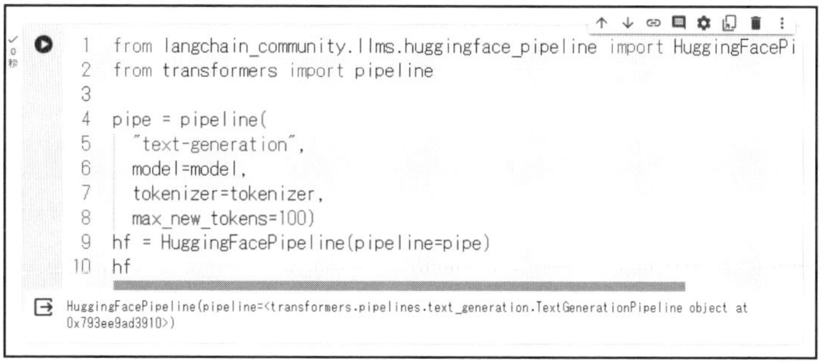

図7-53：モデルとトークナイザーを使ってパイプラインを作る。

これで、hfにHuggingFacePipelineインスタンスが用意できました。後は、これを実際に使ってみるだけです。

▼リスト7-37

```
prompt = "Hi, there!" # @param {type:"string"}
hf.invoke(prompt)
```

既に、HuggingFacePipelineの使い方はやりましたね。invokeを呼び出すだけです。独自に用意したモデルとトークナイザーで、このようにパイプライン処理ができました。

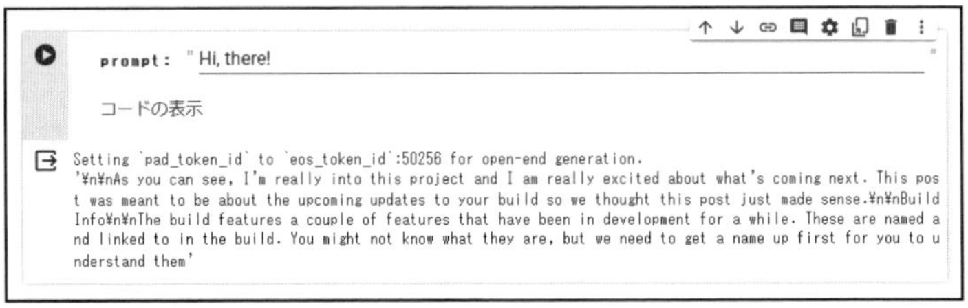

図7-54：実行すると応答が得られる。

パイプラインを使わない

しかし、モデルとトークナイザーを作成するのは、パイプラインを使わず自分で処理を行うような場合でしょう。これも、もちろん行えます。トークナイザーとモデルを利用した場合のプロンプト実行はどのようになっていたか思い出しましょう。

▼1. トークナイザーでエンコードする

```
変数（Tensor1）=《Tokenizer》.encode( プロンプト , return_tensors='pt')
```

▼2. モデルで応答を生成する

```
変数（Tensor2）=《Model》.generate(《Tensor1》, パラメータの指定 )
```

▼3. トークナイザーでデコードする

```
変数 =《Tokenizer》.batch_decode(《Tensor2》)
```

トークナイザーでエンコードし、モデルで応答を生成し、再びトークナイザーでデコードする。こういう流れでしたね。では、実際の利用例を挙げておきましょう。

▼リスト7-38

```
prompt = "" # @param {type:"string"}

input_ids = tokenizer.encode(prompt, return_tensors='pt')
gen_tokens = model.generate(input_ids, max_length=50)
generated = tokenizer.batch_decode(gen_tokens)
generated
```

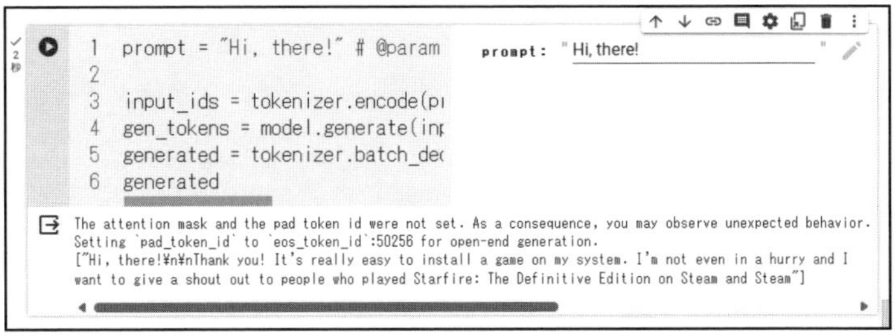

図7-55：トークナイザーとモデルで応答を得る。

プロンプトを入力し実行すれば、応答が得られます。ただし、コードをよく見ればわかりますが、トークナイザーもモデルもTransformersから作成していますから、これはまったくLangChainを使っていません。Hugging Face本来のTransformersによるコーディングそのままです。

Hugging Faceを利用すると、どうしてもTransformersへの依存度が高まり、気がつけば「そもそもLangChainを使う必要なんてなかった」ということに気がついたりします。

HuggingFaceHubやChatHuggingFaceなどを利用して、他のAIモデルと同じようにして簡単にLLMを扱いたい、というような場合はLangChainは便利でしょう。しかし、トークナイザーやモデルなどを利用するようになったならLangChainを使うより、素直にTransformersでコーディングしたほうがいいかもしれません。

Chapter 7

7.3. LangChainの機能を活用する

LCELと連鎖

LangChainの大きな特徴は、「さまざまな処理を一括して実行できる」という点にあります。例えばモデルを利用した処理を作成するとき、「事前の下処理」「モデルの実行」「得られた応答の処理」というように、いくつもの処理を行っていくことが多いでしょう。こうした処理をまとめて行えるようにできれば便利ですね。

LangChainには、「LCEL（LangChain Expression Language）」という機能があります。日本語で言えば「LangChain式言語」ですね。これは、あらかじめ用意した処理を簡単につなげて実行できるようにするためのものです。

このLCELは、以下のように作成します。

```
変数 = 処理A | 処理B | 処理C | ……
```

わかりますか？「|」を使って処理を繋げていけばいいのです。非常に簡単ですね。このようにして作られたものを「連鎖（チェーン）」といいます。

テンプレートの利用

このLCELによる連鎖はさまざまな使い方ができますが、おそらく最も よく使われるのが「テンプレート」の利用でしょう。

テンプレートというのは、あらかじめテキストのフォーマットを用意しておき、それを元にテキストを生成する仕組みのことです。例えば、こんなテキストを考えてみましょう。

```
"{A}について教えて。"
```

このような形でテンプレートを用意しておいて、{A}に後からテキストをはめ込めれば、プロンプトが簡単に作れますね。ユーザーは単に単語だけを入力すれば、それを元に「〇〇について教えて」というプロンプトが生成されるわけです。

このようにテンプレートを使ってプロンプトのテキストを生成できるなら、テンプレートとモデルをLCELで連鎖させればとても便利ですよね？　単語を入力するだけでそれを元にプロンプトを作り、モデルに送って応答を得るのです。連鎖を使えば、こういうことが簡単に行えるようになります。

PromptTemplateについて

プロンプトのテンプレート機能を提供するのが、「PromptTemplate」というクラスです。これは、以下のようにしてテンプレートのインスタンスを作成します。

```
変数 = PromptTemplate.from_template( 文字列 )
```

作成されたPromptTemplateインスタンスは、「format」メソッドでフォーマットしたテキストを生成します。これは、引数にテンプレートの中に埋め込まれた値を指定します。

例えば、from_template("{A}, {B}")というようにしてテンプレートを作成した場合、フォーマットは以下のように行います。

```
変数 =《PromptTemplate》.from_template(A=値 , B=値 )
```

これで、テンプレートの{A}と{B}に値を埋め込んだテキストが生成される、というわけです。

テンプレートとモデルを用意する

では、実際にテンプレートとモデルを作成し、これらを連鎖させて処理してみましょう。まず、テンプレートとモデルを用意しましょう。新しいセルに以下を記述して下さい。

▼リスト7-39

```
from langchain_core.prompts import PromptTemplate
from langchain_community.llms import HuggingFaceHub

template = PromptTemplate.from_template(
  "tell me a poem about {topic}")

llm = HuggingFaceHub(
  repo_id="openai-community/gpt2",
  task="text-generation")
```

PromptTemplateでは、"tell me a poem about {topic}"というテキストを用意しておきました。これで{topic}というところにテキストをはめ込めば、それに関する詩を作成してくれるようになるはずです。また、モデルはHuggingFaceHubを使い、GPT-2を用意しておきました。

では、これらをLCELで連鎖させて実行してみましょう。新しいセルに以下を記述して下さい。

▼リスト7-40

```
prompt ="cat" # @param {type:"string"}

chain = template | llm
chain.invoke({"topic": prompt})
```

フォームに適当に言葉を書いて実行すると、それをテーマとする詩を作成します。作成した連鎖を実行するには、連鎖のオブジェクトから「invoke」を呼び出します。ここでは、{"topic": prompt}というように引数を指定していますね。この値がtemplateに渡され、そこから実行した結果がllmに渡され、その結果が表示される、というように処理が次々と実行されていきます。

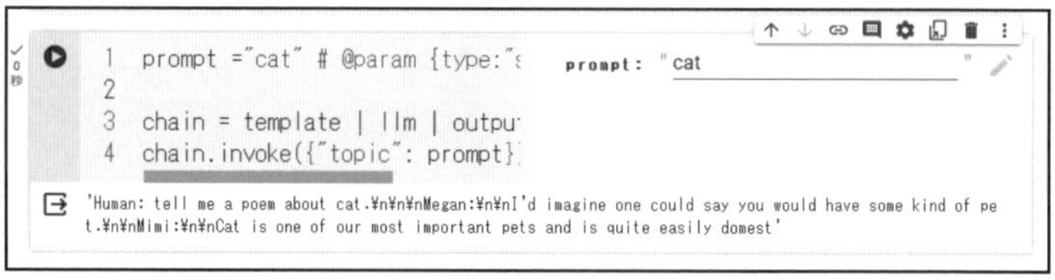

図7-56：単語を記入して実行すると、それをテーマとする詩を作成する。

ここではtemplate | llmとして、templateからllmに処理が連鎖するようにしています。そして、作成されたchainからinvokeを呼び出して連鎖を実行しています。引数には、{"topic": prompt}という値が渡されます（その理由については、この後で説明します）。

LCELの連鎖の仕組み

これで、LCELによる連鎖がどういうものかわかってきました。では、連鎖しないで1つ1つのメソッドを呼び出していく場合はどうなるのでしょうか。

先ほどのサンプルをLCELを使わない形に書き換えてみると、以下のようになります。

▼リスト7-41

```
prompt ="" # @param {type:"string"}

result = template.invoke({"topic":prompt})
resp = llm.invoke(input=result)
resp
```

PromptTemplateは「format」というメソッドを呼び出してテキストをフォーマットしています。そして、生成されたプロンプトを引数に指定してモデルのinvokeを呼び出しています。これらの処理を、LCELならば連鎖のinvokeを呼び出すだけですべて行えます。

これを見てみると、いくつか気づく点があるでしょう。まず、「どちらもinvokeというメソッドを呼び出している」という点です。これが、LCELの基本です。オブジェクトがLCELで渡されたとき、そのオブジェクトのinvokeを呼び出して実行をしていきます。

また、最初に呼び出しているPromptTemplateのinvokeでは、{"topic":prompt}というように値が用意されていますね。これは、先にLCELを使ったとき、連鎖オブジェクトのinvokeで用意した引数と同じものです。連鎖のオブジェクトでは、最初に呼び出す処理の引数を値として用意していることがわかるでしょう。

連鎖のつながり方

では、LCELによる連鎖は、どのような形で動いているのでしょうか。どんなものでも|記号で連鎖させれば、勝手に呼び出すようになるのでしょうか。

いいえ、そういうわけではありません。LCELで連鎖させるには、連鎖するような形で処理を用意し、繋げる必要があるのです。

では、どういうものが連鎖できるのか。まず頭に入れておいてほしいのは、「連鎖できるのは、Runnableなオブジェクト」ということです。もちろん、Runnableなら何でもいいわけではなく、入出力の形式が合致し、値を受け渡せるようになっている必要があります。

例えば、AからBに値を受け渡すことを考えてみましょう。この場合、LCELを使って以下のように連鎖を作成したとします。

```
変数 = A | B
```

この場合、どのように処理がされていくのか考えてみましょう。

処理する値を用意する

⇩

Aに値が渡される

⇩

Aから結果が得られる

⇩

Bに結果が渡される

⇩

Bから結果が得られる

このように、「値→A→B→結果」というように値が次々と受け渡されて処理されていくことになります。ということは、少なくとも「AからBに値を渡す」というときに、どのような値がどういう形で渡されるかが明確になっていなければいけません。

AやBが関数ならば、受け渡す引数の整合性をよく考えて設計する必要があります。つまり、Aの戻り値がそのまま関数Bの引数として渡せるようにしておく必要がある、ということですね。また、AやBがオブジェクトならば、そのオブジェクトのinvokeに値が受け渡せるように設計しておく必要があるのです。

関数を連鎖する

基本的な仕組みさえわかれば、自分で連鎖する処理を作ることもできるようになります。関数を定義して連鎖に組み込めばいいのです。実際にやってみましょう。

▼リスト7-42

```
prompt ="sunday" # param {type:"string"}

def format_input(str):
  return {"topic": '"' + str + '" '}

def format_output(str):
  return str.replace('\n\n', ' ')

chain = format_input | template | llm | format_output
chain.invoke(prompt)
```

ここではformat_inputとformat_outputという関数を定義し、これを連鎖に組み込んでいます。format_input | template | llm | format_outputというようにしています。

まず、format_inputでは引数で渡された値を、{"topic": "" + str + "" }という辞書にして返すようにしています。この辞書が、そのままllmに渡されるようになります。これにより連鎖の呼び出しが、chain.invoke(prompt)というようにシンプルになります。

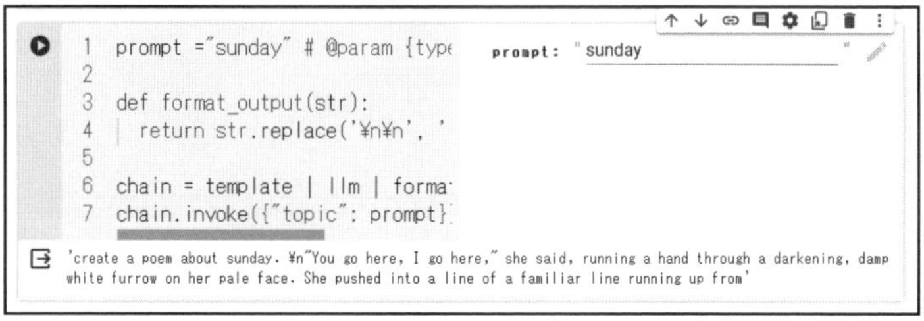

図7-57：結果から\n\nを取り除いて表示する。

また、モデルを呼び出した後でformat_outputが呼び出されるようにしていますね。llmの戻り値がそのままformat_output関数の引数に渡され、関数で処理した結果がchain.invokeの戻り値として返されるようになります。

関数はRunnableでない

このLCELによる連鎖を作成するとき、注意したいのが「関数は、それ自体はRunnableではない」という点でしょう。したがって、LCELで関数だけを連鎖させようとするとエラーが発生してしまいます。

実際に試してみましょう。関数を2つ作成し、それらを連鎖して実行させてみます。

▼リスト7-43

```
def prime_list(n):
  primes = [2]
  for i in range(3, n + 1):
    is_prime = True
    for prime in primes:
      if i % prime == 0:
        is_prime = False
        break
    if is_prime:
      primes.append(i)
  return primes

def list_sum(arr):
  return sum(arr)

r = prime_list | list_sum
r.invoke(100)
```

これを実行すると、「TypeError: unsupported operand type(s) for |: 'function' and 'function'」というエラーが表示されます。「関数 | 関数」というのは演算子としてサポートしていない、というエラーです。関数は、そのままでは関数とつなげることはできないのです。

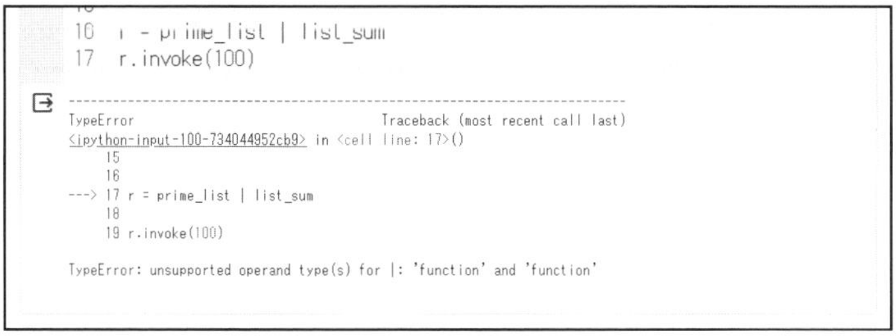

図7-58：実行するとエラーになる。

RunnableLambdaについて

このような場合のためにLangChainに用意されているのが、「RunnableLambda」というクラスです。これは、関数をRunnableにするラッパーです。以下のようにインスタンスを作成します。

```
RunnableLambda( 関数 )
```

これで、この関数はRunnableなオブジェクトとなり、LCELで連鎖できるようになります。では、先ほどのprime_listとlist_sumをつなげてみましょう。

▼リスト7-44

```
from langchain_core.runnables import RunnableLambda

number = 0 # @param {type:"integer"}

r = RunnableLambda(prime_list) | RunnableLambda(list_sum)
r.invoke(number)
```

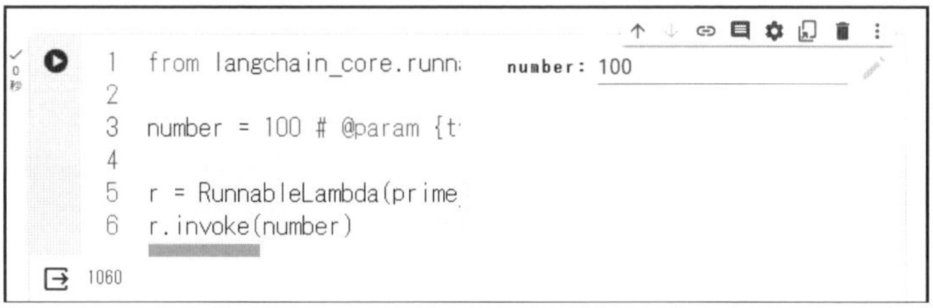

図7-59：prime_listとlist_sumが連鎖し、入力した数字までの素数の合計が計算される。

セルのフォーム項目に整数を入力して実行すると、その値までの素数の合計を計算します。今度は問題なく実行され、結果が表示されるようになります。

ここで用意した関数は、prime_listが引数の値までの素数のリストを返すものであり、list_sumは引数のリストの合計を返すものです。つまり、こういう値の流れですね。

整数 ⇨ prime_list ⇨ リスト ⇨ list_sum ⇨ 整数

整数で渡した値が途中でリストになって渡され、再び整数に戻って結果を得られます。LCELでは、受け渡す値はどのようなものでもかまいません。「渡す側と受け取る側の値が一致している」ということが重要なのです。

ConversationChainの利用

続いて、モデルの基本機能である「チャット」について考えてみましょう。それぞれのモデルには、LLMとチャットのクラスが用意されていました。しかし、チャットに関しては使えないものもあります。例えば、Hugging Faceのモデルでは、ChatHuggingFaceを使ってもうまくチャット機能が使えないものもありますし、ChatHuggingFaceがうまく機能しないモデルもあります。そもそもChatHuggingFaceを利用しても、それまでの会話の内容を保持した本当の意味でのチャットが実現できるわけではありません。

チャットは「連続してやり取りができる」というだけでなく、それまでの会話の履歴を記憶しておくような仕組みが必要です。

このような仕組みは、実はLangChainに用意されています。これを利用することで、ChatHuggingFaceなどのチャット機能のクラスを使わなくとも、（普通のllmモデルで）チャット的に利用できるようになります。

ConversationChainの使い方

このチャット機能は、「ConversationChain」というクラスとして用意されています。これは、以下のようにインスタンスを作成します。

```
変数 = ConversationChain(
  llm=llm,
  verbose=真偽値,
  memory=《ConversationBufferMemory》
)
```

llmには、使用するllmモデルのインスタンスを指定します。「verbose」は詳細モードで実行するかどうかを指定するもので、Trueにすると実行時の詳細情報が出力されるようになります。

最後の「memory」はチャットのやり取りを管理するためのもので、「ConversationBufferMemory」というものを指定します。ConversationBufferMemoryは会話を一時的に保管しておきます。これにより、チャット的な機能が実現できるのです。

ConversationChainは、モデルと同様の使い方ができます。このインスタンスにある「invoke」を呼び出してプロンプトを実行していけるのです。これにより、llmに指定したモデルを使ってプロンプトを送信し、応答を得て出力します。やり取りしたメッセージは、memoryに設定したConversationBufferMemoryで管理されます。

チャットを作成する

では、ConversationChainを利用してチャットのプログラムを作成してみましょう。新しいセルに以下を記述し、実行して下さい。なお、llmには何らかのllmモデルのインスタンスが用意されているものとします。

▼リスト7-45

```
from langchain.chains import ConversationChain
from langchain.memory import ConversationBufferMemory

conversation = ConversationChain(
  llm=llm,
  verbose=False,
  memory=ConversationBufferMemory()
)
```

これで、ConversationChainインスタンスが用意できました。後は、これを使ってプロンプトの実行をしていくだけです。

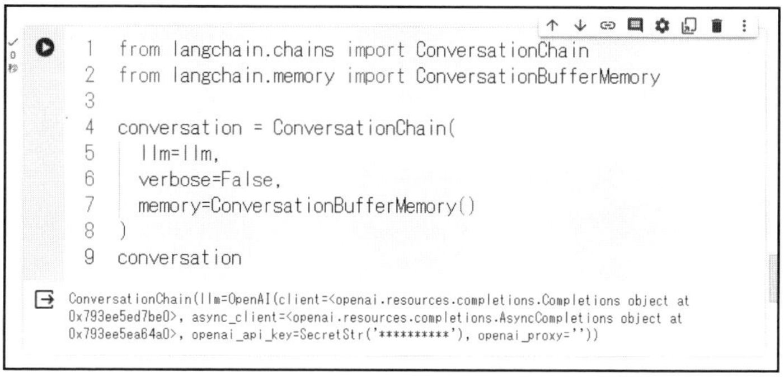

図7-60：実行するとConversationChainが作成される。

では、簡単なチャットプログラムを作成しましょう。

▼リスト7-46

```
flag = True
while flag:
  prompt = input('prompt: ')
  if prompt == "":
    flag = False
  else:
    response = conversation.invoke(input=prompt)
    print(f'AI: {response["response"]}')
    print("-----------------------------------------")
print('***** finished. ****')
```

実行すると、セル下にテキストを入力するフィールドが現れます。ここにプロンプトを書いて[Enter]すると、それをモデルに送って応答を出力し、再びフィールドでの入力待ちになります。こうして繰り返していくことでチャットを行えます。何も書かずに[Enter]すればチャットを終了します。

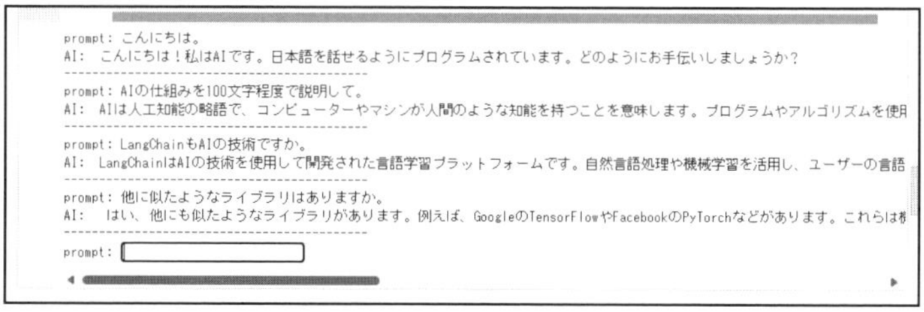

図7-61：入力フィールドにプロンプトを書いて送信する。これはOpenAIのGPT-4をllmに指定したもの。

ここでは、以下のようにしてプロンプトを送信しています。

```
response = conversation.invoke(input=prompt)
```

ConversationChainのinvokeを呼び出すことで応答が返されます。ただし、これは応答のオブジェクトであるため、この中から"response"の値を取り出して利用する必要があります。

```
print(f'AI: {response["response"]}')
```

これで、応答のテキストが表示されます。

メッセージの履歴を取り出す

やり取りしたメッセージは、ConversationChainのmemoryに設定したConversationBufferMemoryで管理されます。この中には「chat_memory」というプロパティがあり、その中の「messages」にメッセージがリストとして保管されています。この値を利用することで、メッセージ履歴を扱えるようになります。

試しに、やり取りしたメッセージをすべて表示させてみましょう。

▼リスト7-47

```
for message in conversation.memory.chat_memory.messages:
  print(message.content)
```

これで、やり取りしたメッセージがすべて表示されます。非常に簡単ですね！

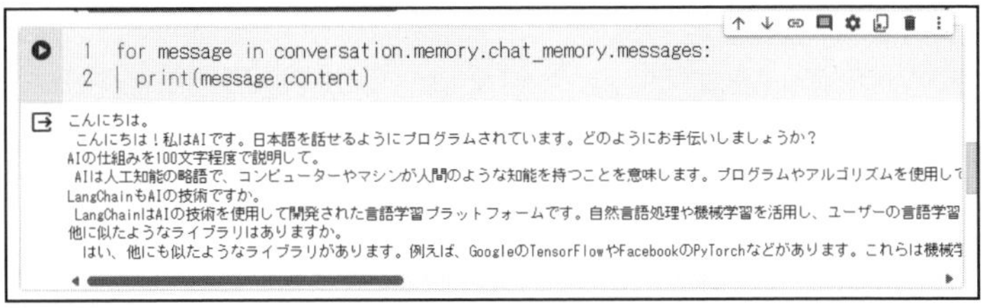

図7-62：実行するとメッセージの履歴が表示される。

ここではConversationChainのchat_memory.messagesから順にメッセージを取り出し、そのcontentを出力しています。ここで取り出されるメッセージはチャットで用いられるHumanMessageやAIMessageなどのインスタンスになっています。

履歴を追加する

ConversationBufferMemoryは履歴を管理します。これは、memory.chat_memoryからやり取りしたメッセージを取り出すだけでなく、履歴となるメッセージを操作することもできます。

履歴にメッセージを追加すると、それらのメッセージをやり取りした前提で応答が作成されるようになります。つまり、架空の会話をあらかじめ設定してからチャットできるのです。

メッセージの追加は、以下のように行います。

▼ユーザーのメッセージを追加する

```
《ConversationBufferMemory》.chat_memory.add_user_message(テキスト)
```

▼AIからのメッセージを追加する

```
《ConversationBufferMemory》.chat_memory.add_ai_message(テキスト)
```

また、chat_memory.messagesにはメッセージのリストが保管されています。これは普通のリストですから、リストのメソッドを利用してメッセージの追加や削除などを自由に行うこともできます。

履歴を作成する

では、実際に履歴を作って会話させてみましょう。まず、ConversationChainを作成する処理を修正します。リスト7-45のセルを以下のように書き換えて下さい。

▼リスト7-48

```
memory = ConversationBufferMemory()

memory.chat_memory.add_user_message("あなたは誰ですか。")
memory.chat_memory.add_ai_message("私は、リカです。29歳のOLです。")
memory.chat_memory.add_user_message("どんな仕事をしていますか。")
memory.chat_memory.add_ai_message("建築事務所で設計士をしています。")

memory.chat_memory.messages.insert(0,
  SystemMessage("あなたはOLです。そのつもりで会話して下さい。"))

conversation = ConversationChain(
  llm=llm,
  verbose=False,
  memory=memory
)
conversation
```

これで、あらかじめ履歴を追加したConversationChainインスタンスが作成されます。ここでは、AIが29歳のOLのリカさんであるという会話をしています。このような履歴をあらかじめ用意しておくことで、AIは自分が29歳のOLリカであるという認識で会話するようになります。

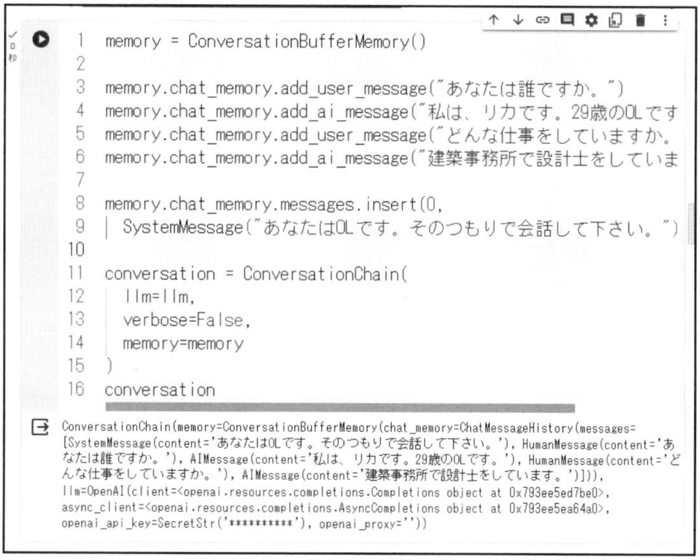

図7-63：履歴を追加したConversationChainを作成する。

では、リスト7-46を実行し、チャットを行ってみましょう。AIはOLとして話を続けることがわかります。履歴がきちんと認識されていることがわかるでしょう。

ただし、こうした履歴が正しく反映されるには、それなりな品質のモデルをLLMに使う必要があります。例えばGPT-2レベルでは、きちんと履歴の通りに会話はできないかもしれません。GPT-3.5/4やAnthropicのClaude-2などを使えば、ほぼ履歴に沿った形で会話できるでしょう。

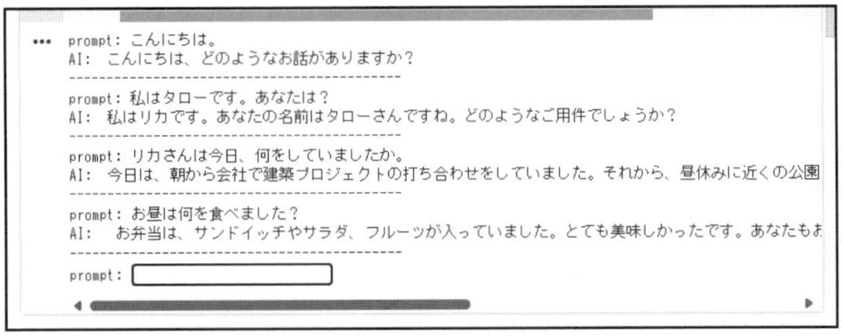

図7-64:履歴に従って会話が進む。これはGPT-4をLLMに指定したもの。

LangChain以外にもあるライブラリ

以上、LangChainを利用したコーディングについて簡単にまとめました。LangChainには、ここで紹介した機能以外にもさまざまなものが用意されています。ある程度、使い方がわかってきたら、その他にどんな機能があるのか調べてみるとよいでしょう。

また、LangChainの開発元は、LangChain以外にもソフトウェアをいろいろと開発しています。こうしたものもLangChainと同様にオープンソースで公開されています。

●LangServe

LangChainのモデルを利用したやり取りをREST APIとして公開することのできるサーバープログラムのパッケージです。簡単なコーディングでRESTサーバーとして実行し指定のパスにアクセスすることで、モデルとやりとりできるようになります。

●LangGraph

LangChainのコンポーネントをグラフ化して表現するためのパッケージです。LangChainのパイプラインなどの処理を視覚化し、直感的に理解できるようにします。

●LangSmith

LangChainによるアプリケーション開発を支援するパッケージです。やり取りしたプロンプトやメッセージなどの保存や管理、データセットの作成や訓練、モデルの評価などを行えます。

LangChainは、このように「LangChainを中心とする、AIアプリケーション開発の統合環境」を目指していると言えるでしょう。AIの学習だけでなく、本格的なアプリケーション開発を目指している人にとって、LangChainは最良の選択肢と言っていいかもしれません。

Chapter 8

LiteLLM

LiteLLMはLLMへのアクセスに特化したライブラリです。
主なベンダーのモデルに対応しており、
対応するすべてのモデルに同一のインターフェイスでアクセスできるようにしてくれます。
ここでは主なベンダーについて、LiteLLMでアクセスする方法を説明しましょう。

Chapter 8

8.1. LiteLLMの基本

LiteLLMとは?

LangChainのような、さまざまなベンダーのAIモデルを統一されたインターフェイスで利用できるようにするライブラリは、AI開発の効率を格段に向上します。ただ、LangChainは非常に大規模なライブラリであり、実際に使ってみて「複雑すぎてよくわからない」と感じた人もいることでしょう。そんなに高度なものが欲しいわけではなくて、ただ「いろんなモデルを同じように使えるようにしたい」だけなのに……なんて思った人もいたはずです。そうした人に最適なライブラリが実はあります。それが「LiteLLM」です。

LiteLLMは名前から想像がつくように、LLMを簡単に扱えるようにすることを目的としたライブラリです。LiteLLMは、商業ベースでモデルを提供しているベンダーを中心に100以上のモデルを使えるようにしています。また、ReplicateやHugging FaceなどのAIプラットフォームにも対応しており、これらのプラットフォームにあるモデルにもアクセスできるようになっています。

LiteLLMは、以下のURLで公開されています。

https://litellm.ai/

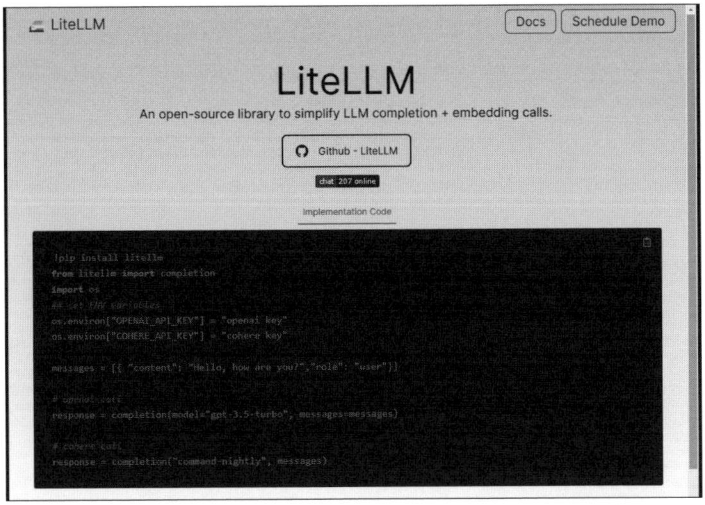

図8-1：LIteLLMのWebサイト。

これも、LangChainと同様にオープンソースのライブラリであり、AIプラットフォームのようなサービスではありません。したがって、利用の際にアカウントの登録などの作業も必要なく、ただパッケージをインストールするだけで使えるようになります。

ただし、LiteLLMを通して各ベンダーが提供するモデルにアクセスするので、ベンダーが発行するAPIキーなどは必要になります。これらは利用するベンダーのAPIサービスでそれぞれ取得しておいて下さい。

LiteLLMパッケージを用意する

では、実際にLiteLLMを使ってみましょう。Colabを開き、LiteLLMのパッケージをインストールします。以下をセルに記述し、実行して下さい。

▼リスト8-1

```
!pip install litellm --q -U
```

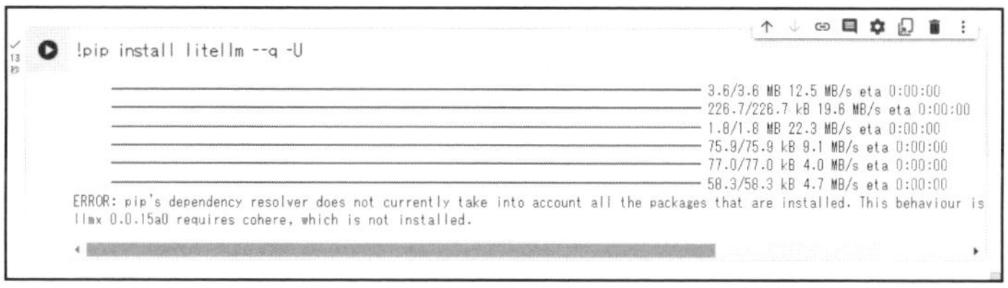

図8-2：pip installでLiteLLMのパッケージをインストールする。

これでインストールされました。パッケージは「litellm」という名前のものです。これを使ってコーディングを行います。

completionでOpenAIモデルにアクセスする

では、実際にLiteLLMを使ってみましょう。LiteLLMはさまざまなベンダーに対応していますが、まずはOpenAIから使ってみることにします。

OpenAI利用には、あらかじめOpenAIのAPIキーを設定しておく必要があります。新しいセルを用意し、以下を記述して下さい。なお、《OpenAIのAPIキー》には7章で取得したAPIキーを指定して下さい。

▼リスト8-2

```
import os

OPEN_AI_API = "《OpenAIのAPIキー》"
os.environ["OPENAI_API_KEY"] = OPEN_AI_API
```

これで、環境変数OPENAI_API_KEYにOpenAIのAPIキーが設定されます。LiteLLMはこの値をチェックして、OpenAIのAPIにアクセスを行います。

os.environというのは、OSの環境変数を扱うためのものです。これは辞書になっており、各環境変数名を辞書のキーとして値が格納されています。ここから環境変数の値を取り出すこともできますし、このenvironに値を追加することで環境変数を付け足すこともできるわけです。

ここではColabを利用しているため、このようにしてOPENAI_API_KEY環境変数にAPIキーを設定しています。もしローカル環境で試すなら、あらかじめOPENAI_API_KEYという環境変数にAPIキーを指定しておけば、これらのコードは必要ないでしょう。

completion関数について

一般的なテキスト生成AIにプロンプトを送るには、「completion」という関数を使います。これは以下のように記述します。

```
変数 = completions(model="モデル名", message=メッセージ)
```

この他、モデルへのパラメータなども用意できますが、最低この2つの引数は必須と考えて下さい。

modelには、モデル名を文字列で指定します。

messageには、送信するメッセージをリストにしたものを用意します。このメッセージは、以下のような形の辞書として作成します。

```
{"role": ロール, "content": プロンプト}
```

roleには、ロール(役割)を示す値を指定します。これには、以下の3つの値が用意されています。

"user"	ユーザーが送信したメッセージを示す。
"system"	システム設定のメッセージを示す。
"assistant"	AIが返信した応答のメッセージを示す。

これらを使ってroleとcontentを用意し、それをリストにまとめたものをcompletionのmessagesに指定する、ということになります。

OpenAIにアクセスする

では、実際にOpenAIのモデルにアクセスをしてみましょう。新しいセルを用意し、以下を記述して下さい。なお、今回はGPT-3.5 turboモデルを使っています。GPT-4を利用したい場合は、modelの値を"gpt-4"に変更して下さい。

▼リスト8-3

```
from litellm import completion

prompt = "" # @param {type:"string"}

messages = [
  {"role": "user", "content":prompt}
]

response = completion(
  model="gpt-3.5-turbo",
  messages=messages)
response
```

これを実行すると、セルのフォーム項目に入力したプロンプトをOpenAIに送信し、AIモデルから返された応答を出力します。

図8-3：プロンプトを書いて実行すると応答が得られる。

得られる出力は、「ModelResponse」というクラスのインスタンスになっています。このクラスは以下のような構造になっています。

```
ModelResponse(
  id=…ID…,
  choices=[
    Choices(finish_reason='stop',
      index=0,
      message=Message(content='…応答…', role='assistant'))],
  created=タイムスタンプ,
  model='モデル名',
  object='chat.completion',
  system_fingerprint=None,
  usage=Usage(
    completion_tokens=整数,
    prompt_tokens=整数,
    total_tokens=整数))
```

非常にたくさんの値が送られてくるためわかりにくいのですが、注目すべきは「choices」という項目です。これは、Choicesというオブジェクトの配列になっています。このChoicesが、やり取りする応答のメッセージ情報をまとめたものになります。通常、応答のメッセージは1つだけですから、choicesのリストにある最初の項目を取り出せば、そこに応答の情報が用意されています。

Choicesにはmessageという値があり、これにMessageというクラスのインスタンスとしてメッセージが保管されています。試しに、セルに以下の文を記述して実行してみましょう。

▼リスト8-4

```
response.choices[0]["message"]
```

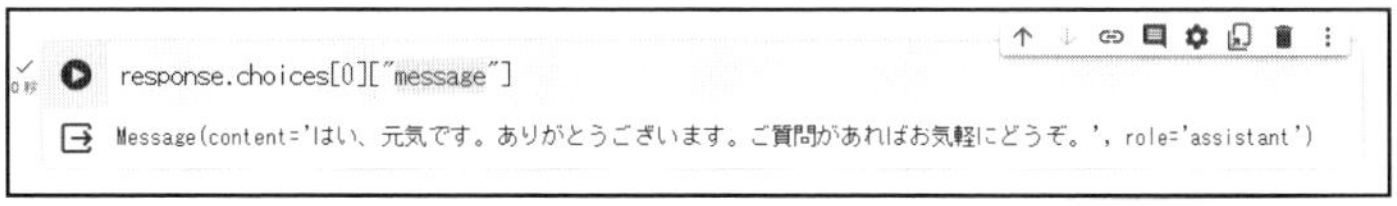

図8-4：AIから送られたメッセージを取り出す。

これで、送られてきたMessageインスタンスが出力されます。このMessageからcontentの値を取り出して利用すればいいのです。

AnthropicのClaudeを利用する

基本的な使い方がわかったところで、OpenAI以外のモデルについても使ってみましょう。まずはOpenAIと肩を並べているAnthropicの「Claude」を使ってみます。

Claudeを利用するには、Anthropicの開発者アカウントでAPIキーを発行してもらう必要がありましたね。このAPIキーをLiteLLMで使えるように設定します。新しいセルを用意し、以下のコードを記述して実行しましょう。なお、《Anthropic APIキー》には、それぞれが取得したAnthropicのAPIキーを指定しておきます。

▼リスト8-5

```
ANTHROPIC_API = "《Anthropic APIキー》"
os.environ["ANTHROPIC_API_KEY"] = ANTHROPIC_API
```

これで準備は整いました。では新しいセルを用意し、以下のコードを記述しましょう。

▼リスト8-6

```
prompt = "" # @param {type:"string"}

response = completion(
  model="claude-2.1",
  messages=[
    {"role": "user", "content": prompt}
  ]
)

message = response.choices[0].message
print(f"{message.role}: {message.content}")
```

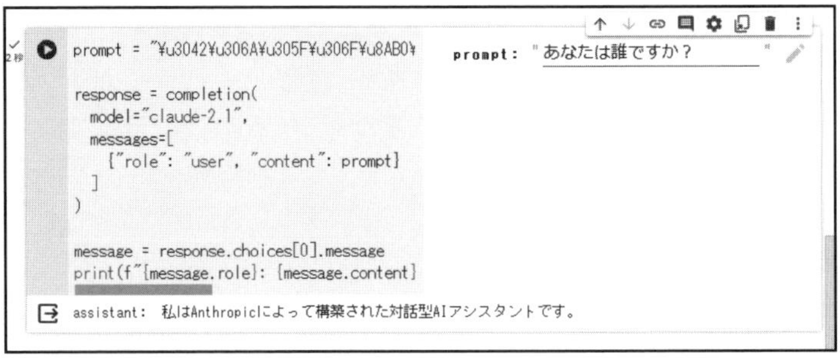

図8-5：セルにプロンプトを書いて実行する。

先ほどと同様に、セルに追加されたフォーム項目にプロンプトを記述し、セルを実行します。これでAnthropicのClaude-2.1から応答を取得し、そのメッセージを取り出して出力します。

コードは同じ、違いはモデル名だけ

ここで記述したコードを見ればわかるように、コードそのものは先ほどのOpenAI利用の場合とまったく変わりません。ただ、modelの値が"claude-2.1"に変更されただけです。たったこれだけで、OpenAI APIからAnthropic APIにアクセス先が変更され、利用するモデルが変わったのです。

またモデルから得られる応答も、completionの戻り値からchoices[0].messageの値を取り出し、そのcontentを出力しており、OpenAIの場合とまったく同じことがわかります。

これが、LiteLLMの最大の魅力なのです。どのモデルを利用する場合でもコードそのものは変わらず、ただモデル名などの値を変更するだけでいいのです。

C O L U M N

LiteLLMのフォーマットはOpenAI API

LiteLLMでは、completionというものでLLMにアクセスしました。また戻り値もchoices[0].messageというような構造からメッセージを取り出しています。ずいぶんわかりにくいな、と思ったかもしれません。
実は、この「completionで実行」「応答のchoicesからメッセージを取得」といったフォーマットは、OpenAI APIが提供するAPIとほぼ同じ方式なのです。OpenAIは、商業ベースでAIモデルを提供しているベンダーの中では最も広く利用されているところです。このAPIと同じ方式にすることで、「OpenAI APIを利用したことがある人なら誰でもすぐに使える」ようにしていたのですね。

Replicateを利用する

このように大手のベンダーが提供するモデルには、モデル名を指定するだけでまったく同じような形でアクセスできることがわかりました。

では、AIプラットフォームに用意されているモデルを利用するときはどうでしょうか。プラットフォームには、さまざまなベンダーが提供するモデルが用意されています。こうしたもの使う場合についても見てみましょう。

では、例としてReplicateからLlama-2を利用してみます。新しいセルを作成し、以下のコードを記述しましょう。《ReplicateのAPIキー》には、Replicateで各アカウントが取得したAPIキーを指定して下さい。

▼リスト8-7

```
REPLICATE_API = "《ReplicateのAPIキー》"
os.environ["REPLICATE_API_KEY"] = REPLICATE_API
```

これで準備はできました。では、コードを記述しましょう。新しいセルを用意し、次を記述して下さい。なお、↲記号の部分は実際には改行せず、続けて記述します。IDは正確に記述しないとエラーになるので、Replicateでmeta/llama-2-7b-chatを検索してリポジトリIDをコピーし利用するとよいでしょう。

▼リスト8-8

```
prompt = "" # @param {type:"string"}

model_id = "meta/llama-2-7b-chat:f1d50bb24186c52daae319ca8366e
  53debdaa9e0ae7ff976e918df752732ccc4"

response = completion(
  model=f"replicate/{model_id}",
  messages=[
    {"role": "user", "content": prompt}
  ]
)

message = response.choices[0].message
print(f"{message.role}: {message.content}")
```

セルのフォーム項目にプロンプトを書いて実行すると、ReplicateのLlama-2にアクセスして応答を表示します。

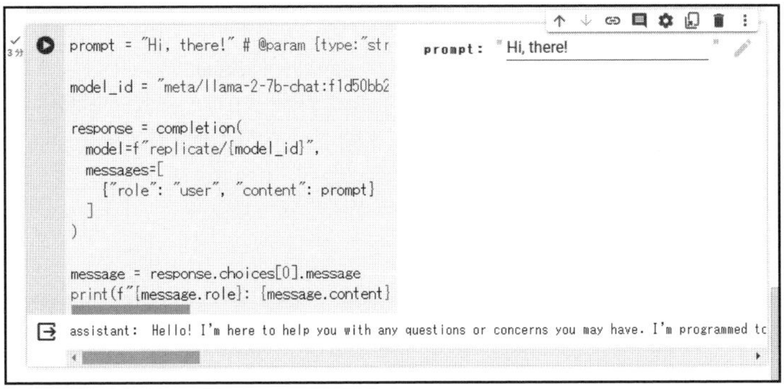

図8-6：ReplicateのLlama 2にプロンプトを送り応答を得る。

これもコードそのものはまったく違いがありません。ただし、注意したいのがmodelに設定する値です。ここでは以下のような値が指定されていますね。

```
"replicate/meta/llama-2-7b-chat:…ID…"
```

これは、整理すると以下のような形になっていることがわかるでしょう。

```
"プラットフォーム/モデル名:ID"
```

OpenAIやAnthropicのようなベンダーはモデル名を指定するだけでアクセスできました。しかしReplicateなどのAIベンダーの場合、使用するプラットフォーム名の後に組織名とモデル名などで構成される値（Hugging FaceのリポジトリID）を指定します。これにより、どのプラットフォームにあるモデルを利用するのかを識別してアクセスを行うようになります。

パラメータについて

completionでは、モデルに送信するパラメータを指定することもできます。これは他の値と同様に、パラメータ名を引数に指定して記述します。

```
completion(model=モデル, messages=メッセージ, パラメータ=値, ……)
```

このような形ですね。問題はパラメータの名前です。これまで、いくつかのベンダーを利用してきましたが、同じ役割のパラメータでも、ベンダーやモデルが違うと名前も違っていました。パラメータをモデルごとに覚えるというのはかなり面倒ですが、LiteLLMはどんなモデルでもすべて同じパラメータ名で指定できるようになっています。もちろん、パラメータによってはモデルで対応していないものもありますが、使えるパラメータはすべて共通しているのは嬉しいですね。

LiteLLMで使える主なパラメータには以下のようなものがあります。

temperature	温度。0～2の範囲の実数で指定。
max_tokens	最大トークン数。利用可能な範囲はモデルにより異なる。
top_p	上位P。0～1の範囲の実数で指定。
stream	ストリームの利用。真偽値で指定。
stop	停止シーケンス。停止するテキストのリストで指定。
n	生成する応答数。整数で指定。
presence_penalty	プレゼンスペナルティ。実数で指定。
frequency_penalty	頻度のペナルティ。実数で指定。

これらは、多くのベンダーのモデルで利用できます（すべてのモデルで利用可能なのは、temperatureとmax_tokensだけです）。この他にもパラメータはいろいろと用意されていますが、それらは特定のベンダーでしか使えないため、上記のものだけ知っていれば十分使えるでしょう。

パラメータを指定する

では、実際にパラメータを指定してモデルを利用してみましょう。ここでは、OpenAIのGPT-4にパラメータを指定してアクセスする例を挙げておきます。

▼リスト8-9

```
from litellm import completion

prompt = "" # @param {type:"string"}

messages = [
  {"role": "user", "content":prompt}
]

response = completion(
  model="gpt-4",
  messages=messages,
  temperature=0.7,
  max_tokens=100,
  top_p=0.5)
message = response.choices[0].message
print(f"{message.role}: {message.content}")
```

プロンプトを記入して実行すると、応答が返ります。基本的な動作はこれまで作成したものと変わりません。completionを呼び出している部分を見ると、temperature, max_tokens, top_pといったパラメータが用意されていることがわかるでしょう。

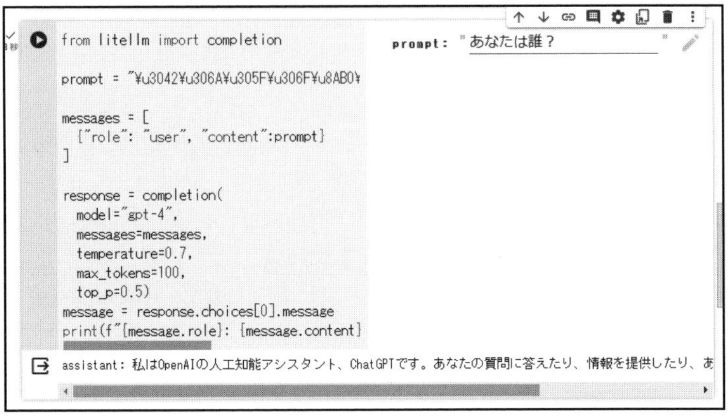

図8-7：パラメータを指定してGPT-4にアクセスする。

このように、引数としてパラメータの値を追加することで、それらをモデルに渡して応答させることができます。

Chapter 8

8.2. completionを使いこなす

ストリーミング出力

completionは基本的にプロンプトを送るとモデル側で応答を作成し、完成してから送り返します。しかし多くのAIチャットでは、プロンプトを送信するとリアルタイムに応答が出力されていきます。

これは、応答のメッセージをストリーミング出力させているためです。ストリーミングの対応はLiteLLMでも行えます。これは、「stream」という引数を用意するだけです。

```
completion(model=○○, messages=○○, stream=True)
```

このように、stream=Trueを指定することで、モデルからの応答がストリーミング出力されるようになります。

ストリーミング出力というのは、生成されたトークンをリアルタイムに送ってくる、ということです。それをリアルタイムに受け取れるようにするため、completionの戻り値は「CustomStreamWrapper」というクラスのインスタンスに変わります。

このCustomStreamWrapperはジェネレータとして機能するようになっており、forを利用して値を繰り返し取り出していくことで、モデルから送信される各トークンを処理していくことができます。

取り出される値は、通常のcompletionの戻り値とは微妙に違っています。choicesにリストとして応答の情報がまとめられている点は同じですが、この中の（messageではなく）「delta」というところに送られたトークンが入っています。ここからcontentを取り出すことで、リアルタイムに送られる個々のトークンを処理していけます。

リアルタイムに出力する

では、実際に応答をリアルタイムに出力するサンプルを挙げておきましょう。今回もOpenAIのGPT-3.5 turboモデルを使っています。

▼リスト8-10

```
import time
prompt = "" # @param {type:"string"}

response = completion(
  model="gpt-3.5-turbo",
  messages=[
```

```
    {"role": "user", "content": prompt}
  ],
  stream=True)
for part in response:
  time.sleep(0.1)
  print(part.choices[0].delta.content or "", end="")
```

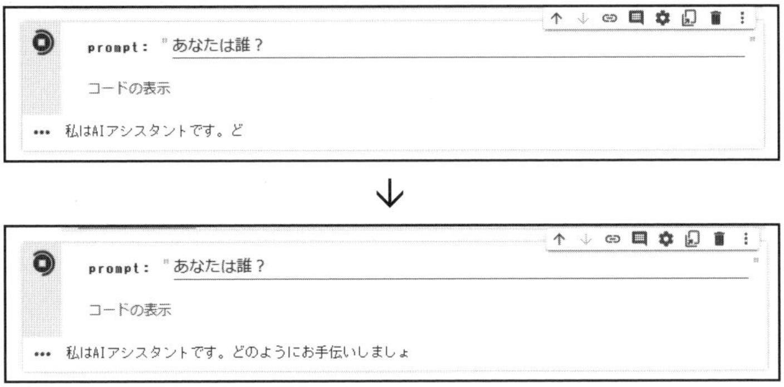

図8-8：実行すると、応答がリアルタイムに出力されていく。

プロンプトをフォーム項目に書いて送信すると応答がリアルタイムに出力されていきます。ここでは、completionの戻り値（response）を以下のようにして繰り返し処理しています。

```
for part in response:
  time.sleep(0.1)
  print(part.choices[0].delta.content or "", end="")
```

time.sleep(0.1)により、0.1秒の間を置いてトークンを出力させています。これにより、part.choices[0].delta.contentの値が0.1秒間隔で出力されていきます。

プロンプトのフォーマット

LLMでは、モデルによって決まったフォーマットでプロンプトをやり取りするようになっているものもあります。こうしたものでは、こちらからモデルに送信する際にあらかじめ指定のフォーマットでプロンプトを用意してやる必要があります。

特に、チャット機能が実装される前のLLMでは、ユーザーとAIとのやり取りがよくわかるように決まったフォーマットで記述するようになっていました。例えば、このような具合です。

```
USER: こんにちは。
ASSISTANT: こんにちは。今日はどういう御用ですか。
USER: LiteLLMについて教えて下さい。
ASSISTANT: わかりました。LiteLLMは……
```

こうしたテキストをまとめて送ることで、ユーザーとAIの間のやり取りをしていることがわかるようにしていたのです。

こうした「決まったフォーマットでテキストをまとめて送る」ということは実は今でもよくあります。このようなプロンプトのフォーマットを設定するために用意されているのが、litellmの「register_prompt_template」という関数です。

これは、以下のような形で記述をします。

```
litellm.register_prompt_template(
  model=モデル名,
  initial_prompt_value=前に付ける値,
  roles={……各ロールの設定……},
  final_prompt_value=後に付ける値
)
```

register_prompt_templateは、各モデルごとにフォーマットを設定します。initial_prompt_valueとfinal_prompt_valueは、プロンプトの前と後に用意するテキストを指定します。

そしてrolesに、各ロールごとのフォーマットを指定します。このrolesは辞書になっており、以下のような形で各ロールごとに、前後に付けるテキストを設定できます。

```
ロール: {
  "pre_message": 前に付ける値,
  "post_message": 後に付ける値
}
```

こうしてフォーマットを設定しておくと、そのモデルにcompletionでメッセージを送信する際、指定した形でメッセージがフォーマットされて送られるようになります。

register_prompt_templateによるフォーマット機能は2024年4月の時点でHugging Face、Together AI、Ollama、Petalsといったベンダーで対応しています。

Llama-2をフォーマットする

では、実際にregister_prompt_templateを使ってみましょう。例として、Llama-2のプロンプトをフォーマットすることにします。ここでは、メッセージを以下のような形のプロンプトにフォーマットさせるようにします。

▼元のメッセージ

```
 [
  {"role": "system", "content": "システムメッセージ"},
  {"role": "user", "content": "ユーザーメッセージ"}
]
```

▼フォーマット済みプロンプト

```
[INST]
<<SYS>>
システムメッセージ
<</SYS>>
[/INST]
[INST] ユーザーメッセージ [/INST]
```

このように変換する設定をregister_prompt_templateで用意し、それを元にプロンプトを生成して送るようにしてみましょう。

Hugging Faceのモデルをフォーマットする

では、コードを作成しましょう。今回はHugging Faceを利用することにします。まず新しいセルを作成し、以下のコードを記述し実行しておきます。

《Hugging FaceのAPIトークン》には、Hugging Faceのアカウントで取得したAPIトークンを指定しておきます。

▼リスト8-11

```
HUGGINGEFACE_API = "《Hugging FaceのAPIトークン》"
os.environ["HUGGINGFACE_API_KEY"] = HUGGINGEFACE_API
```

続いて、register_prompt_templateでプロンプトのフォーマットを設定します。以下のように記述し実行して下さい。

ここではllama-2-7b-chatをデプロイし、エンドポイントを作成している前提で説明を行います。《ID》にはそれぞれがデプロイしたモデルのIDを指定して下さい。

▼リスト8-12

```
import litellm
repository_id = "meta/llama-2-7b-chat:《ID》"

litellm.register_prompt_template(
  model=repository_id,
  initial_prompt_value="You are a good assistant",
  roles={
    "system": {
      "pre_message": "[INST]\n<<SYS>>\n",
      "post_message": "\n<</SYS>>\n [/INST]\n"
    },
    "user": {
      "pre_message": "[INST] ",
      "post_message": " [/INST]"
    },
    "assistant": {
      "pre_message": "assistant:",
      "post_message": "\n"
    }
  },
  final_prompt_value="Now answer as best you can:"
)
```

これで、フォーマットの設定ができました。rolesでは、system、user、assistantの各ロールにpre_messageとpost_messageを用意してあります。

では、completionを実行しましょう。なお、《バックエンド》のところには、各自がllama-2-7bを公開したバックエンドのURLを指定します。

▼リスト8-13

```
prompt = "" # @param {type:"string"}
messages = [{"role": "user", "content": prompt}]

response = completion(
  model=f"huggingface/{repository_id}",
  messages=messages)
print(response['choices'][0]['message']['content'])
prompt = "Hi, there!" # @param {type:"string"}

model_id = "meta/llama-2-7b-chat:《ID》"

response = completion(
  model=f"huggingface/{repository_id}",
  api_base="https://《バックエンド》",
  messages=[
    {"role": "user", "content": prompt}
  ]
)

message = response.choices[0].message
print(f"{message.role}: {message.content}")
```

図8-9：実行すると、応答が返される。

プロンプトを書いて実行すると、応答が出力されます。completionでは、modelでf"huggingface/{repository_id}"という形で指定をしています。またHugging Faceの場合、必ずapi_baseでバックエンドのURLを指定して下さい。これがないと実行できません。

バッチ処理

LLMでは複数のプロンプトを連続して実行することもあります。またLiteLLMでは多数のベンダーのモデルが利用できるため、「同じプロンプトをいくつかのモデルに同時に送信したい」と思うこともあるでしょう。

このような場合、LiteLLMには同時に複数プロンプトを送信するバッチ処理機能を利用することができます。バッチ処理で複数のcompletionを実行するには、「batch_completion」という関数を利用します。これは、以下のように利用します。

```
batch_completion(
  model=モデル,
  messages=[
    [……1つ目のメッセージリスト……],
    [……1つ目のメッセージリスト……],
    ……略……
  ])
```

messagesという項目に複数のメッセージリストを用意します。これにより、リスト内の1つ1つのメッセージリストがモデルに送信されます。実際に試してみましょう。例として2つのプロンプトを入力し、OpenAIのGPT-4モデルに送信するコードを作成します。

▼リスト8-14

```
from litellm import batch_completion

prompt_1 = "" # @param {type:"string"}
prompt_2 = "" # @param {type:"string"}

responses = batch_completion(
  model="gpt-4",
  messages = [
    [
      {"role": "user", "content": prompt_1}
    ],
    [
      {"role": "user", "content": prompt_2 }
    ]
  ]
)
responses
```

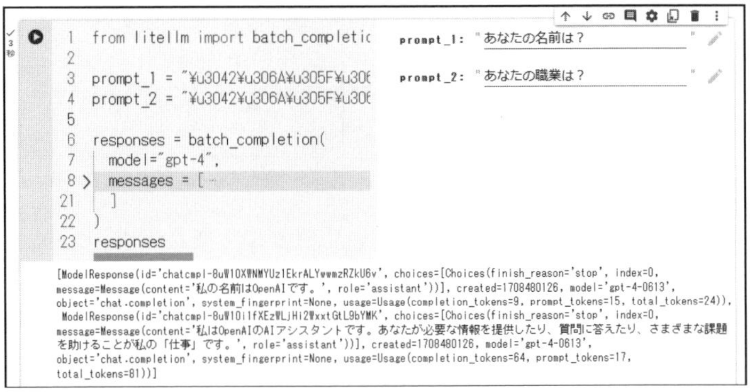

図8-10：2つのフォーム項目にそれぞれプロンプトを書いて実行する。

ここでは、セルに2つのフォーム項目が用意されます。それぞれにプロンプトを書いて実行して下さい。

受け取った応答を出力する

batch_completionの戻り値は通常のcompleitonsとは異なり、ModelResponseのリストになります。このリストから順にModelResponseを取り出し、そこからchoices内のメッセージを取り出し処理するわけです。

では、responseから応答のメッセージを順に取り出し出力するコードを作成しましょう。

▼リスト8-15

```
for response in responses:
  print("*", response.choices[0].message.content)
```

実行すると、先ほど実行したバッチ処理で得られた2つの応答が出力されます。リストから取り出された値はcompletionと同じModelResponseですから、その後の処理はこれまでとまったく同じに行えます。

図8-11：得られた応答が表示される。

複数モデルへの送信

では、特定のモデルに複数のプロンプトを送るのではなく、あるプロンプトを同時に複数のモデルに送信する、という場合は？　これには2つの関数が用意されています。以下のものです。

▼複数モデルから最初に得られた応答を得る

```
batch_completion_models(
  models=[モデル1, モデル2, ……],
  messages=[……メッセージリスト……])
```

▼複数モデルからすべての応答を得る

```
batch_completion_models_all_responses(
  models=[モデル1, モデル2, ……],
  messages=[……メッセージリスト……])
```

batch_completion_modelsはプロンプトを複数のモデルに送り、最も早くレスポンスが返ってきたものだけを返します。batch_completion_models_all_responsesは同様に複数のモデルにプロンプトを送り、すべてのレスポンスをリストにまとめて返します。

先ほどのbatch_completionと異なり、モデルの指定は「models」という項目にモデル名のリストを用意して指定します。またmessagesには、メッセージのリストを1つだけ指定します。同じようなバッチ処理関数ですが、引数の書き方が異なっているので注意して下さい。

GPT-4とClaude-2.1に送信する

では、これもサンプルを挙げておきましょう。ここではbatch_completion_models_all_responsesを使い、GPT-4とClaude-2.1にプロンプトを送ってみます。新しいセルに以下を記述しましょう。

▼リスト8-16

```
from litellm import batch_completion_models_all_responses

prompt = "" # @param {type:"string"}

responses = batch_completion_models_all_responses(
  models=["gpt-4", "claude-2.1"],
  messages = [
    {"role": "user", "content": prompt}
  ]
)
responses
```

フォーム項目にプロンプトを記入して実行すると、GPT-4とClaude-2.1にプロンプトを送信します。2つのModelResponseが返されるのが確認できるでしょう。

図8-12：フォーム項目にプロンプトを書いて実行する。

実行したら、先ほどのリスト8-15を実行して応答のテキストを出力しましょう。2つのモデルそれぞれの応答が表示されます。まったくベンダーの違うモデルから同時に応答が得られるので、モデルごとの反応などを調べるのに役立ちますね。

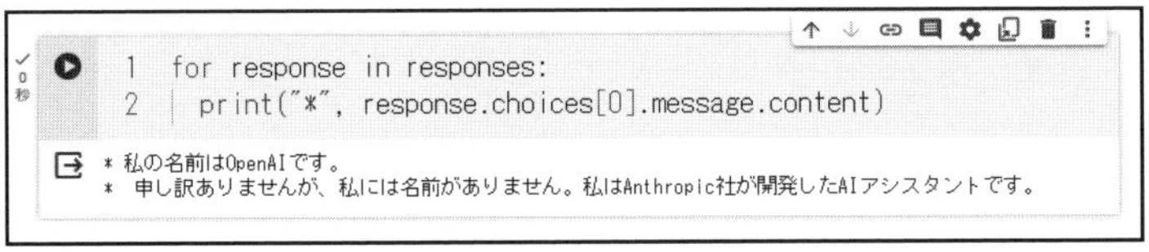

図8-13：返された応答のテキストを出力させる。

image_completionについて

ここまで、基本的にLLMのモデルを使ってテキスト生成を行ってきました。しかしLiteLLMにはテキスト生成だけでなく、イメージ生成のための機能も用意されています。

イメージの生成は、「image_generation」という関数を使って行えます。これは、以下のように呼び出します。

```
変数 = image_completion(
  model=モデル,
  prompt=プロンプト)
```

使い方は基本的にcompletionと同じで、modelとpromptでモデルとプロンプトを指定するだけです。後は、必要に応じてパラメータなどを用意します。たったこれだけでイメージを生成できてしまうんですね。

問題はimage_generationの使い方などではなく、イメージ生成の可能なモデルが限られている、という点にあるかもしれません。

2024年4月の時点で、LiteLLMで利用可能なイメージ生成モデルは、OpenAIのDALL-Eと、Amazon BedrockのStable Diffusionぐらいです。ReplicateやHugging Faceにはイメージ生成のモデルがいろいろと用意されていますが、それらはまだ対応していないようです。

DALL-Eでイメージを作る

では、実際に試してみましょう。ここでは、OpenAIのDALL-E 2を使ってイメージの生成を行ってみます。新しいセルに以下を記述して下さい。

▼リスト8-17

```
from litellm import image_generation

prompt = "" # @param {type:"string"}

response = image_generation(
  model="dall-e-2",
  prompt=prompt,
  size="512x512",
  n=3)
response
```

フォーム項目にプロンプトを記述して実行しましょう。これでイメージが生成され、その情報がセル下に出力されます。

図8-14：プロンプトを書いて実行すると3つのイメージが生成される。

ここでは、モデルとプロンプトの他に「size」と「n」というパラメータを付けておきました。sizeは生成イメージの大きさを指定するもので、"512x512"というように文字列で指定します。nは生成する応答の数(つまり、作るイメージ数)を指定するもので、ここでは「3」にしておきました。これで、3つのイメージが生成されるようになります。

ImageResponseについて

このimage_generationで得られるのは、「ImageResponse」というクラスのインスタンスです。これは以下のような構造になっています。

```
ImageResponse(
  created=タイムスタンプ,
  data=[
    {'b64_json': None, 'revised_prompt': None, 'url': 'https://～''},
    ……略……
  ]
)
```

dataというところに生成されたイメージの情報がまとめられています。これはリストになっており、生成されたイメージ情報が辞書の形でまとめられています。この辞書にあるurlに、生成されたイメージがアップロードされているURLが指定されています。このURLにアクセスすれば、生成されたイメージが表示されます。

イメージを表示する

せっかくなので、Colab内でイメージの表示まで行ってみましょう。今回はIPython.displayというものを利用します。これはHTMLのコードを出力して表示するものです。では、新たなセルに以下を記述しましょう。

▼リスト8-18

```
from IPython.display import display, HTML

html_code = ""

for item in response.data:
  url = item["url"]
  html_code += f'<img src="{url}" width="256" height="256">'
display(HTML(html_code))
```

実行すると、先ほどimage_generationで作成したイメージが、セル下に表示されます。ここでは<img src="{url}" width="256" height="256">というようにHTMLのコードを作成しておき、これをdisplay(HTML(html_code))というようにして表示しています。

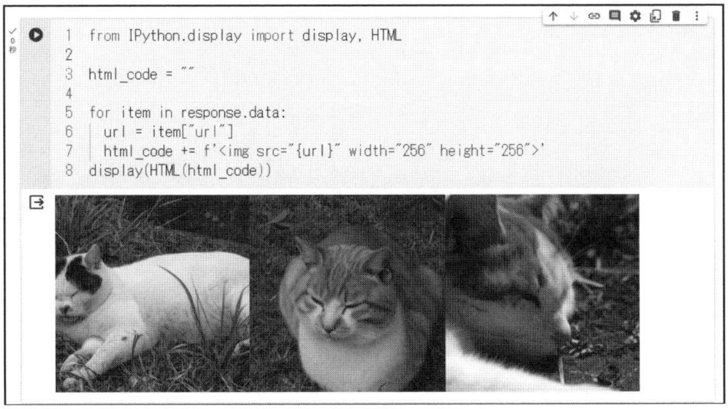

図8-15：生成されたイメージを表示する。

HTMLはHTMLコードの文字列からHTMLオブジェクトを生成するもので、displayは生成されたHTMLオブジェクトを表示するものです。

イメージ生成用のパラメータ

イメージを上手く使いこなすには、利用可能なパラメータも把握しておく必要があります。先ほどのサンプルでは、sizeとnで大きさと生成数を指定しました。こうしたイメージ用の基本的なパラメータには以下のようなものがあります。

n	生成するイメージの数。整数で指定
quality	品質の指定。"standard"または"hd"を指定
response_format	応答のフォーマット。"url"または"base64_json"を指定
size	サイズ。"256x256", "512x512", "1024x1024", "1792x1024", "1024x1792"
timeout	応答を待機する最大秒数。整数で指定

これらのうち、qualityはDALL-E-3のみ対応しています。またnは、DALL-E-2ならば最大10まで設定可能ですが、DALL-E-3の場合、2024年1月時点では1のみです。

イメージデータをファイルに保存する

パラメータのうち、ちょっとわかりにくいのが「response_format」でしょう。これは、応答として返すイメージのフォーマットを示すものです。通常、これは"url"になっており、この場合、応答では生成イメージのURLのみが返されます。

しかし、生成されたイメージデータそのものが欲しい場合もあるでしょう。このようなとき、response_formatの値を"base64_json"にすると、ImageResponseのdataにある'b64_json'というところにBase64でエンコードされたイメージデータの値が設定されて送られるようになります。

では、実際にやってみましょう。先ほどのリスト8-17を以下のように書き換えてみて下さい。

▼リスト8-19

```
from litellm import image_generation

prompt = "" # @param {type:"string"}

response = image_generation(
  model="dall-e-2",
  prompt=prompt,
  size="512x512",
  response_format="b64_json",
  n=3)
response
```

図8-16：実行するとBase64でエンコードされたイメージデータが送られるようになる。

これを実行すると、ImageResponseのdataの'b64_json'にBase64のデータが用意されます。このデータを利用してイメージを処理すればいいのです。

利用例として、Base64で渡されたデータをファイルに保存するコードを挙げておきましょう。リスト8-18を次のように修正します。なお、⤵部分は実際には改行せず、続けて記述して下さい。

▼リスト8-20

```
import base64
from datetime import datetime
from IPython.display import display, HTML

html_code = ""

for item in response.data:
  dt_str = str(datetime.now())
  base64_data = item["b64_json"]
  html_code += f'<img src="data:image/png;base64,↴
    {base64_data}" width="256" height="256">'
  binary_data = base64.b64decode(base64_data)
  with open(f"{dt_str}.png", "wb") as f:
    f.write(binary_data)

display(HTML(html_code))
```

実行すると、渡されたイメージをファイルに保存してからセルの下部に表示します。

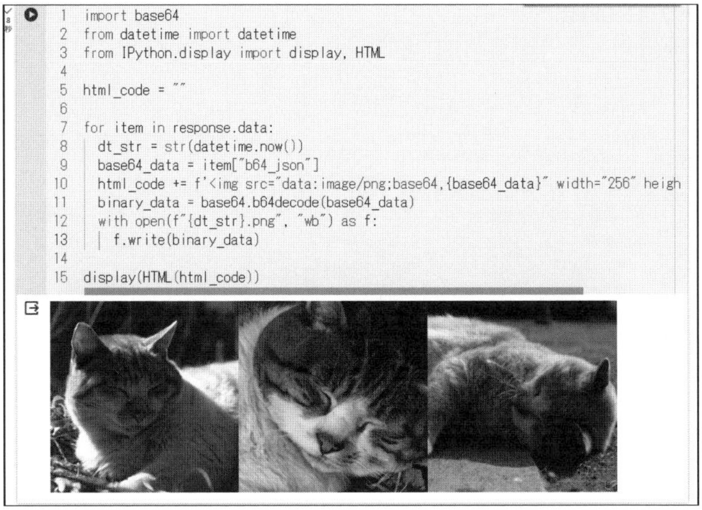

図8-17：実行するとイメージをファイルに保存してからセルに表示する。

ここでは、イメージ表示するHTMLタグを以下のように作成しています。

```
<img src="data:image/png;base64,{base64_data}" width="256" height="256">
```

base64_dataには、送られてきたBase64のデータが保管されています。srcにこのような形で値を指定することで、Base64データを<img>で表示することができます。

またファイルに保存するには、まずBase64をデコードしてバイナリデータを作成します。

```
binary_data = base64.b64decode(base64_data)
```

これで得られたバイナリデータをそのままファイルとして保存すればいいのです。

```
with open(f"{dt_str}.png", "wb") as f:
  f.write(binary_data)
```

これで、イメージをPNGフォーマットのファイルに保存できます。Colabの場合、ファイルブラウザで保存したファイルを確認できます。後は、必要に応じてダウンロードするなりして利用すればいいでしょう。

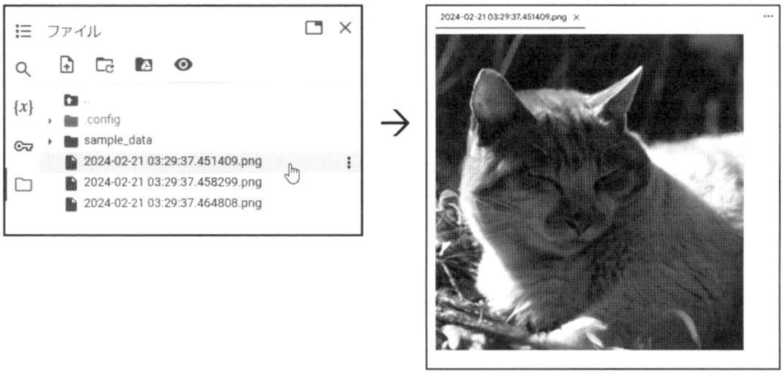

図8-18：ファイルブラウザに生成されたファイルが表示される。ダブルクリックすればイメージを表示できる。

いくつものモデルを同時に使いたいとき

以上、LiteLLMの基本的な使い方を説明しました。このLiteLLMが最も役立つのは、「複数のベンダーのモデルを同時に利用したい」というときでしょう。

ベンダーやモデルが変わってもまったく同じようにアクセスでき、得られる応答もすべて同じフォーマットであるため、モデルごとに処理を考える必要がありません。

LiteLLMは、LLMのモデルへのアクセスについてのみ機能を実装しているため、それ以外の機能はほとんど持っていません。

したがって、例えばモデルを独自データで訓練したりデプロイしたりといった処理を行うことはできませんし、テキスト生成とイメージ生成以外のモデルには対応もしていません。「LLMにプロンプトを送って応答を得るだけ」に割り切って特化しているライブラリなのです。

AIをプログラム内から利用する場合、「それだけできれば十分」ということはよくあります。そうしたシンプルなLLM利用を考えているなら、LiteLLMは非常に快適なモデルアクセスを実現してくれるでしょう。

C O L U M N

ただLLMを使ってみたいだけなら「Poe」

本書はLLMをプログラム内から利用することを前提に、さまざまなAIプラットフォームとライブラリについて説明をしてきました。しかし、中には「プログラミングで利用することまでは考えてない。ただ、いろんなLLMを使ってみたいだけだ」という人もいることでしょう。
そうした人のためのサービスというのもあります。中でも注目されているのが「Poe」でしょう。Poeは、さまざまなLLMを利用して会話ができるAIボットのサービスです。GPT-4、Claude-3、Llama-3、Gemini-Proなど、主な商業AIチャットで使われているLLMを利用できます。また、プロンプトをカスタマイズして独自のボットを作ることも可能で、ユーザが作成した膨大な数のボットを誰でも利用することができます。
ノンプログラミングで、しかも無料で自分だけのAIチャットボットを作れるというのは非常に魅力的です。プログラミングでLLMを利用するという人も、プロンプトデザインの実験用に使ってみてはいかがでしょう。

https://poe.com/

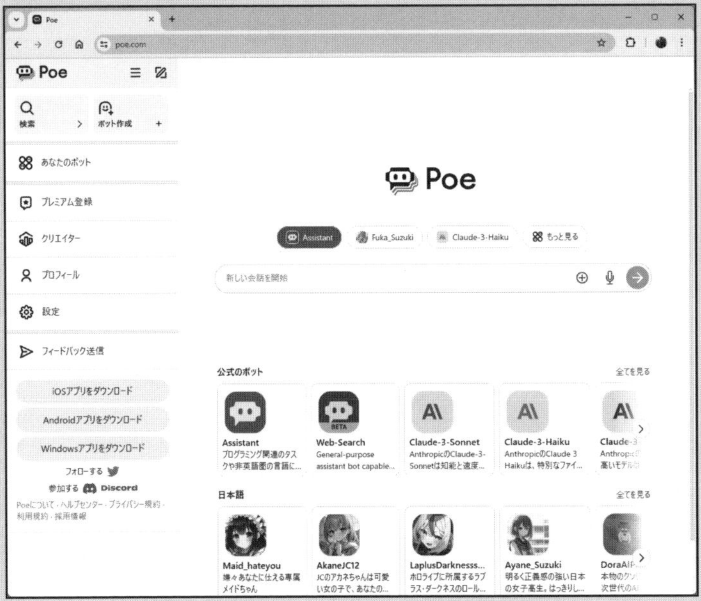

図8-19：Poeでは主なLLMと多数のボットが利用できる。

Addendum

LLMの主なモデル

LLMは商業ベースのものからオープンソースまで多くのものが使われています。
どのモデルを使うといいのかわからない人も多いでしょう。
それらの中から実用に堪えるものを厳選し、紹介します。
ここに挙げたものならば、どれでも問題なく使えるはずです。

LLMの分類について

本書では、AIプラットフォームやAIライブラリを使ってさまざまなAIモデルを利用する方法を説明してきました。本書を読んで、AIモデルというのがChatGPTやGoogle Geminiだけではなく、さまざまなものが存在するのだ、ということを知った人も多いことでしょう。

ここで紹介したAIプラットフォームなどを実際に使ってみようと思ったとき、おそらく最初に浮かぶ疑問は「そもそも、どのモデルを使えばいいのだろう」ということでしょう。どんなモデルがあり、どういう特徴があり、そして自分の用途にはどれが適しているのか。これは、現在流通しているさまざまなモデルに関する知識がないとなかなかわかりません。そこで、最後にLLM（Large Language Model＝大規模言語モデル）について、主なモデルを簡単に紹介しましょう。

LLM選択のポイント

LLMと一口にいっても、さまざまなものがあります。まずは、これらのモデルの特徴からどのように自分にとって最適なモデルを選んだらいいのでしょうか。

これは、いくつかのポイントがあります。それらのポイントをチェックしていけば、自分が必要とするモデルがどういうものかわかってくるでしょう。ポイントは全部で5つあります。以下にまとめましょう。

●オープンソースか、プロプライエタリか

LLMにはオープンソースとして流通しているものと、商業ベースで開発され非公開になっているものがあります。この2つの違いは非常に重要です。

オープンソースであればAIプラットフォームで利用するだけでなく、モデルをダウンロードし、自分でカスタマイズしたりすることも可能です。またコードが公開されているため、どのような仕組みで動いているのかを自分なりに学ぶこともできます。

プロプライエタリなモデルは公開されていないため、モデルの内部は完全なブラックボックスとなっています。ただし、一定水準以上の品質を開発したITベンダーが保証してくれているわけで、オープンソースに比べれば遥かに高品質な応答が得られます。

●テキスト生成か、イメージ生成か、それ以外か

LLMと一口にいっても、最近ではさまざまなタイプのモデルが登場しています。基本はテキスト生成モデルですが、イメージ生成モデルも増えてきました。オーディオ生成モデルや動画生成モデルなども登場していますし、最近ではマルチモーダル（種類の異なるメディアに対応したもの）なモデルも出始めています。

モデルのタイプが違うと、扱い方も違ってきます。モデルへのアクセス方法だけでなく、戻り値のデータ構造なども変わってくるため、どのタイプのモデルを使うのかよく考えておく必要があります。

●ベースモデルは何か

オープンソースのテキスト生成モデルの場合、大半がいくつかのベースとなるモデルを改良して作成されています。よく使われているベースモデルとしては以下のようなものがあります。

Llama2	Metaが開発するLLM。おそらく最も広く使われています。
Mistral	Mistral AIが開発するLLM。低い性能のハードウェアで高い品質を実現しています。
Stable Diffusion	イメージ生成のLLM。イメージ生成で最も広く使われています。

もちろん、これ以外にも多数のオープンソースモデルがベースモデルとして使われています。また、新たに開発されたモデルも多数存在しますので、必ずしも「オープンソースモデル＝ベースはだいたい同じ」というわけではありません。

ただ、「オープンソースモデルの多くは既にあるモデルをベースに改良したもの」ということは頭に入れておくとよいでしょう。そうしたモデルは、だいたいにおいて似たような特徴を持ちます。例えばLlama2をベースにしたモデルは多数ありますが、それらはだいたい同じような性質を持つはずです。

●日本語に対応しているか

皆さんがLLMを利用する場合、まず間違いなく「日本語で使いたい」と考えているはずです。LLMは多数存在しますが、日本語に対応しているものは実はかなり少ないのです。このため、利用の際は「日本語がどの程度使えるのか」をよくチェックする必要があるでしょう。

ただし、例えばイメージ生成などはあまり日本語対応を重視しなくてもいいはずです。単にプロンプトを英訳して送ればいいだけであり、チャットのようになめらかな会話力は必要ではないでしょう。それよりも、生成されるイメージの品質のほうが遥かに重要です。

どういう用途を考えているかによって、どの程度の日本語対応を必要としているかは変わります。自分の用途に合わせ、必要にして十分な日本語対応ができるモデルを選びましょう。

●費用はどれくらいか

最後に、モデルを選定する際に絶対に見落としてはならないのが「料金」です。ほとんどのAIプラットフォームではモデルをクラウド内で実行し、プログラムからエンドポイントや専用ライブラリを通じてアクセスできるようになっています。しかし、それには費用が発生します。この費用は、モデルによってかなりの違いがあります。プロプライエタリモデルの最新版とオープンソースモデルを比べれば、おそらく料金は数倍もの違いがあるでしょう。また同じモデルであっても、パラメータ数が7Bのものと70Bのものでは金額が違うこともあります。

特に注意が必要なのは、イメージ生成モデルの料金です。イメージの生成には、テキスト生成とは比較にならないほどの費用がかかります。これはモデルだけでなく、イメージの大きさなど、どれぐらいGPUパワーを消費するかによって違いが出てくるのです。「この大きさのイメージを１枚作るのにいくらかかるか？」をよく調べた上でモデルを決めましょう。

モデルからプラットフォームを選ぶ

モデルの特徴がわかってくれば、「このモデルを利用したい」ということが明確になってくるかもしれません。それは、「どのプラットフォームを使うか」につながります。

AIプラットフォームはそれぞれに特徴があり、「どういうモデルを扱うか」が明確に決まっています。オープンソースに限定しているところ、プロプライエタリなモデルを中心にしているところ、テキスト生成のみのところ、イメージ生成に力を入れているところ、等々……。

自分が「このモデルを使いたい」ということが明確になれば、「そのモデルが使えるプラットフォームはどこか」という視点でプラットフォームの選定を行うことができます。

では、AIプラットフォームやAIライブラリで利用できる主要なモデルについて簡単にまとめていきましょう。なお、これらは2024年４月時点での情報であり、モデルは日々更新されていますので参考程度に考えて下さい。

テキスト生成モデル

プロプライエタリモデル

●Google/Gemini

現在、最も注目されているLLMと言えばこれでしょう。Googleが開発するGeminiは、チャットボットなどで広く使われているGemini-Proと、有料サービスでのみ利用可能なGemini-Ultraがあります。

Geminiの特徴は、「最初からマルチモーダルで作られたモデルである」という点にあります。これは、今までになかったものです。Geminiはテキストだけでなく、イメージや動画などを使って訓練されており、最初からさまざまなメディアをシームレスに利用できるように設計されています。現時点では、Googleが運営するプラットフォームでのみ利用可能です。

利用可能な場所	Google Vertex AI、Google AI Studio

●Google/PaLM-2, Codey

Geminiが登場するまで、Googleのチャットボット「Bard」で使われていたLLMが「PaLM-2」です。これは今でももちろん利用可能です。日本語も利用でき、OpenAIのGPT-3.5と変わらないレベルの応答が得られます。費用もGeminiよりも格安ですので、あえてGeminiを使わずPaLM2を利用する、という選択もアリでしょう。

また、PaLM-2をベースにプログラミング言語のコード生成に特化したCodeyというモデルも作成されています。いずれも現時点ではGoogleが運営するプラットフォームでのみ利用可能です。

利用可能な場所	Google Vertex AI

●OpenAI/GPT-3.5, GPT-4

現在、最も広く利用されているOpenAIのChatGPTで使われているモデルです。それぞれベースとなるものの他、指示に従ってタスクを実行するように特化したInstruct、高速実行のTurboなどいくつかのモデルがあります。

GPT-4は、現在利用できるLLMの中で最も高品質なものの1つです。また、3.5は無料版のChatGPTで使われているもので、これでも十分すぎるほどの応答が得られます。GPT-4はGPT-3.5より高価なので、費用の面からGPT-3.5を選ぶケースは多いでしょう。OpenAI自身がAPIを公開している他、いくつかのプラットフォームで利用できます。

利用可能な場所	Microsoft Azure、OpenAI、OpenRouter、LangChain

●Anthropic/Claude-3

Anthropicは、OpenAIの開発者たちがスピンアウトして作った会社です。2024年3月にはClaude-3がリリースされ、Haiku, Sonnet, Opusという3つのエディションが公開されました。最上位のOpusは、多くのベンチマークでGoogleのGeminiやOpenAIのGPT-4を上回ると報告されています。

Claude-3は日本語も問題なく利用できます。その品質は現時点で世界最高であり、業務にも安心して導入できるでしょう。AnthropicのAPIで利用できる他、いくつかのプラットフォームで利用可能です。

利用可能な場所	Google Vertex AI、Amazon Bedrock、OpenRouter、LangChain

●Amazon/Titan Text-G1-Express

Amazonが開発するLLMです。Titanシリーズにはさまざまなモデルがあり、Text-G1-Expressがテキスト生成のためのモデルになります。かなり優秀なようですが、AWS（Amazon Web Service）でのみ利用できるだけで、チャットボットなども提供されていないため、どの程度の実力か不明な感はあります。

日本語は、Bedrockのプレイグラウンドで文字化けが発生するなど問題はありますが、APIで直接アクセスすればそれなりの応答が得られます。

利用可能な場所	Amazon Bedrock

●AI21 Labs/Jurassic-2

AI21 Labsは、イスラエルのスタートアップ企業です。OpenAIによるChatGPTより前からLLMによるサービスを開始しており、この分野では先駆的な存在です。

Jurassic-2はGPT-3.5レベルの高品質な応答を行えるモデルとして広く利用されていますが、残念ながら日本語には対応していません（応答はしますが、かなり奇妙なものが返ってきます）。AI21 LabsがAPIを提供している他、利用できるプラットフォームもあります。

利用可能な場所	Amazon Bedrock、LangChain

オープンソースモデル★

●Google/Gemma

現在、最も優れたLLMといわれるGeminiを開発したGoogleが、Geminiの技術を用いて作った軽量のオープンソースLLMです。パラメータ数が2Bと7Bのものが提供されています。多くのオープンソースモデルが7B以上であることを考えれば、これは極めて軽量なモデルといえます。それでいながら、2BモデルでさえGPT-3.5程度の品質を実現しています。

日本語はまだ完璧ではないようで、時々奇妙な表現が混じりますが、十分実用レベルで利用できるでしょう。現時点のオープンソースモデルの中で最も注目度の高いモデルの１つです。

利用可能な場所	Hugging Face、Google Vertex AI、Replicate、OpenRouter、Together AI、LM Studio

●Meta/Llama-2, Llama-3

オープンソースで開発されるモデルのベースとして最も多く使われているのが、Metaが開発するLlama-2です。パラメータ数7B、13B、70B、134Bのものが提供されています。2024年4月には大幅に学習データを増やしたLlama-3が公開され、これをベースとしたMetaAIサービスがスタートしています。

Llama-3はGPT-4に匹敵性能を実現しており、オープンソースでここまでの高性能を実現したものは他にはCohere/Command-R+ぐらいしかありません。ただし日本語は2024年4月現在、まだ正式対応していません。

利用可能な場所	Hugging Face、Google Vertex AI、Amazon Bedrock、Microsoft Azure AI、Replicate、OpenRouter、Together AI、LangChain、LM Studio

●Mistral AI/Mistral, Mixtral

Llama-2と並び、オープンソースで広く利用されているのがMistralでしょう。Mistralは、フランスのスタートアップ企業「Mistral AI」によって開発されたもので、7BモデルはLlama-2 13Bや134Bを上回る性能を実現しています。その後、Mistral 7Bをベースにして新たに開発されたのがMixtralです。2024年4月には7Bの3倍以上のパラメータ数を持つ8x22Bという最新モデルが発表されました。性能は飛躍的に向上していると思われますが、現時点では、日本語の能力についてははっきりとした情報がありません。

利用可能な場所	Hugging Face、Google Vertex AI、Microsoft Azure AI、Replicate、OpenRouter、Together AI、LangChain、LM Studio

●Cohere For AI/Aya

カナダのスタートアップ企業CohereのAI研究部門により開発されたオープンソースLLMです。Ayaは101の言語に対応する多言語生成言語モデルです。パラメータ数は13Bのものが公開されています。多言語対応だけあって、日本語も問題なく使うことができます。まだあまり知られていませんが、もっと注目されてよいモデルです。英語以外の言語での利用を考えた場合、現時点で最も高品質のモデルの1つでしょう。

利用可能な場所	Hugging Face、LM Studio

●Cohere for AI/Command R/R+

Cohereが開発する「Command」は、商業ベースで利用する企業向けに有料で提供するのと同時に、非商業利用向けにはオープンソースとしても公開するというユニークな方式を採用しています。

その最新版である「Command-R-plus」は2024年4月に公開され、なんとOpenAIのGPT-4に匹敵する性能を実現しました。オープンソースでありながら、商業ベースモデルの最高峰であるGPT-4に比肩する性能を実現したものは今までなく、LLM開発の世界に衝撃が走りました。日本語も正式に対応しており、非常に流暢に使えます。

利用可能な場所	Hugging Face、Microsoft Azure AI、LM Studio

●xAI/Grok

イーロン・マスクが立ち上げたAI企業である「xAI」が開発したのが「Grok」です。当初、プロプライエタリなモデルとして開発されていましたが、2024年3月にオープンソースとして公開されました。

Grokはパラメータ数が30Bと突出して多く、オープンソースのモデルとしてはトップクラスの性能を誇ります。また、英語だけでなく多くの言語に対応しており、日本語のやり取りも可能です。

利用可能な場所	Hugging Face

●Recursal AI/EagleX

オープンソースAIの開発を行うRecursal AIが2024年３月に公開したLLMです。RWKVという新しいアーキテクチャを使い、トランスフォーマーよりはるかに高いパフォーマンスを実現しています。英語は特に品質が高く、その他の言語も非常にいい成績を収めています。オープンソースで最も注目されているモデルの１つです。

利用可能な場所	Hugging Face

●NVIDIA/Nemotron

NVIDIAが開発するLLMです。現在、Nemotron 3となり、日本語を含む50以上の言語に対応しました。Nemotronは、エンタープライズ向けフレームワーク「NVIDIA NeMo」の一部として開発されていますが、モデル自体はオープンソース化され誰でも利用できます。

利用可能な場所	Hugging Face、Microsoft Azure AI

●OpenChat/OpenChat-3.5

本書でも利用しました。OpenChatは、中国の清華大学の学生チームによって開発が行われているLLMです。リリースされた7BモデルはGPT-3.5と同レベルの品質を実現しています。

日本語は違和感を覚えることもありますが、簡単な受け答えレベルならば十分使えるでしょう。

利用可能な場所	Hugging Face、OpenRouter、Together AI、LM Studio

●OpenAI/GPT-2

GPT-2は、OpenAIが開発したオープンソースのLLMです。OpenAIは、以前は開発したモデルをオープンソースで公開していました。その後、非公開に方針転換したため、OpenAIがオープンソースとして公開するモデルは、このGPT-2が最後となっています。現在のGPT-3.5/4には比べるべくもありませんが、基本的な受け答えなどはだいたい行うことができます。ただし、日本語はあまり得意ではなく、かなり支離滅裂な応答になるでしょう。

利用可能な場所	Hugging Face、Microsoft Azure AI

●Together Computer/StripedHyena

Together AIを運営するTogether Computerが開発するLLMです。Hugging FaceとTogether AI以外であまり採用されていないため、実力のほどは今ひとつわからないところがあります。日本語に関しては、まだ発展途上な状態ですが、簡単な会話程度は行えます。

マルチモーダルのサポートが発表されており、近日中に新しいモデルが公開されるかもしれません。

利用可能な場所	Hugging Face、Together AI

●Microsoft/Phi-2

Microsoftが開発するLLMです。LLMというと、どれだけ大規模かを競っている感がありますが、Phi-2は小型で俊敏な生成モデルとして開発されています。パラメータ数は2.7Bと非常に小型でありながら、大

規模なモデルに匹敵する性能を実現しています。ただし、日本語は未対応です

利用可能な場所	Hugging Face、Microsoft Azure AI、Replicate、Together AI、LM Studio

●Microsoft/BitNet

Microsoftが2024年2月に発表した、1Bit量子化を実現したモデルです。1Bit量子化とは、すべてのパラメータを-1, 0, 1だけで表すもので、それまでの実数による値に比べて圧倒的に計算が簡単になります。これにより計算量が劇的に減少するだけでなく、膨大な実数演算を行うために必要だったGPUも不要となり、従来より遥かにチープなハードウェアでも実行できるようになります。

これは発表だけで、現時点ではまだ公開されていませんが、近日中に使えるようになるでしょう。現在、最も注目したいモデルといえます。

利用可能な場所	現時点では、なし

●Hugging Face/Zephyr

Hugging Faceによって開発されたLLMです。Mistral-7Bをベースにファインチューニングして作られており、パラメータ数が10倍のLlama-2 70Bと同等の性能を実現しているといわれています。日本語の応答も可能で、かなり自然な日本語が作成されます。

利用可能な場所	Hugging Face、Replicate、OpenRouter、LM Studio

●tiiuae/Falcon

Falconは、UAEのスタートアップ企業Technology Innovation Instituteが開発したLLMです。OpenAIのChatGPTがスタートする前から開発されていたLLMで、2023年の前半まではオープンソースLLMの頂点に立つものでした。現在、さらに優れたLLMが次々と登場していますが、今でも十分実用として使えるモデルです。日本語は、使えることは使えるのですが、ちょっと変な文章が多いでしょう。

利用可能な場所	Hugging Face、Google Vertex AI、Microsoft Azure AI、Replicate、LM Studio

●01.AI/Yi

中国のスタートアップ企業、01.AI（零一万物）が開発するLLMです。パラメータ数6Bと34Bのモデルが提供されています。Falconを超える性能を実現していますが、最近のLLMの進化は目覚ましく、現在の最新モデルと比べるとやや物足りないかもしれません。

利用可能な場所	Hugging Face、Replicate、Together AI

●AI-Forever/mGPT

AI-Foreverは、ロシアのAIスタートアップです。mGPTは61の言語からなる25の言語ファミリーを使用して訓練した多言語モデルです。パラメータ数13Bのモデルが公開されています。オープンソースとして公開されていないGPT-3のアーキテクチャを、オープンソースのGPT-2に各種の技術を用いて再現しています。

利用可能な場所	Hugging Face、Microsoft Azure AI、LM Studio

●MosaicML/MPT

機械学習プラットフォームであるMosaicMLによって開発されたオープンソースのLLMです。これは、Mosaic-Pretrained-Transformer (MPT)モデルという独自開発されたモデルです。商用利用が可能であり、学習のみならず、独自の学習データにより訓練したモデルを製品としてプログラムに組み込み、利用することができます。

利用可能な場所	Hugging Face、LM Studio

●BigScience/BLOOM

Hugging Faceを中心としたBigScienceプロジェクトにより作成されたLLMです。BLOOMは「BigScience Large Open-science Open-access Multilingual Language Model」の略です。BLOOMは、それまで非公開で開発されることが多かったLLM開発の現状を変えるため、世界中の千人を超える研究者たちが協力し、すべての情報を公開して開発されました。BLOOMが作られたのは2022年であり、現在の最新モデルよりは劣りますが、それでもGPT-3.5に近い品質を実現しています。今でも独自モデルのベースモデルとして使われたり、LLMの学習のために広く利用されています。

利用可能な場所	Hugging Face、LM Studio、Microsoft Azure AI

●Qwen/Qwen

中国のAlibaba Cloudによって開発されたLLMです。パラメータ数7Bと14Bが公開されています。英語と中国語を中心に多言語訓練されており、その中には日本語も含まれています。思った以上に滑らかな日本語で応答してくれます。中国語や日本語のモデル開発のベースモデルとして使われるようになりつつあります。

利用可能な場所	Hugging Face、Replicate、Together AI、LM Studio

●Stability AI/Japanese-StableLM

イメージ生成で有名なStability AIが、日本語のテキスト生成モデルとして開発したものです。Mistralをベースに訓練をしており、パラメータ数7Bのものが提供されています。日本語モデルですから、日本語の利用はもちろん可能です。

利用可能な場所	Hugging Face、Replicate

●Elyza/ELYZA-japanese-Llama

Elyza Inc.は、東京大学松尾研究室のメンバーによって誕生したスタートアップ企業です。ELYZAは、Llama-2をベースに日本語を訓練しており、GPT-3.5に匹敵する性能を実現しています。商業利用も可能な日本語対応オープンソースモデルの中では最も高品質なものの1つです。

利用可能な場所	Hugging Face、LM Studio

●rinna/youri, nekomata, japanese-gpt2

rinna株式会社が開発するLLMです。現在、Llama-2ベースのyouriと、Qwenベースのnekomataというモデルを開発公開しています。いずれも日本語ベースであり、自然な日本語の応答が可能です。

また、本書でも利用したjapanese-gpt2は、rinnaが開発するjapanese-pretrained-modelsというベースモデルに日本語の学習データを使って訓練をしたものです。日本語LLMのベースモデルとして広く利用されています。

利用可能な場所	Hugging Face、Microsoft Azure AI、LM Studio

●tokyotech-llm/Swallow

Swallowは、東京工業大学と産業技術総合研究所による共同開発のLLMです。Llama-2をベースとしており、商業利用可能なオープンソースモデルとして公開されています。パラメータ数7B、13B、70Bのモデルが公開されています。個人的には、ELYZAやrinna/youriなどよりも自然な日本語に感じます。

利用可能な場所	Hugging Face、LM Studio

●Cyber Agent/open-calm, calm2

サイバーエージェントが開発するLLMです。独自モデルであり、Llama-2などをベースにはしていません。Calm2は日本語と英語で訓練されており、チャットモデルでは最大32000トークンまで出力可能です。これほどの長文が生成できるLLMはオープンソースでは数少ないでしょう。

open-calmは強化学習前のモデルで、これをベースにファインチューニングすることで独自のモデルを作成できます。事前学習済みのモデルをすぐに使いたいならcalm2を、学習データを用意してカスタマイズしたいときはopen-calmを使うとよいでしょう。

利用可能な場所	Hugging Face、LM Studio

●LINE Corporation/japanese-large-lm

LINE株式会社によって開発された日本語LLMです。Llama-2などのベースモデルではなく、独自に設計されたモデルで、open-calmなどを上回る性能を実現しています。LINEは複数のLLM研究開発を行っており、今後はそれらの発表も期待できるでしょう。

利用可能な場所	Hugging Face、LM Studio

●lightblue/ao-karasu-72B

東大発のスタートアップ企業Lightblueが2024年3月に公開した日本語LLMです。Qwenをベースにファインチューニングしたモデルで、日本語性能ベンチマーク（Japanese MT-Bench）で現時点で最高水準の評価を得ています。

利用可能な場所	Hugging Face

コード生成モデル

●Meta/Code-Llama

テキスト生成モデルはさまざまな言語に対応するものがあります。そうしたものの中でも「プログラミング言語」に特化したモデルというのがあります。

Code-LlamaはLlama-2をベースにプログラミング言語による、コードの生成機能を中心に訓練したモデルです。自然言語によるコード生成が行える他、プログラミング言語に関する質問などにも答えられます。オープンソースのコード生成モデルとしては最も知られているものでしょう。

利用可能な場所	Hugging Face、Google Vertex AI、Microsoft Azure AI、Replicate、OpenRouter、Together AI

●BigCode/StartCoder 2

NVIDIAとHugging Faceにより共同開発されたコード用LLMです。2024年2月に最新版が発表されました。このバージョンでは600以上のプログラミング言語の学習データを使って訓練されており、ほとんどのプログラミング言語について自然言語によるコード生成が行えます。パラメータ数3B, 7B, 15Bのモデルが提供されています。

利用可能な場所	Hugging Face

●Stability AI/stable-code-3b

Stable-Diffusionを開発するStability AIによるコード生成用のLLMです。パラメータ数2.7Bのモデルが公開されています。18のプログラミング言語で訓練されています。BigCode's Evaluation Harnessというプログラミング言語テストでは、同レベルのモデルの中では最も高いパフォーマンスとなっており、生成されるコードの品質は非常に高いといえます。

利用可能な場所	Hugging Face、LM Studio

●m-a-p/OpenCodeInterpreter

Multimodal Art Projectionというオープンソースの研究コミュニティによって開発されているコード用LLMです。LLMと、GPT-4のコードインタープリタのような高度なプロプライエタリシステムとの間のギャップを埋めるために設計されたオープンソースのコード生成モデルです。Deep-seek-coderというコード生成モデルをベースに作られています。

利用可能な場所	Hugging Face、Replicate、LM Studio

イメージ生成モデル

プロプライエタリモデル

●OpenAI/DALL-E-2, DALL-E-3

OpenAIが開発するイメージ生成モデルです。現在、旧版のDALL-E-2と、2023年秋にリリースされたDALL-E-3が提供されています。日本語でもほぼ問題なく利用できます。OpenAIのAPIから利用できる他、OpenAIと提携するMicrosoftのクラウドで利用可能です。

利用可能な場所	Microsoft Azure AI

●Google/Imagen, Imagen2

Googleが開発するイメージ生成モデルです。Imagen2は2024年に登場した最新版になります。日本語は得意ではないので、英語で問い合わせをしたほうがよいでしょう。現状では、Googleのクラウドでのみ利用可能です。

利用可能な場所	Google Vertex AI、Google AI Studio

●Amazon/Titan-Image-Generator

Amazonが開発するTitanシリーズのイメージ生成モデルです。現状では日本語のプロンプトは使えません。Amazonのクラウドでのみ利用が可能です。

利用可能な場所	Amazon Bedrock

●Midjourney/Midjourney

Midjourneyは、非常に高品質なイメージを生成することで有名なイメージ生成モデルです。これは、モデル単体で利用することはできません。Midjourneyが提供する有料サービスによってのみ利用可能です。APIなどは一切公開されていませんが、Midjourneyにアクセスする非正規のAPIがいくつか存在します。これらはどれも比較的高価であり、またMidjourney自身がAPIを提供していないため、実際の開発での利用は勧められません。

利用可能な場所	なし

オープンソースモデル

●Stability AI/Stable-Diffusion, SDXL

イメージ生成モデルと言えば、Stability AIのStable-Diffusionで決まりといってもよいでしょう。オープンソースでこれほど高品質なイメージを生成できるモデルは他にありません。従来からあるStable-Diffusionの他、さらにパワーアップされたStable-Diffusion-XL（SDXL）が提供されています。現在は、より高品質なイメージを生成できるSDXLを利用するケースが増えています。

利用可能な場所	Hugging Face、Amazon Bedrock、Google Vertex AI、Microsoft Azure AI、Replicate、Together AI、LangChain

●AI-Forever/Kandinsky

ロシアのスタートアップAI-Foreverが開発するイメージ生成モデルです。多言語に対応しており、一応日本語も使えます（ただし、あまり得意ではないようです)。DALL-E-2の技術と、Stable DiffusionのLatent Diffusionという技術を使って高度なイメージ生成を実現しており、生成されるイメージはかなりクオリティの高いものです。現在、3.0がリリースされています。

利用可能な場所	Hugging Face、Replicate

●Playground AI/Playground

Playground AIは、Mighty Computing, Inc.のPlaygroundの開発チームによって作成されているイメージ生成モデルです。同社が提供する「Playground」というイメージ生成サービスのエンジンとして使われています。

Playgroundの最大の特徴は生成されるイメージの美的品質の高さです。同社の調査では、Playgroundの利用者は最新のDALL-E-3やSDXLなどよりも生成されるイメージの美しさを高く評価しているという結果が出ているとのことです。実際、生成されるイメージはオープンソースモデルとは思えないほどのクオリティです。

利用可能な場所	Hugging Face、Replicate

●ByteDance/SDXL-Lightning

TikTokを提供しているByteDanceが、SDXLをベースにして開発したモデルです。このモデルの最大の特徴は、イメージの生成スピードにあります。通常、イメージ生成モデルではイメージからノイズを除去していくステップを数十回繰り返して高品質なイメージを生成していきますが、SDXL-Lightningではわずか数ステップで高品質なイメージを生成します。

利用可能な場所	Hugging Face、Replicate

●PromptHero/Openjourney

Openjourneyは、イメージ生成モデルMidjourneyをオープンソースで実現することを目的として開発されたモデルです。Midjourneyはプロプライエタリモデルであり非公開になっており、APIなども公開されていません。そこで、Midjourneyと同等のものをStable-Diffusionをベースに作成するプロジェクトが生まれました。Midjourneyのイメージを求める人は一度試してみるとよいでしょう。

利用可能な場所	Hugging Face、Replicate、Together AI

●DataAutoGPT3/OpenDalle, Proteus

Hugging Faceでモデルを公開している、dataautogpt3によるイメージ生成モデルです。OpenDalleはSDXLをベースに作成されており、精密なイメージ生成よりプロンプトの意味を正確に理解することを重視しています。このOpenDalleの改良版としてProteusというモデルが公開されており、DALL-E-3にかなり近づいています。

利用可能な場所	Hugging Face、Replicate

Index

掌田津耶乃（しょうだ つやの）

日本初のMac専門月刊誌「Mac+」の頃から主にMac系雑誌に寄稿する。ハイパーカードの登場により「ビギナーのためのプログラミング」に開眼。以後、Mac、Windows、Web、Android、iPhoneとあらゆるプラットフォームのプログラミングビギナーに向けた書籍を執筆し続ける。

最近の著作本：

「Amazon Bedrock超入門」（秀和システム）
「Next.js超入門」（秀和システム）
「Google Vertex AIによるアプリケーション開発」（ラトルズ）
「プログラミング知識ゼロでもわかるプロンプトエンジニアリング入門」（秀和システム）
「Azure OpenAIプログラミング入門」（マイナビ）
「Python Django 4 超入門」（秀和システム）
「Python/JavaScriptによるOpen AIプログラミング」（ラトルズ）

著書一覧：

http://www.amazon.co.jp/-/e/B004L5AED8/

ご意見・ご感想：

syoda@tuyano.com

本書のサポートサイト：
https://www.rutles.co.jp/download/545/index.html

装丁　石原　優子
編集　うすや

AIプラットフォームとライブラリによる生成AIプログラミング

2024年5月31日　　初版第1刷発行

著　者　掌田津耶乃
発行者　山本正豊
発行所　株式会社ラトルズ
〒115-0055　東京都北区赤羽西4-52-6
電話 03-5901-0220　FAX 03-5901-0221
https://www.rutles.co.jp

印刷・製本　株式会社ルナテック

ISBN978-4-89977-545-4　